基礎機械工学シリーズ 10

機械力学

―機械系のダイナミクス―

金光陽一
末岡淳男
近藤孝広
著

朝倉書店

まえがき

この教科書は，物理学の一部として大学初学年に学習する「力学」と大学高学年で学習する機械振動学，機械運動学の仲立ちをする学問領域を扱っています．実際の機械システムに即して，高校までに習得したニュートン力学をさらに深く理解すると同時に新たに解析力学を習得することにより，より広く，より複雑な機械システムの動力学的問題を解決する能力を養うことを意図し，副題を「機械系のダイナミクス」としています．

大学における機械システムの動力学に関するカリキュラムも社会からの要請などにより変化しています．従来の教科書では，コマからロケットの運動までを取り扱う剛体の力学についての記述で終わるものが多いよう見受けられます．本書では，さらに運輸機器，ロボットの分野で重要になってきたマルチボディダイナミクスへの足がかりとなるように，「剛体の力学」に続けて「剛体系の力学」についても記述しています．従来は，重要であるにもかかわらず往々にして省略される場合の多い，往復機械の運動についても基本事項を記載しています．また，回転機械の力学についてはやや詳しく説明してあります．さらに，国際的に通用する技術者の要請が強まっていることを考慮して，英語による例題，演習問題をところどころに入れてあります．

「機械力学」と題する教科書はすでに先輩諸氏により多数出版されています．そこで，本書が21世紀の教科書として長く利用されることを祈念し，以下の読者と利用目的を想定しています．

(1)　機械システムに携わる職業に就くことを望み，大学において日々研鑽を積んでいる学生が，機械の運動と振動を理解するための入門書．
(2)　大学・大学院を卒業・修了して社会で活躍している，機械力学・機械振動学の分野を専門としない技術者に対して，業務上遭遇するであろう動力学的課題の解決に簡明な指針を与える解説書．

本書は朝倉書店編集部からのお勧めにより執筆に取り掛かり，脱稿までに時間がかかりました．この間，朝倉書店編集部にはご迷惑をかけることになりました．お礼とお詫びを申し上げます．

2003 年 9 月

著者ら記す

目　　次

1. 力学の基礎知識

本章では本書を理解する上で必要不可欠な力学の基礎事項：SI の単位，ベクトルとスカラ，ベクトルのモーメント，座標系，運動学についてまとめる．

1.1 SI（国際単位系）の単位

SI の単位は基本単位，補助単位および組立単位から構成される．

(1) 基本単位：質量（kg），長さ（m），時間（s），電流（A），熱力学温度（K），物質量（mol），光度（cd；カンデラ）の 7 つ．機械力学では前 3 者が頻繁に使われる．

(2) 補助単位：平面角（rad），立体角（sr；ステラジアン）の 2 つ．これらは無次元である．

(3) 組立単位：基本単位と補助単位から組み立てられた単位．たとえば，速度（m/s），加速度（m/s^2），面積（m^2），角速度（rad/s），角加速度（rad/s^2）など．また，組立単位の中には固有の名称（人名）をもつもので重要な単位がある．たとえば，力（N〔ニュートン〕＝$kg{\cdot}m/s^2$），応力・圧力（Pa〔パスカル〕＝N/m^2），エネルギー・仕事（J〔ジュール〕＝N·m），動力〔仕事率，パワー〕（W〔ワット〕＝J/s），単位時間当たりの繰り返し回数である振動数（Hz〔ヘルツ〕＝s^{-1}）などである．N/m や Nm/rad のように固有の名称をもつ組立単位と基本単位・補助単位との組み合わせで構成される組立単位もある．

機械工学の分野では，工学単位が従来からよく使用されてきた．機械力学に関連する単位に限定して，SI と工学単位との間の相違を表 1.1 にまとめている．SI は質量（kg）を基本単位としているが，工学単位は力の単位である物体に作用

表 1.1　機械力学分野の主要 SI の単位と工学単位の比較

SI		工学単位	
質量 (kg)	基本単位	質量 [kgf・s²/m]	—
長さ (m)	基本単位	長さ [m]	基本単位
時間 (s)	基本単位	時間 [s]	基本単位
力 (N)	組立単位	重力 [kgf]	基本単位

する重力 [kgf] を基本単位としている点が大きな相違点である.

SI の単位と工学単位との間の換算を考えよう. 万有引力の法則によって, 距離 r だけ離れた質量 m および M の両物体を結ぶ直線にそって作用する引力 F は,

$$F = G\frac{mM}{r^2} \tag{1.1}$$

で表される. ここに, $G = 6.673\times10^{-11}\ \mathrm{m^3/kg\cdot s^2}$ は重力定数である. この法則を地球上に置かれた物体と地球との間の引力を計算するのに適用しよう. m を物体の質量, M を地球の質量, r を地球の半径とすると,

$$F = mg,\quad ここに,\ g = GM/r^2 \tag{1.2}$$

g は重力加速度とよばれる. 力 F は地球上の物体に作用する地球からの引力, すなわち, 重力である. 地球上で, 質量 1 kg の物体に作用する重力を工学単位系では 1 kgf (キログラムフォース) という. 逆に言えば, 地球上で 1 kgf の重力を受ける物体の質量は SI では 1 kg である. 式 (1.2) を用いると, 次の関係がある.

$$\begin{aligned}1\,[\mathrm{kgf}] &= (質量\ 1\ \mathrm{kg}\ の物体に作用する重力) = 1\,(\mathrm{kg})\times g\,(\mathrm{m/s^2})\\ &= g\,(\mathrm{kg\cdot m/s^2}) = g\,(\mathrm{N})\end{aligned} \tag{1.3}$$

ここに, 1 N (ニュートン) = 1 kg・m/s² である.

ところで, 重力加速度の大きさは場所によって異なるので, 地球上の重力加速度の標準値 (ほぼ緯度 45 度での値) を $g = 9.80665\ \mathrm{m/s^2}$ と設定している. したがって, SI と工学単位の力および質量の単位とその間の換算はそれぞれ次のようになる.

力の単位とその換算：$1\,(\mathrm{N}) = 1/9.80665\,[\mathrm{kgf}]$

質量の単位とその換算：$1\,(\mathrm{kg}) = 1\,[\mathrm{kgf}]/g\,[\mathrm{m/s^2}] = 1/9.80665\,[\mathrm{kgf\cdot s^2/m}]$

すなわち, 力の単位は SI では N, 工学単位では kgf で, 質量の単位は SI では

表 1.2 倍数の接頭語

10^{-12}	10^{-9}	10^{-6}	10^{-3}	10^{0}	10^{3}	10^{6}	10^{9}	10^{12}
p ピコ	n ナノ	μ マイクロ	m ミリ	—	k キロ	M メガ	G ギガ	T テラ

kg，工学単位では kgf·s^2/m である．ここで，kg と kgf とは表している物理量が異なることに注意すべきである．

SI の単位の接頭語を表 1.2 に示す．接頭語は単位の分母には使用しない．たとえば，鋼の縦弾性係数 2.06×10^{11} N/m^2 を 206 GN/m^2 と表す．

SI を用いて計算する場合には，単位を表 1.1 にあるように質量を kg，長さを m，時間を s および力を N に統一して数値計算するようにすれば，単位の換算を考える必要はなくなる．

〔例題 1.1〕 3 kg と 3 kgf の違いを説明せよ．

〔解〕 3 kg は SI の質量単位，3 kgf は工学単位の力の単位で，ともに基本単位である．

〔例題 1.2〕 質量 10 kg のおもりをばねにつるすと 15 mm 伸びた．このおもりを手でわずかにひっぱって離すと，周期 $T=2\pi\sqrt{m/k}$ (s) で振動する．周期を求めよ．ここに，k はばね定数，m はおもりの質量である．

〔解〕 ばねのばね定数 $k=10\,(\mathrm{kg})\cdot 9.8\,(\mathrm{m/s^2})/15\times10^{-3}\,(\mathrm{m})=6530\,(\mathrm{N/m})=6.53\,\mathrm{kN/m}$．よって，$T=2\cdot 3.14\sqrt{10\,(\mathrm{kg})/6530\,(\mathrm{N/m})}=0.246\,\mathrm{s}$．ばね定数の単位は kg/s^2 で表示するのではなく，N/m を用いる．力を N，質量を kg，伸びを m に直せば，周期は自動的に s となる．

1.2 ベクトルとスカラ

質量，長さのように大きさだけをもつ物理量をスカラ (scalar) 量といい，力，速度，加速度のように大きさだけではなく方向と向きをも指定してはじめて意義が確定し，後述の平行四辺形の法則を満たす物理量をベクトル (vector) 量という．

a. ベクトル表示

図 1.1 に示すように，ベクトル $\boldsymbol{A}$ を矢線で表し，その大きさを矢線の長さに，その方向を線の方向に，その向きを矢印の向きに対応させる．ベクトル $\boldsymbol{A}$ の始点を O，終点を P とすると，ベクトル $\boldsymbol{A}$ を $\overrightarrow{\mathrm{OP}}$ と表すこともある．矢線の長さ

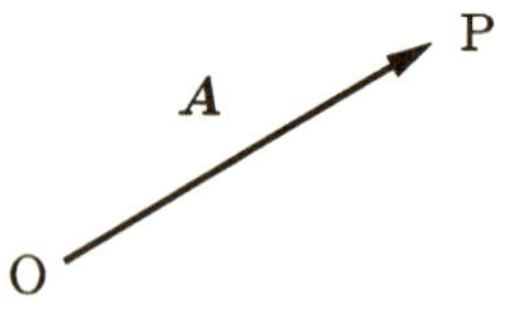

図 1.1　ベクトル表示

$\overline{\mathrm{OP}}$ をベクトル $\boldsymbol{A}$ の大きさあるいは絶対値とよび，$|\boldsymbol{A}|$ または A で表す．

ベクトル $\boldsymbol{A}$ に実スカラ量 k を乗じたベクトル $k\boldsymbol{A}$ は $\boldsymbol{A}$ に平行で，大きさは $|k|A$ である．向きは $k>0$ のとき，$k\boldsymbol{A}$ は $\boldsymbol{A}$ と同じ向き，$k<0$ のとき，$\boldsymbol{A}$ と逆向きである．よって，ベクトル $-\boldsymbol{A}$ はベクトル $\boldsymbol{A}$ と大きさと方向は等しいが，向きが逆である．また，$k=0$ のとき，ベクトル $k\boldsymbol{A}$ をゼロベクトルといい，$\boldsymbol{0}$ で表す．

大きさ・方向・向きだけが重要で始点を定める必要のないベクトルを自由ベクトル，始点を定めなければ意味をもたないベクトルを拘束ベクトルという．力，速度，加速度などは自由ベクトルであり，拘束ベクトルの代表が後述する位置ベクトルである．

〔例題 1.3〕　ベクトル $\boldsymbol{A}$ と方向と向きが同じで大きさが 1 の単位ベクトル $\boldsymbol{i}$ を示せ．

〔解〕　ベクトル $\boldsymbol{A}$ の大きさを A とすると，$\boldsymbol{i}=\boldsymbol{A}/A$．

b.　平行四辺形の法則

図 1.2 (a) のように始点を点 O とする 2 つのベクトル $\boldsymbol{A}$ と $\boldsymbol{B}$ を 2 辺とする平行四辺形の対角線で与えられるベクトル $\boldsymbol{C}$ をベクトル $\boldsymbol{A}$ と $\boldsymbol{B}$ の和，または，合成ベクトルといい，次式で表す．

$$\boldsymbol{A}+\boldsymbol{B}=\boldsymbol{C} \tag{1.4}$$

式 (1.4) を逆にみると，ベクトル $\boldsymbol{C}$ はベクトル $\boldsymbol{A}$ と $\boldsymbol{B}$ に分解されることを意味する．ベクトルの合成は一意に決まるが，ベクトルの分解は幾通りもありうる．自由ベクトルの場合には，平行移動させることができるから，図 1.2 (b) のようにベクトルの和を求めてもよい．

次に，ベクトルの成分表示を考えよう．図 1.3 のような静止直交座標系 O-xyz を定め，始点を O とするベクトル $\boldsymbol{A}$ を x, y, z 軸方向に分解する．ベクトル $\boldsymbol{A}$ の x, y, z 軸方向の成分をそれぞれ A_x, A_y, A_z および x, y, z 軸方向の正方向を

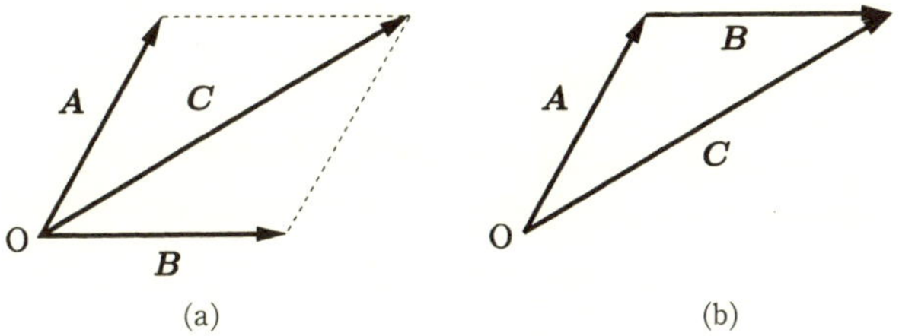

図 1.2 ベクトルの和

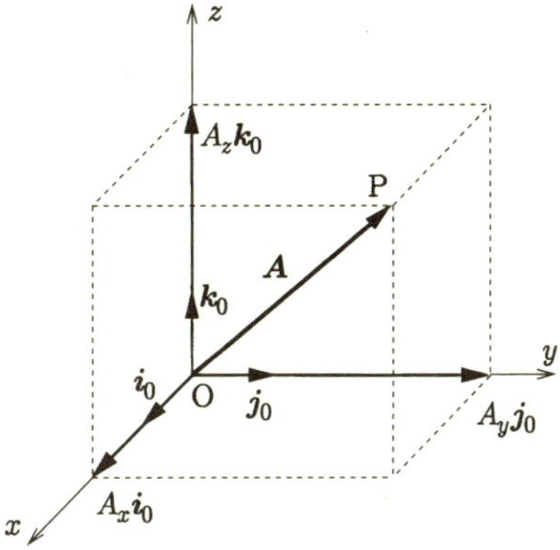

図 1.3 ベクトルの成分表示

向いた大きさ 1 の単位ベクトル (unit vector) をそれぞれ $\boldsymbol{i}_0, \boldsymbol{j}_0, \boldsymbol{k}_0$ とすると，ベクトル $\boldsymbol{A}$ は，

$$\boldsymbol{A}=A_x\boldsymbol{i}_0+A_y\boldsymbol{j}_0+A_z\boldsymbol{k}_0 \tag{1.5}$$

で表せる．また，上式を成分のみの表示として，$\boldsymbol{A}=(A_x, A_y, A_z)$ と表すこともある．ベクトル $\boldsymbol{A}$ がゼロベクトルのとき，各成分はすべて 0 である．すなわち，

$$\boldsymbol{A}=\boldsymbol{0} \quad \Rightarrow \quad A_x=0, \quad A_y=0, \quad A_z=0 \tag{1.6}$$

静止直交座標系を用いた場合の平行四辺形の法則を成分表示すると，

$$\begin{aligned}\boldsymbol{C}=\boldsymbol{A}+\boldsymbol{B}&=(A_x+B_x)\boldsymbol{i}_0+(A_y+B_y)\boldsymbol{j}_0+(A_z+B_z)\boldsymbol{k}_0\\&=C_x\boldsymbol{i}_0+C_y\boldsymbol{j}_0+C_z\boldsymbol{k}_0\\&\quad\Rightarrow \quad C_x=A_x+B_x, \quad C_y=A_y+B_y, \quad C_z=A_z+B_z\end{aligned} \tag{1.7}$$

すなわち，ベクトル $\boldsymbol{C}$ の成分はベクトル $\boldsymbol{A}, \boldsymbol{B}$ のおのおのの成分の和となる．

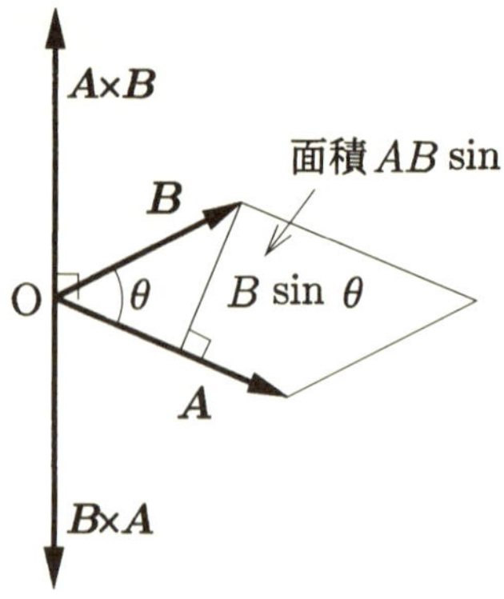

図 1.4　ベクトルの外積

c.　ベクトルの積

物理的に意味のある 2 つのベクトルの積の演算には 2 種類ある．1 つはそれらのベクトルから新たなベクトルをつくりだす外積であり，他の 1 つはスカラをつくりだす内積である．

図 1.4 に示すように，外積 $\boldsymbol{A}\times\boldsymbol{B}$ を，その大きさは 2 つのベクトル $\boldsymbol{A}$ と $\boldsymbol{B}$ によってつくられる平行四辺形の面積に等しく，方向は平行四辺形の平面に垂直で，$\boldsymbol{A}$ から $\boldsymbol{B}$ に（順序に注意）向かって 180° 以内の角度で右ねじを回したとき，ねじが進む向きをもつベクトルとして定義する．したがって，ベクトル $\boldsymbol{A}, \boldsymbol{B}$ のなす角度を θ，大きさをそれぞれ A, B とすると，

$$\text{外積 } \boldsymbol{A}\times\boldsymbol{B} \text{ の大きさ}=|\boldsymbol{A}\times\boldsymbol{B}|=AB\sin\theta \quad \text{ここに，} 0\leq\theta\leq\pi \tag{1.8}$$

また，定義から $\boldsymbol{A}\times\boldsymbol{B}=-\boldsymbol{B}\times\boldsymbol{A}$．さらに，ベクトル $\boldsymbol{A}$ と $\boldsymbol{B}$ が平行（$\theta=0, \pi$）の場合には，$\boldsymbol{A}\times\boldsymbol{B}=\boldsymbol{0}$ となる．以上から，静止直交座標系の単位ベクトル $\boldsymbol{i}_0, \boldsymbol{j}_0, \boldsymbol{k}_0$ の間には次のような関係が成り立つ．

$$\left.\begin{aligned} &\boldsymbol{i}_0\times\boldsymbol{j}_0=\boldsymbol{k}_0, \quad \boldsymbol{j}_0\times\boldsymbol{k}_0=\boldsymbol{i}_0, \quad \boldsymbol{k}_0\times\boldsymbol{i}_0=\boldsymbol{j}_0 \\ &\boldsymbol{i}_0\times\boldsymbol{i}_0=\boldsymbol{0}, \quad \boldsymbol{j}_0\times\boldsymbol{j}_0=\boldsymbol{0}, \quad \boldsymbol{k}_0\times\boldsymbol{k}_0=\boldsymbol{0} \end{aligned}\right\} \tag{1.9}$$

また，次の配分の法則が成り立つことに注意すると，

$$(\boldsymbol{A}\pm\boldsymbol{B})\times\boldsymbol{C}=\boldsymbol{A}\times\boldsymbol{C}\pm\boldsymbol{B}\times\boldsymbol{C} \tag{1.10}$$

外積 $\boldsymbol{A}\times\boldsymbol{B}$ は次のように成分表示できる．

$$\boldsymbol{A}\times\boldsymbol{B}=(A_x\boldsymbol{i}_0+A_y\boldsymbol{j}_0+A_z\boldsymbol{k}_0)\times(B_x\boldsymbol{i}_0+B_y\boldsymbol{j}_0+B_z\boldsymbol{k}_0)$$

$$=(A_yB_z-A_zB_y)\boldsymbol{i}_0+(A_zB_x-A_xB_z)\boldsymbol{j}_0+(A_xB_y-A_yB_x)\boldsymbol{k}_0=\begin{vmatrix}\boldsymbol{i}_0 & \boldsymbol{j}_0 & \boldsymbol{k}_0\\ A_x & A_y & A_z\\ B_x & B_y & B_z\end{vmatrix} \tag{1.11}$$

後で，外積は力のモーメントや角運動量を計算するときに使用される．

〔例題 1.4〕 直交座標系の単位ベクトルを $\boldsymbol{i}_0, \boldsymbol{j}_0, \boldsymbol{k}_0$ とする．ベクトル $\boldsymbol{A}$ と $\boldsymbol{B}$ がこの座標系の成分で，$\boldsymbol{A}=\boldsymbol{i}_0+\boldsymbol{j}_0+2\boldsymbol{k}_0$, $\boldsymbol{B}=2\boldsymbol{i}_0-3\boldsymbol{j}_0+2\boldsymbol{k}_0$ と表示されている．$\boldsymbol{C}=\boldsymbol{A}\times\boldsymbol{B}$ を求めよ．

〔解〕 $\boldsymbol{C}=\boldsymbol{A}\times\boldsymbol{B}=\begin{vmatrix}\boldsymbol{i}_0 & \boldsymbol{j}_0 & \boldsymbol{k}_0\\ 1 & 1 & 2\\ 2 & -3 & 2\end{vmatrix}=2\boldsymbol{i}_0+4\boldsymbol{j}_0-3\boldsymbol{k}_0-2\boldsymbol{k}_0-2\boldsymbol{j}_0+6\boldsymbol{i}_0=8\boldsymbol{i}_0+2\boldsymbol{j}_0-5\boldsymbol{k}_0.$

図 1.5 に示すように，ベクトル $\boldsymbol{A}$ と $\boldsymbol{B}$ がなす角度を θ とすると，内積は次式で定義されるスカラ量である．

$$\boldsymbol{A}\cdot\boldsymbol{B}=AB\cos\theta \tag{1.12}$$

これは $\boldsymbol{A}$ の大きさ A と $\boldsymbol{B}$ を $\boldsymbol{A}$ に投影した成分 $B\cos\theta$ との積を意味し，$\boldsymbol{A}\cdot\boldsymbol{B}=\boldsymbol{B}\cdot\boldsymbol{A}$．また，ベクトル $\boldsymbol{A}$ と $\boldsymbol{B}$ が直交 $(\theta=\pi/2)$ するとき，$\boldsymbol{A}\cdot\boldsymbol{B}=0$ となる．以上から，静止直交座標系の単位ベクトル $\boldsymbol{i}_0, \boldsymbol{j}_0, \boldsymbol{k}_0$ の間に次のような関係が成り立つ．

$$\left.\begin{array}{lll}\boldsymbol{i}_0\cdot\boldsymbol{j}_0=0, & \boldsymbol{j}_0\cdot\boldsymbol{k}_0=0, & \boldsymbol{k}_0\cdot\boldsymbol{i}_0=0\\ \boldsymbol{i}_0\cdot\boldsymbol{i}_0=1, & \boldsymbol{j}_0\cdot\boldsymbol{j}_0=1, & \boldsymbol{k}_0\cdot\boldsymbol{k}_0=1\end{array}\right\} \tag{1.13}$$

また，次の配分の法則が成り立つことに注意すると，

$$(\boldsymbol{A}\pm\boldsymbol{B})\cdot\boldsymbol{C}=\boldsymbol{A}\cdot\boldsymbol{C}\pm\boldsymbol{B}\cdot\boldsymbol{C} \tag{1.14}$$

内積 $\boldsymbol{A}\cdot\boldsymbol{B}$ は次のように成分表示できる．

$$\begin{aligned}\boldsymbol{A}\cdot\boldsymbol{B}&=(A_x\boldsymbol{i}_0+A_y\boldsymbol{j}_0+A_z\boldsymbol{k}_0)\cdot(B_x\boldsymbol{i}_0+B_y\boldsymbol{j}_0+B_z\boldsymbol{k}_0)\\ &=A_xB_x+A_yB_y+A_zB_z\end{aligned} \tag{1.15}$$

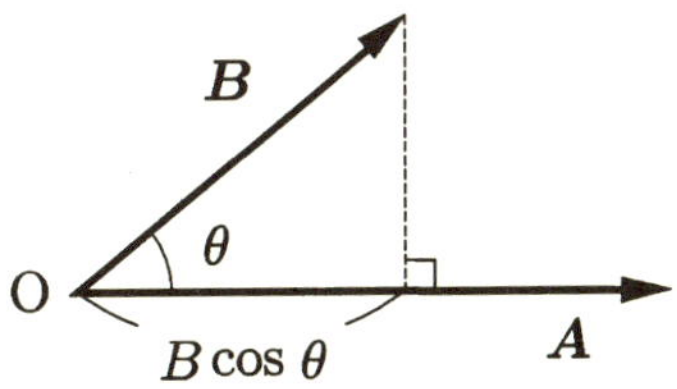

図 1.5 ベクトルの内積

ここで，ベクトル $\boldsymbol{A}$ の大きさ A を成分で表すと，

$$A=|\boldsymbol{A}|=\sqrt{\boldsymbol{A}\cdot\boldsymbol{A}}=\sqrt{A_x{}^2+A_y{}^2+A_z{}^2} \tag{1.16}$$

後の章では，内積は仕事やエネルギーを計算するときに使用される．

〔例題 1.5〕　例題 1.4 で，ベクトル $\boldsymbol{A}$ と $\boldsymbol{C}$ および $\boldsymbol{B}$ と $\boldsymbol{C}$ がお互いに直交していることを示せ．

〔解〕　$\boldsymbol{A}\cdot\boldsymbol{C}=1\cdot8+1\cdot2+2\cdot(-5)=0$,　$\boldsymbol{B}\cdot\boldsymbol{C}=2\cdot8+(-3)\cdot2+2\cdot(-5)=0$.

d.　ベクトルの微分

ベクトル $\boldsymbol{A}, \boldsymbol{B}$ をスカラ量 t の関数，k を定数，ϕ を t のスカラ関数としたときのベクトルの微分演算は以下のようになる．

$$\frac{d}{dt}(\boldsymbol{A}\pm\boldsymbol{B})=\frac{d\boldsymbol{A}}{dt}\pm\frac{d\boldsymbol{B}}{dt} \tag{1.17 a}$$

$$\frac{d}{dt}(k\boldsymbol{A})=k\frac{d\boldsymbol{A}}{dt},\quad \frac{d}{dt}(\phi\boldsymbol{A})=\frac{d\phi}{dt}\boldsymbol{A}+\phi\frac{d\boldsymbol{A}}{dt} \tag{1.17 b}$$

$$\frac{d}{dt}(\boldsymbol{A}\times\boldsymbol{B})=\frac{d\boldsymbol{A}}{dt}\times\boldsymbol{B}+\boldsymbol{A}\times\frac{d\boldsymbol{B}}{dt},\quad \frac{d}{dt}(\boldsymbol{A}\cdot\boldsymbol{B})=\frac{d\boldsymbol{A}}{dt}\cdot\boldsymbol{B}+\boldsymbol{A}\cdot\frac{d\boldsymbol{B}}{dt} \tag{1.17 c}$$

1.3　ベクトルのモーメント

たとえば，机の上に置いた鉛筆を指で動かしてみよう．鉛筆に力を作用させると鉛筆は動き，平行移動のみならず回転運動も生じるであろう．このような物体

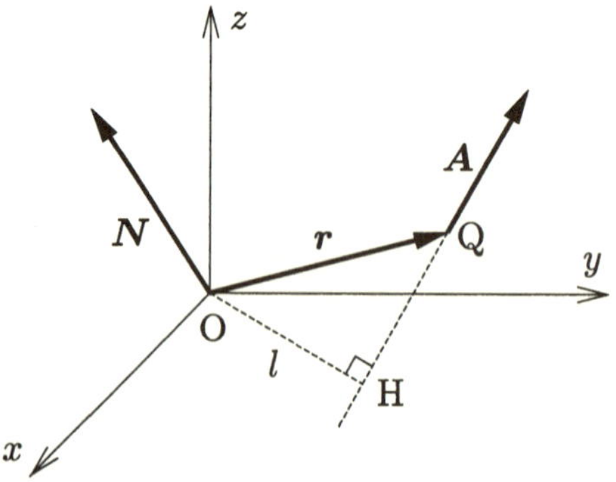

図 1.6　ベクトルのモーメント

を回転させようとする力の働きを力のモーメント (moment of force) という．一般に，図 1.6 に示すような静止直交座標系において，原点を O，点 Q の位置ベクトルを $\boldsymbol{r}$ とする．点 Q にベクトル $\boldsymbol{A}=\overrightarrow{\mathrm{OP}}$ の物理量が作用するとき，原点 O に関する $\boldsymbol{A}$ のモーメント $\boldsymbol{N}$ は，外積 $\boldsymbol{N}=\boldsymbol{r}\times\boldsymbol{A}$ で表されるベクトル量である．点 O から $\boldsymbol{A}$ に下ろした垂線の長さを $\overline{\mathrm{OH}}=l$ とすると，モーメントの大きさは $N=Al$，向きはベクトル $\boldsymbol{r}$ から $\boldsymbol{A}$ に向かって右ねじを回したとき，ねじが進む向きである．$\boldsymbol{r}=x\boldsymbol{i}_0+y\boldsymbol{j}_0+z\boldsymbol{k}_0$，$\boldsymbol{A}=A_x\boldsymbol{i}_0+A_y\boldsymbol{j}_0+A_z\boldsymbol{k}_0$ と表すと，モーメント $\boldsymbol{N}$ の成分表示は，

$$\boldsymbol{N}=\boldsymbol{r}\times\boldsymbol{A}=\begin{vmatrix}\boldsymbol{i}_0 & \boldsymbol{j}_0 & \boldsymbol{k}_0\\ x & y & z\\ A_x & A_y & A_z\end{vmatrix}$$

$$=(A_zy-A_yz)\boldsymbol{i}_0+(A_xz-A_zx)\boldsymbol{j}_0+(A_yx-A_xy)\boldsymbol{k}_0 \tag{1.18}$$

もしも，$\boldsymbol{A}$ が力のとき，$\boldsymbol{N}$ は原点 O に関する力のモーメントとなる．

〔例題 1.6〕 静止直交座標系の位置 (1 m, 1 m, 1 m) に力 $\boldsymbol{F}=\boldsymbol{i}_0+2\boldsymbol{j}_0-\boldsymbol{k}_0$ (N) が作用するときの原点回りの力のモーメントを求めよ．

〔解〕 $$\boldsymbol{N}=\boldsymbol{r}\times\boldsymbol{F}=\begin{vmatrix}\boldsymbol{i}_0 & \boldsymbol{j}_0 & \boldsymbol{k}_0\\ 1 & 1 & 1\\ 1 & 2 & -1\end{vmatrix}=-3\boldsymbol{i}_0+2\boldsymbol{j}_0+\boldsymbol{k}_0\ (\mathrm{Nm})$$

1.4　変位，速度，加速度の成分表示

ある基準となる座標系を定め，その座標系から観察したときの点の運動を記述しよう．運動の原因は考えずに運動の記述を検討する分野を運動学 (kinematics) という．

a.　静止直交座標系

まず，図 1.7 に示す静止直交座標系 O-xyz を使って点の運動を考える．点 P の時刻 t における座標を (x, y, z) とすると，x, y, z は点の運動に従って時間とともに変化する．すなわち，x, y, z は時間 t の関数となる．点の位置を定めるためには座標系の原点を定める必要がある．したがって，点 P の座標を示す位置ベクトルは拘束ベクトルである．単位ベクトル $\boldsymbol{i}_0, \boldsymbol{j}_0, \boldsymbol{k}_0$ を用いて点 P の位置ベクトル $\boldsymbol{r}$ を表示すると，

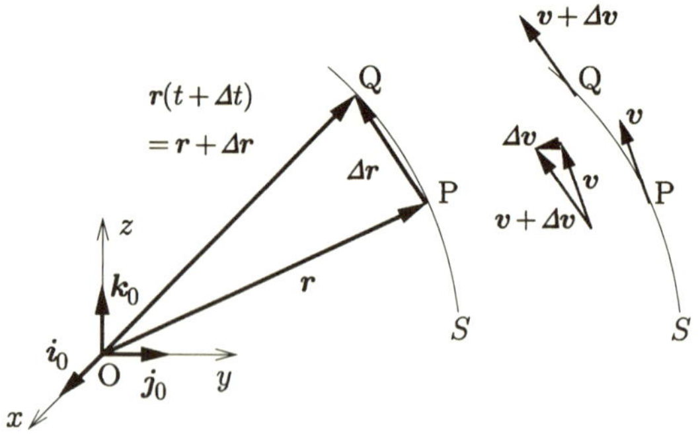

図 1.7 静止直交座標系

$$\boldsymbol{r}=x\boldsymbol{i}_0+y\boldsymbol{j}_0+z\boldsymbol{k}_0 \tag{1.19}$$

となる．時刻 $t+\varDelta t$ のとき，点 P から点 Q に移動したとすると，点 Q の位置ベクトルは $\boldsymbol{r}(t+\varDelta t)$ となる．これを $\boldsymbol{r}+\varDelta\boldsymbol{r}$ とおくと，$\overrightarrow{\mathrm{PQ}}=\varDelta\boldsymbol{r}$ は時刻 t から $t+\varDelta t$ の間の変位を表し，変位ベクトルという．位置ベクトル $\boldsymbol{r}$ の時間的変化率を速度とよび，$\boldsymbol{v}$ で表すと，

$$\boldsymbol{v}=\lim_{\varDelta t\to 0}\frac{\boldsymbol{r}(t+\varDelta t)-\boldsymbol{r}(t)}{\varDelta t}=\lim_{\varDelta t\to 0}\frac{\varDelta\boldsymbol{r}}{\varDelta t}=\frac{d\boldsymbol{r}}{dt}=\frac{dx}{dt}\boldsymbol{i}_0+\frac{dy}{dt}\boldsymbol{j}_0+\frac{dz}{dt}\boldsymbol{k}_0 \tag{1.20}$$

速度の x, y, z 方向成分はそれぞれ $\dot{x}=dx/dt$，$\dot{y}=dy/dt$，$\dot{z}=dz/dt$ である．速度ベクトル $\boldsymbol{v}$ の時間的変化率を加速度とよび，$\boldsymbol{a}$ で表すと，

$$\boldsymbol{a}=\lim_{\varDelta t\to 0}\frac{\boldsymbol{v}(t+\varDelta t)-\boldsymbol{v}(t)}{\varDelta t}=\lim_{\varDelta t\to 0}\frac{\varDelta\boldsymbol{v}}{\varDelta t}=\frac{d\boldsymbol{v}}{dt}=\frac{d^2x}{dt^2}\boldsymbol{i}_0+\frac{d^2y}{dt^2}\boldsymbol{j}_0+\frac{d^2z}{dt^2}\boldsymbol{k}_0 \tag{1.21}$$

加速度の x, y, z 方向成分はそれぞれ $\ddot{x}=d^2x/dt^2$，$\ddot{y}=d^2y/dt^2$，$\ddot{z}=d^2z/dt^2$ である．このように，速度および加速度ベクトルは位置ベクトルを順次時間で微分して得られる．

点が直線運動をするとき，その方向を x 軸にとる．そのとき，

速度：$\boldsymbol{v}=\dot{x}$，加速度：$\boldsymbol{a}=\ddot{x}=\dot{v}$

の 1 次元問題として取り扱える．これらから $\dot{v}=vdv/dx$ の関係を使って時間を消去すると，変位，速度，加速度を関係づける微分方程式として，$vdv=adx$ を得る．一方，点が平面内で運動する場合には，その平面上に xy 軸をもつ直交座標系を設定して，点の 2 次元の運動を記述することができる．すなわち，

x 方向の速度と加速度：$\dot{x}, \ddot{x}$，　y 方向の速度と加速度：$\dot{y}, \ddot{y}$

〔例題 1.7〕 初速度 v_0 で鉛直上向きに投げられたボールの到達高さ h を求めよ．

〔解〕 x 軸を鉛直上向きにとる．$vdv=-gdx$ の両辺を，$t=0$ で $v=v_0$, $x=0$, $t=T$ で $v=0$, $x=h$ の条件で積分する．$\int_{v_0}^{0} vdv=\int_0^h -gdx \quad \to \quad h=\frac{v_0{}^2}{2g}$

b. 角速度ベクトル

図 1.8 に示すように，物体が固定軸の回りに回転している．その回転角を θ とすると，$\omega=d\theta/dt$ の大きさをもち，回転の向きにねじを回したときに右ねじが進む向きをもつベクトル $\boldsymbol{\omega}$ を角速度ベクトルという．固定軸回り以外の回転についても，各瞬間の回転軸回りの角速度ベクトルが定義される．一方，角変位はベクトル量ではない [第 1 章 Tea Time 参照].

c. 自然座標系

図 1.9 に示すような，任意の曲線 Γ 上の点 P の運動を考えよう．点 P の位置 $\boldsymbol{r}$ はその曲線上の定点 Q から点 P までの曲線にそった距離 s で表される．接線方向，主法線方向および従法線方向の単位ベクトルをそれぞれ $\boldsymbol{i}_t$, $\boldsymbol{i}_n$ および $\boldsymbol{i}_b$ とすると，点 P の速度は次のように表される．

$$\boldsymbol{v}=\dot{\boldsymbol{r}}=\frac{d\boldsymbol{r}}{ds}\frac{ds}{dt}=v\frac{d\boldsymbol{r}}{ds}=v\boldsymbol{i}_t+0\boldsymbol{i}_n+0\boldsymbol{i}_b, \quad \boldsymbol{i}_t=\frac{d\boldsymbol{r}}{ds} \tag{1.22}$$

ここに，速度は接線方向のみの成分 $v=ds/dt$ をもつ．加速度は速度を時間で微

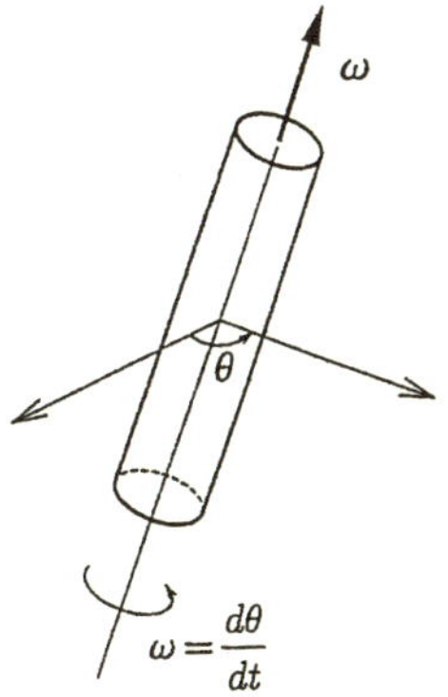

図 1.8 固定軸回りの角速度ベクトル

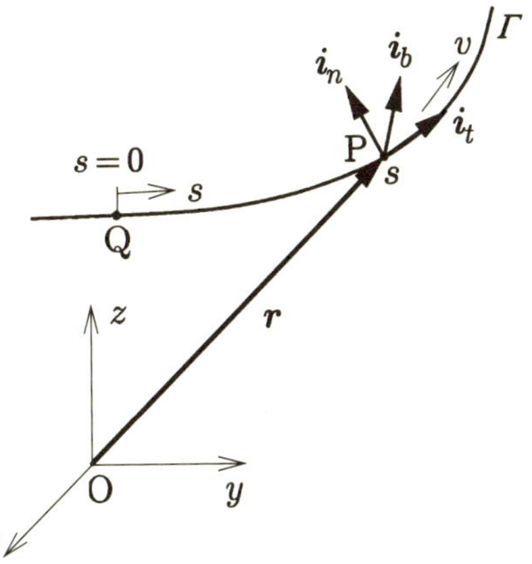

図 1.9 自然座標系

分して得られる．

$$\boldsymbol{a}=\dot{\boldsymbol{v}}=\frac{dv}{dt}\boldsymbol{i}_t+v\frac{d\boldsymbol{i}_t}{ds}\frac{ds}{dt}=\frac{dv}{dt}\boldsymbol{i}_t+\frac{v^2}{\rho}\boldsymbol{i}_n+0\boldsymbol{i}_b,\quad \boldsymbol{i}_n=\rho\frac{d\boldsymbol{i}_t}{ds},\quad \boldsymbol{i}_b=\boldsymbol{i}_t\times\boldsymbol{i}_n \tag{1.23}$$

ここに，ρ は曲率半径であり，加速度の接線方向成分は dv/dt，主法線成分は v^2/ρ，従法線成分は 0 である．

点が平面運動をするとき，$\boldsymbol{i}_t$ と $\boldsymbol{i}_n$ はその平面内にあり，$\boldsymbol{i}_n$ は接線に垂直で曲線の曲がった内側を向き，$\boldsymbol{i}_b$ はその平面に垂直である．

〔例題 1.8〕 質点が放物線 $y=x^2$ にそって一定速度 $V=1.0$ m/s で運動している．$x=0.5$ m における加速度を自然座標系で表せ．

〔解〕 曲率は，$\dfrac{1}{\rho}=\dfrac{\dfrac{d^2y}{dx^2}}{\left[1+\left(\dfrac{dy}{dx}\right)^2\right]^{3/2}}=\dfrac{2}{(1+4x^2)^{3/2}}$．$\dfrac{dv}{dt}=\dfrac{dV}{dt}=0$，$\dfrac{v^2}{\rho}=\dfrac{V^2}{\rho}=\dfrac{2V^2}{(1+4x^2)^{3/2}}$，$x=0.5$ m における値は，$\boldsymbol{a}=\dfrac{dv}{dt}\boldsymbol{i}_t+\dfrac{v^2}{\rho}\boldsymbol{i}_n=0\boldsymbol{i}_t+\dfrac{2\cdot 1^2}{(1+1)^{3/2}}\boldsymbol{i}_n=0.71\,\boldsymbol{i}_n$.

よって，主法線方向に 0.71 m/s^2.

d. 極座標系

図 1.10 の 2 次元平面座標である極座標系を用いて点の速度や加速度を求めてみよう．静止直交座標系で点 P の座標を (x, y) とすると，位置ベクトルは $\boldsymbol{r}=x\boldsymbol{i}_0+y\boldsymbol{j}_0$ で表される．一方，点 P の極座標を (r, θ)，r, θ 方向の単位ベクトルをそれぞれ $\boldsymbol{i}_r, \boldsymbol{i}_\theta$ とすると，極座標系での点 P の位置ベクトルは，

$$\boldsymbol{r}=r\boldsymbol{i}_r \tag{1.24}$$

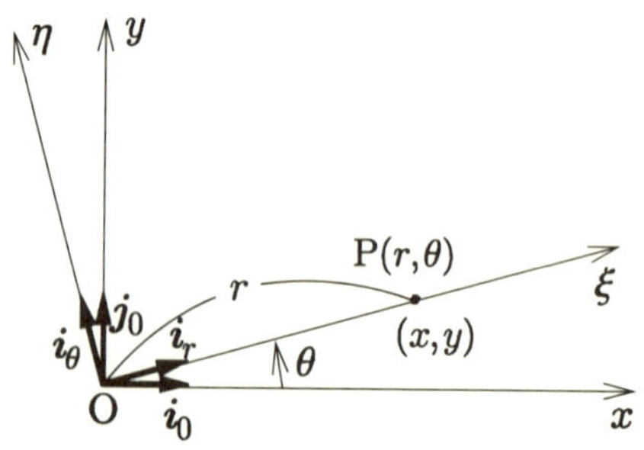

図 1.10　極座標系

で表される．静止直交座標系と極座標系の単位ベクトルの関係は，

$$\boldsymbol{i}_r = \boldsymbol{i}_0 \cos\theta + \boldsymbol{j}_0 \sin\theta,\ \boldsymbol{i}_\theta = -\boldsymbol{i}_0 \sin\theta + \boldsymbol{j}_0 \cos\theta \tag{1.25}$$

これを時間について微分する．$\boldsymbol{i}_0, \boldsymbol{j}_0$ は定ベクトルであるから，次式を得る．

$$\frac{d\boldsymbol{i}_r}{dt} = (-\boldsymbol{i}_0 \sin\theta + \boldsymbol{j}_0 \cos\theta)\dot{\theta} = \dot{\theta}\boldsymbol{i}_\theta,\quad \frac{d\boldsymbol{i}_\theta}{dt} = -(\boldsymbol{i}_0 \cos\theta + \boldsymbol{j}_0 \sin\theta)\dot{\theta} = -\dot{\theta}\boldsymbol{i}_r \tag{1.26}$$

速度は位置ベクトル $\boldsymbol{r}$ を時間で微分して得られる．すなわち，

$$\boldsymbol{v} = \dot{\boldsymbol{r}} = \dot{r}\boldsymbol{i}_r + r\frac{d\boldsymbol{i}_r}{dt} = \dot{r}\boldsymbol{i}_r + r\dot{\theta}\boldsymbol{i}_\theta \tag{1.27}$$

加速度はさらに速度を時間で微分して得られる．

$$\boldsymbol{a} = \boldsymbol{v} = (\ddot{r} - r\dot{\theta}^2)\boldsymbol{i}_r + (2\dot{r}\dot{\theta} + r\ddot{\theta})\boldsymbol{i}_\theta = (\ddot{r} - r\dot{\theta}^2)\boldsymbol{i}_r + \frac{1}{r}\frac{d}{dt}(r^2\dot{\theta})\boldsymbol{i}_\theta \tag{1.28}$$

円運動は極座標系において r＝一定とおいた場合に対応する．したがって，

$$\boldsymbol{v} = r\dot{\theta}\boldsymbol{i}_\theta,\quad \boldsymbol{a} = -r\dot{\theta}^2\boldsymbol{i}_r + r\ddot{\theta}\boldsymbol{i}_\theta \tag{1.29}$$

円運動する物体の速度は円の接線方向にのみ $r\dot{\theta}$ の成分をもち，加速度は半径方向には回転中心の向きに $r\dot{\theta}^2$（求心加速度），円周方向には角度 θ の増加する向きに $r\ddot{\theta}$ をもつ．$\dot{\theta}$ を角速度，$\ddot{\theta}$ を角加速度という．

〔例題 1.9〕 一端を回転中心とし，水平面内を一定角速度 ω で回転する管内を回転中心から一定速度 v で移動する点 P の速度と加速度を求めよ．

〔解〕 式(1.27)，(1.28)に $\dot{r}=v$＝一定，$r=vt$，$\dot{\theta}=\omega$＝一定を代入すると，$\boldsymbol{v}=v\boldsymbol{i}_r + v\omega t\boldsymbol{i}_\theta$ および $\boldsymbol{a}=-v\omega^2 t\boldsymbol{i}_r + 2v\omega\boldsymbol{i}_\theta$ を得る．ここに，t は時間である．

物体の運動を考えるのに，静止座標系がいつも便利とは限らない．ここでは，座標系が平行移動する並進直交座標系や座標軸がある軸回りに回転する回転座標系を用いたときの点の運動を表そう．

e. 並進座標系

図 1.11 に示すように，静止直交座標系 O-xyz に平行な並進座標系 Q-$\xi\eta\zeta$ を定め，点 P の運動を並進座標系から見てみよう．ξ, η, ζ 軸はそれぞれ x, y, z 軸と方向と向きが同じであるので，両座標系の単位ベクトルは同じである．以下のベクトルを定義する．

$$\overrightarrow{\mathrm{OP}} = \boldsymbol{r} = x\boldsymbol{i}_0 + y\boldsymbol{j}_0 + x\boldsymbol{k}_0,\quad \overrightarrow{\mathrm{OQ}} = \boldsymbol{r}_Q = x_Q\boldsymbol{i}_0 + y_Q\boldsymbol{j}_0 + x_Q\boldsymbol{k}_0$$

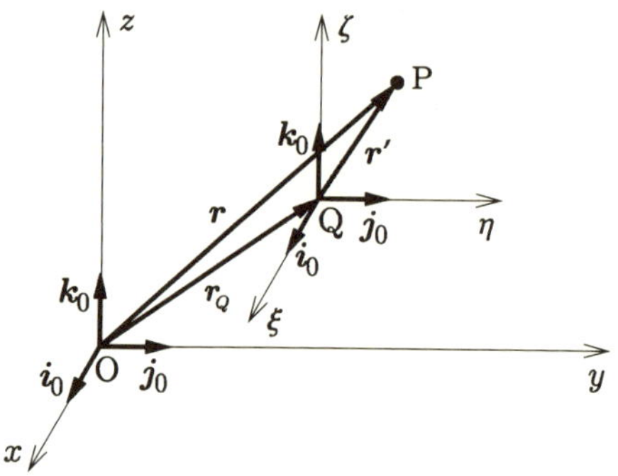

図 1.11　並進座標系

$$\overrightarrow{\mathrm{QP}}=\boldsymbol{r}'=\xi\boldsymbol{i}_0+\eta\boldsymbol{j}_0+\zeta\boldsymbol{k}_0 \tag{1.30}$$

ベクトル $\boldsymbol{r}$ は静止座標系から見た点 P の位置ベクトル，ベクトル $\boldsymbol{r}'$ は並進座標からみた点 P の位置ベクトルである．これらのベクトルの間には，

$$\boldsymbol{r}=\boldsymbol{r}_Q+\boldsymbol{r}' \tag{1.31}$$

の関係がある．式(1.31)の両辺を時間で微分すると，静止座標系から見た(絶対)速度は，

$$\boldsymbol{v}=\boldsymbol{v}_Q+\boldsymbol{v}',\quad ここに,\quad \boldsymbol{v}=\dot{\boldsymbol{r}},\quad \boldsymbol{v}_Q=\dot{\boldsymbol{r}}_Q,\quad \boldsymbol{v}'=\dot{\boldsymbol{r}}' \tag{1.32}$$

さらに，式(1.32)の両辺を時間で微分すると，絶対加速度は，

$$\boldsymbol{a}=\boldsymbol{a}_Q+\boldsymbol{a}',\quad ここに,\quad \boldsymbol{a}=\dot{\boldsymbol{v}},\quad \boldsymbol{a}_Q=\dot{\boldsymbol{v}}_Q,\quad \boldsymbol{a}'=\dot{\boldsymbol{v}}' \tag{1.33}$$

$\boldsymbol{v}'=\boldsymbol{v}-\boldsymbol{v}_Q$ および $\boldsymbol{a}'=\boldsymbol{a}-\boldsymbol{a}_Q$ はそれぞれ点 Q に対する点 P の相対速度および相対加速度であり，並進座標系から見たときの点 P の速度および加速度である．式(1.33)から，等速直線運動する座標系上での加速度は絶対加速度に等しい．

〔例題 1.10〕　一定の速さ V で直線走行している新幹線の中を初速度 0，加速度 a' で進行方向に運動する物体の絶対速度および絶対加速度を求めよ．

〔解〕　$v_Q=V=$一定，$v'=a't$ だから，$v=v'+V=a't+V$，$a=a'+dV/dt=a'$．

f.　回転座標系

図 1.12 に示すように，点 P がある軸の回りに角速度ベクトル $\boldsymbol{\omega}$ で回転運動しているときを考える．点 P はベクトル $\boldsymbol{\omega}$ に垂直な平面上を角速度 $\omega=|\boldsymbol{\omega}|$ で円運動する．$\boldsymbol{r}$ と $\boldsymbol{\omega}$ のなす角度を φ，$r=|\boldsymbol{r}|=$一定とすると，その円運動の半径は $\overline{\mathrm{HP}}=r\sin\varphi$ である．点 P の速度 $\boldsymbol{v}$ は円の接線方向だから，$\boldsymbol{r}$ と $\boldsymbol{\omega}$ がつくる平

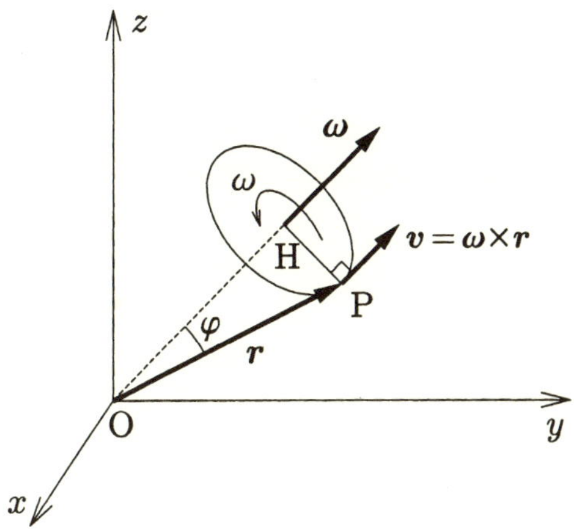

図 1.12　角速度ベクトル

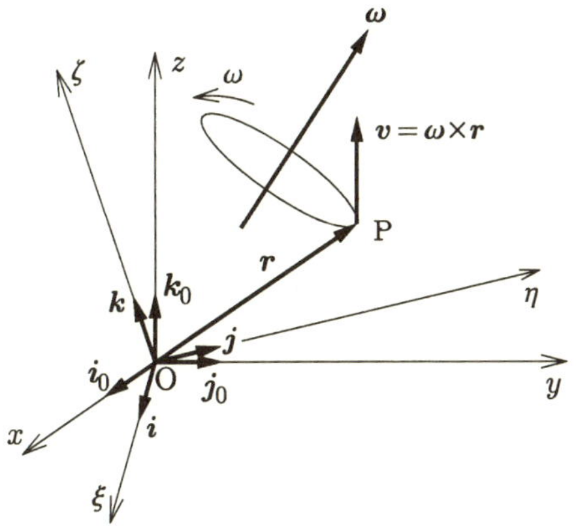

図 1.13　回転座標系

面に対して垂直で，$\boldsymbol{\omega}$ から $\boldsymbol{r}$ の方向にねじを回したときに右ねじが進む向きをもち，その大きさは周速 $r\omega\sin\varphi$ に等しいことから，点 P の速度ベクトル $\boldsymbol{v}$ は次のように外積で表される．

$$\boldsymbol{v} = \dot{\boldsymbol{r}} = \boldsymbol{\omega} \times \boldsymbol{r} \qquad (1.34)$$

次に，図 1.13 のように静止直交座標系 O-xyz と原点 O を共有し，角速度ベクトル $\boldsymbol{\omega}$ で回転する回転座標系 O-$\xi\eta\zeta$ を設定する．ξ, η, ζ 軸方向の単位ベクト

ルをそれぞれ $\boldsymbol{i}, \boldsymbol{j}, \boldsymbol{k}$ として，点Pの運動を回転座標系から見てみよう．

単位ベクトル $\boldsymbol{i}, \boldsymbol{j}, \boldsymbol{k}$ は角速度ベクトル $\boldsymbol{\omega}$ で回転するので，式(1.34)を適用すると，

$$\frac{d\boldsymbol{i}}{dt}=\boldsymbol{\omega}\times\boldsymbol{i},\quad \frac{d\boldsymbol{j}}{dt}=\boldsymbol{\omega}\times\boldsymbol{j},\quad \frac{d\boldsymbol{k}}{dt}=\boldsymbol{\omega}\times\boldsymbol{k} \tag{1.35}$$

点Pの位置ベクトル $\boldsymbol{r}$ および角速度ベクトル $\boldsymbol{\omega}$ を回転座標系 O-$\xi\eta\zeta$ 上で次のように成分表示する．

$$\boldsymbol{r}=\xi\boldsymbol{i}+\eta\boldsymbol{j}+\zeta\boldsymbol{k},\quad \boldsymbol{\omega}=\omega_\xi\boldsymbol{i}+\omega_\eta\boldsymbol{j}+\omega_\zeta\boldsymbol{k} \tag{1.36}$$

単位ベクトル $\boldsymbol{i}, \boldsymbol{j}, \boldsymbol{k}$ は定ベクトルではないことに注意して式(1.36)の第1式を時間で微分すると，回転座標系 O-$\xi\eta\zeta$ 上で成分表示された点Pの絶対速度 $\boldsymbol{v}$ が得られる．

$$\begin{aligned}\boldsymbol{v}=\dot{\boldsymbol{r}}&=\dot{\xi}\boldsymbol{i}+\dot{\eta}\boldsymbol{j}+\dot{\zeta}\boldsymbol{k}+\xi\frac{d\boldsymbol{i}}{dt}+\eta\frac{d\boldsymbol{j}}{dt}+\zeta\frac{d\boldsymbol{k}}{dt}=\dot{\xi}\boldsymbol{i}+\dot{\eta}\boldsymbol{j}+\dot{\zeta}\boldsymbol{k}+\boldsymbol{\omega}\times(\xi\boldsymbol{i}+\eta\boldsymbol{j}+\zeta\boldsymbol{k})\\&=\frac{d^*\boldsymbol{r}}{dt}+\boldsymbol{\omega}\times\boldsymbol{r}=(\dot{\xi}+\omega_\eta\zeta-\omega_\zeta\eta)\boldsymbol{i}+(\dot{\eta}+\omega_\zeta\xi-\omega_\xi\zeta)\boldsymbol{j}+(\dot{\zeta}+\omega_\xi\eta-\omega_\eta\xi)\boldsymbol{k}\end{aligned} \tag{1.37}$$

ここに，

$$\frac{d^*\boldsymbol{r}}{dt}=\dot{\xi}\boldsymbol{i}+\dot{\eta}\boldsymbol{j}+\dot{\zeta}\boldsymbol{k} \tag{1.38}$$

$d^*\boldsymbol{r}/dt$ は回転座標系 O-$\xi\eta\zeta$ 上で観測した点Pの相対速度であり，$\boldsymbol{i}, \boldsymbol{j}, \boldsymbol{k}$ を定ベクトルとみなして時間で微分する演算子である．

式(1.37)を用いて，回転座標系 O-$\xi\eta\zeta$ 上で成分表示された点Pの加速度 $\boldsymbol{a}$ は，

$$\begin{aligned}\boldsymbol{a}=\dot{\boldsymbol{v}}&=\frac{d^*\boldsymbol{v}}{dt}+\boldsymbol{\omega}\times\boldsymbol{v}=\frac{d^*}{dt}\left(\frac{d^*\boldsymbol{r}}{dt}+\boldsymbol{\omega}\times\boldsymbol{r}\right)+\boldsymbol{\omega}\times\left(\frac{d^*\boldsymbol{r}}{dt}+\boldsymbol{\omega}\times\boldsymbol{r}\right)\\&=\frac{d^{*2}\boldsymbol{r}}{dt^2}+\frac{d^*\boldsymbol{\omega}}{dt}\times\boldsymbol{r}+2\boldsymbol{\omega}\times\frac{d^*\boldsymbol{r}}{dt}+\boldsymbol{\omega}\times(\boldsymbol{\omega}\times\boldsymbol{r})\end{aligned} \tag{1.39}$$

したがって，回転座標系 O-$\xi\eta\zeta$ で表示された加速度は，O-$\xi\eta\zeta$ 上で観測される相対加速度 $\dfrac{d^{*2}\boldsymbol{r}}{dt^2}$，角速度ベクトル $\boldsymbol{\omega}$ が時間的に変化するために生じた加速度 $\dfrac{d^*\boldsymbol{\omega}}{dt}\times\boldsymbol{r}$，相対速度があるために生じるコリオリの加速度 $2\boldsymbol{\omega}\times\dfrac{d^*\boldsymbol{r}}{dt}$，および求心加速度 $\boldsymbol{\omega}\times(\boldsymbol{\omega}\times\boldsymbol{r})$ の和となる．

〔**例題 1.11**〕 $\dot{\boldsymbol{\omega}}=\dfrac{d^*\boldsymbol{\omega}}{dt}$ を示せ.

〔**解**〕 $\dot{\boldsymbol{\omega}}=\dot{\omega}_\xi\boldsymbol{i}+\dot{\omega}_\eta\boldsymbol{j}+\dot{\omega}_\zeta\boldsymbol{k}+\omega_\xi\dfrac{d\boldsymbol{i}}{dt}+\omega_\eta\dfrac{d\boldsymbol{j}}{dt}+\omega_\zeta\dfrac{d\boldsymbol{k}}{dt}=\dot{\omega}_\xi\boldsymbol{i}+\dot{\omega}_\eta\boldsymbol{j}+\dot{\omega}_\zeta\boldsymbol{k}+\boldsymbol{\omega}\times\boldsymbol{\omega}=\dfrac{d^*\boldsymbol{\omega}}{dt}.$

〔**例題 1.12**〕 式(1.37)の $\boldsymbol{v}=\dot{\xi}\boldsymbol{i}+\dot{\eta}\boldsymbol{j}+\dot{\zeta}\boldsymbol{k}+\xi\dfrac{d\boldsymbol{i}}{dt}+\eta\dfrac{d\boldsymbol{j}}{dt}+\zeta\dfrac{d\boldsymbol{k}}{dt}$ を時間に関して微分することによって式(1.39)を求めよ.

〔**解**〕

$$\begin{aligned}\boldsymbol{a}=\dot{\boldsymbol{v}}&=\ddot{\xi}\boldsymbol{i}+\ddot{\eta}\boldsymbol{j}+\ddot{\zeta}\boldsymbol{k}+2\dot{\xi}\frac{d\boldsymbol{i}}{dt}+2\dot{\eta}\frac{d\boldsymbol{j}}{dt}+2\dot{\zeta}\frac{d\boldsymbol{k}}{dt}+\xi\frac{d^2\boldsymbol{i}}{dt^2}+\eta\frac{d^2\boldsymbol{j}}{dt^2}+\zeta\frac{d^2\boldsymbol{k}}{dt^2}\\&=\frac{d^{*2}\boldsymbol{r}}{dt^2}+2\boldsymbol{\omega}\times\frac{d^*\boldsymbol{r}}{dt}+\xi\frac{d}{dt}(\boldsymbol{\omega}\times\boldsymbol{i})+\eta\frac{d}{dt}(\boldsymbol{\omega}\times\boldsymbol{j})+\zeta\frac{d}{dt}(\boldsymbol{\omega}\times\boldsymbol{k})\\&=\frac{d^{*2}\boldsymbol{r}}{dt^2}+\dot{\boldsymbol{\omega}}\times\boldsymbol{r}+2\boldsymbol{\omega}\times\frac{d^*\boldsymbol{r}}{dt}+\boldsymbol{\omega}\times(\boldsymbol{\omega}\times\boldsymbol{r})\end{aligned}$$

次に，図1.13の特別な場合として図1.14に示すように，静止直交座標系O-xyの原点を共有し，原点O回りに角速度 ω で回転する回転座標系O-$\xi\eta$ を用いて点の平面運動を考えよう．点Pの位置ベクトル $\boldsymbol{r}$ を回転座標系の成分で表示すると，以下のようになる.

$$\boldsymbol{r}=\xi\boldsymbol{i}+\eta\boldsymbol{j} \tag{1.40}$$

両座標系の単位ベクトルの間の関係は，式(1.25)の $\boldsymbol{i}_r, \boldsymbol{i}_\theta$ を $\boldsymbol{i}, \boldsymbol{j}$ に置き換えて求められる.

$$\boldsymbol{i}=\boldsymbol{i}_0\cos\theta+\boldsymbol{j}_0\sin\theta,\quad \boldsymbol{j}=-\boldsymbol{i}_0\sin\theta+\boldsymbol{j}_0\cos\theta \tag{1.41}$$

上式を時間について微分し，$\omega=\dot{\theta}$ とおくと，

$$\frac{d\boldsymbol{i}}{dt}=\omega\boldsymbol{j},\quad \frac{d\boldsymbol{j}}{dt}=-\omega\boldsymbol{i} \tag{1.42}$$

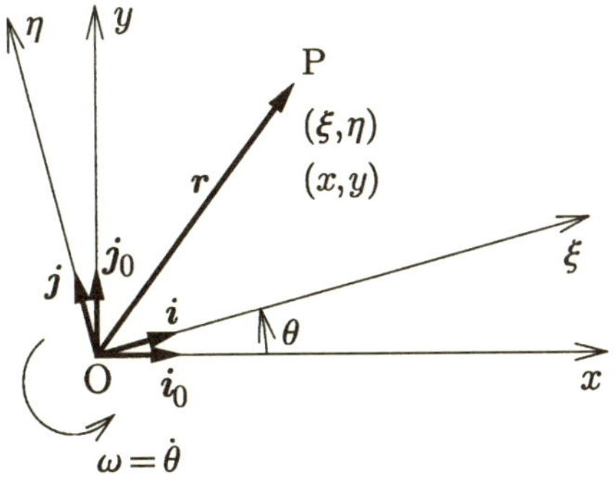

図 1.14　2次元回転座標系

したがって，点 P の速度，加速度を回転座標系の ξ, η 方向成分で表すと，

$$\boldsymbol{v}=\dot{\boldsymbol{r}}=\dot{\xi}\boldsymbol{i}+\dot{\eta}\boldsymbol{j}+\xi\frac{d\boldsymbol{i}}{dt}+\eta\frac{d\boldsymbol{j}}{dt}=(\dot{\xi}-\omega\eta)\boldsymbol{i}+(\dot{\eta}+\omega\xi)\boldsymbol{j} \tag{1.43}$$

$$\boldsymbol{a}=\dot{\boldsymbol{v}}=(\ddot{\xi}-2\omega\dot{\eta}-\omega^2\xi-\dot{\omega}\eta)\boldsymbol{i}+(\ddot{\eta}+2\omega\dot{\xi}-\omega^2\eta+\dot{\omega}\xi)\boldsymbol{j} \tag{1.44}$$

ここに，$\dot{\xi}, \dot{\eta}$ および $\ddot{\xi}, \ddot{\eta}$ は回転座標系 O-$\xi\eta$ 上で観測される相対速度，相対加速度成分である．

〔例題 1.13〕 一定の角速度 ω で回転する回転座標系 O-$\xi\eta$ の ξ 軸上に静止している点の速度と加速度を求めよ．

〔解〕 式(1.43)，(1.44) で，$\ddot{\xi}=\ddot{\eta}=0$，$\dot{\xi}=\dot{\eta}=0$，$\eta=0$，$\dot{\omega}=0$ とおくと，$\boldsymbol{v}=\omega\xi\boldsymbol{j}$，$\boldsymbol{a}=-\omega^2\xi\boldsymbol{i}$．

演習問題

1.1 $\boldsymbol{a}=\boldsymbol{i}+2\boldsymbol{j}+4\boldsymbol{k}$，$\boldsymbol{b}=2\boldsymbol{i}-3\boldsymbol{j}$ のとき，以下の値を計算せよ．
(1) $|\boldsymbol{a}|$，(2) $|\boldsymbol{a}-2\boldsymbol{b}|$，(3) $\boldsymbol{a}\cdot(\boldsymbol{a}-2\boldsymbol{b})$，(4) $\boldsymbol{a}\times(\boldsymbol{a}-2\boldsymbol{b})$

1.2 原点 O を起点とする 3 つの位置ベクトル $\boldsymbol{a}, \boldsymbol{b}, \boldsymbol{c}$ の終点を頂点とする三角形の面積を求めよ．また，$\boldsymbol{a}=(1, 0, 2)$，$\boldsymbol{b}=(0, 2, 3)$，$\boldsymbol{c}=(1, 1, 1)$ のときの面積を計算せよ．

1.3 $\boldsymbol{a}=2\boldsymbol{i}+3\boldsymbol{j}+\boldsymbol{k}$ と $\boldsymbol{b}=3\boldsymbol{i}-2\boldsymbol{j}+3\boldsymbol{k}$ のなす角を求めよ．また，$\boldsymbol{a}$ と $\boldsymbol{b}$ に垂直で大きさ 2 のベクトル $\boldsymbol{c}$ を求めよ．

1.4 ある直線にそって運動する点の原点からの変位 x (m) が時間 t (s) の関数として $x=t^2-24t+3$ で与えられる．(1) 点が速度 84 m/s に達するまでに必要な時間，(2) 速度が 3 m/s のときの加速度，(3) 時刻 $t=0$ から $t=3$ s までに点が移動した距離を求めよ．

1.5 水平面上を一定角速度 ω で回転するなめらかなパイプの中で点が運動している．点の速度，加速度を求めよ．

Tea Time

角変位はベクトル量ではない！

図 1.15 に示すように，ある軸回りに微小な回転角 $\Delta\theta$ が与えられたとする．この回転角をベクトル表示と同様に回転の向きに回した右ねじが進む向きに矢印を付け，その大きさを線分の長さで表した $\Delta\boldsymbol{\theta}$ で表示してみよう．回転軸上の 1 点 O を原点とし，位置ベクトル $\boldsymbol{r}$ の点 P が，この回転によって，中心 C，半径 $r\sin\varphi$ の円周にそって P′ に移ったとする．したがって，変位は $\Delta\boldsymbol{r}=\overrightarrow{\mathrm{PP'}}$ である．P からこの円に接線をひき，その上に Q をとって $\mathrm{PQ}=\Delta\theta r\sin\varphi$ とする．ベクトル積

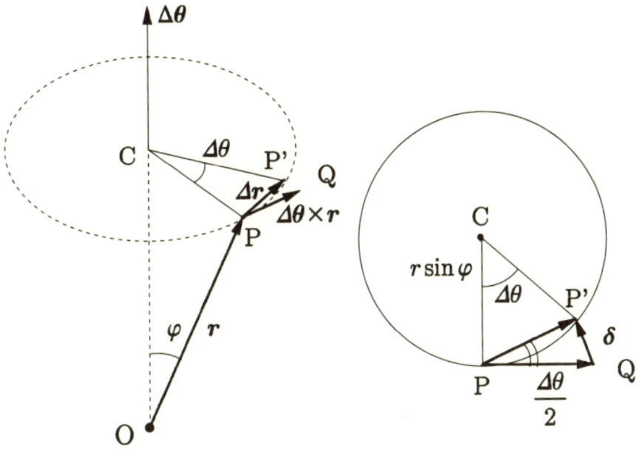

図 1.15 角変位とベクトル

のようにして $\overrightarrow{\mathrm{PQ}}=\varDelta\boldsymbol{\theta}\times\boldsymbol{r}$ をつくる．$\overrightarrow{\mathrm{QP'}}=\boldsymbol{\delta}$ とすると，$\overrightarrow{\mathrm{PP'}}=\overrightarrow{\mathrm{PQ}}+\overrightarrow{\mathrm{QP'}}$ から，$\varDelta\boldsymbol{r}=\varDelta\boldsymbol{\theta}\times\boldsymbol{r}+\boldsymbol{\delta}$ である．余弦の定理から，$\boldsymbol{\delta}$ の大きさは，$|\boldsymbol{\delta}|=(\overline{\mathrm{PQ}}^2+\overline{\mathrm{PP'}}^2-2\overline{\mathrm{PQ}}\cdot\overline{\mathrm{PP'}}\cos\angle\mathrm{P'QP})^{1/2}$.

$\varDelta\theta$ を微小角として，$\overline{\mathrm{PP'}}=2r\sin\varphi\sin\varDelta\theta=r\sin\varphi[\varDelta\theta-(\varDelta\theta)^3/24+\cdots]$，$\overline{\mathrm{PQ}}=r\sin\varphi\cdot\varDelta\theta$，$\cos\angle\mathrm{P'PQ}=\cos(\varDelta\theta/2)=1-(\varDelta\theta)^2/8+\cdots$ のように展開する．$|\boldsymbol{\delta}|=r\sin\varphi\sqrt{7/12}(\varDelta\theta)^2+\cdots$ となるので，

$$\lim_{\varDelta\theta\to0}\frac{|\boldsymbol{\delta}|}{\varDelta\theta}=0 \quad\to\quad \lim_{\varDelta\theta\to0}\frac{\boldsymbol{\delta}}{\varDelta\theta}=\mathbf{0} \qquad \text{(a)}$$

次に，位置ベクトル $\boldsymbol{r}$ をはじめに軸 OA の回りに $\varDelta\boldsymbol{\theta}_1$ 回転させた後，軸 OB の回りに $\varDelta\boldsymbol{\theta}_2$ だけ回転させて $\boldsymbol{r}$ がそれぞれの回転で $\boldsymbol{r}'$ および $\boldsymbol{r}''$ となったとすると，

$$\boldsymbol{r}'=\boldsymbol{r}+\varDelta\boldsymbol{\theta}_1\times\boldsymbol{r}+\boldsymbol{\delta}_1,\quad \boldsymbol{r}''=\boldsymbol{r}'+\varDelta\boldsymbol{\theta}_2\times\boldsymbol{r}'+\boldsymbol{\delta}_2$$

したがって，この回転順序での最終変位は，

$$\varDelta\boldsymbol{r}=\boldsymbol{r}''-\boldsymbol{r}=(\varDelta\boldsymbol{\theta}_1+\varDelta\boldsymbol{\theta}_2)\times\boldsymbol{r}+\boldsymbol{\delta}_1+\boldsymbol{\delta}_2+\varDelta\boldsymbol{\theta}_2\times(\varDelta\boldsymbol{\theta}_1\times\boldsymbol{r})+\varDelta\boldsymbol{\theta}_2\times\boldsymbol{\delta}_1 \qquad \text{(b)}$$

2 つの回転の順序を変更した結果は，同様にして，

$$\varDelta\boldsymbol{r}=(\varDelta\boldsymbol{\theta}_1+\varDelta\boldsymbol{\theta}_2)\times\boldsymbol{r}+\boldsymbol{\delta}_1'+\boldsymbol{\delta}_2'+\varDelta\boldsymbol{\theta}_1\times(\varDelta\boldsymbol{\theta}_2\times\boldsymbol{r})+\varDelta\boldsymbol{\theta}_1\times\boldsymbol{\delta}_2' \qquad \text{(c)}$$

よって，2 つの回転を続けて行うと，順序によって異なる結果となり，回転角の合成則がベクトル的でないことがわかる．しかし，$\varDelta\boldsymbol{\theta}_1, \varDelta\boldsymbol{\theta}_2$ を微小時間 $\varDelta t$ の間に生じた微小回転角とし，式 (b), (c) の両辺を $\varDelta t$ で除して $\varDelta t\to0$ の極限をとり，式 (a) を用いると，

$$\dot{\boldsymbol{r}}=\boldsymbol{\omega}\times\boldsymbol{r},\ \boldsymbol{\omega}=\boldsymbol{\omega}_1+\boldsymbol{\omega}_2 \qquad (\boldsymbol{\omega}_1=\lim_{\varDelta t\to0}\varDelta\boldsymbol{\theta}_1/\varDelta t,\ \boldsymbol{\omega}_2=\lim_{\varDelta t\to0}\varDelta\boldsymbol{\theta}_2/\varDelta t)$$

したがって，$\boldsymbol{\omega}$ の合成則はベクトル的であり，$\boldsymbol{\omega}$ は 1 つのベクトルである．

たとえば，直交座標系において，はじめに (1, 0, 0) の位置にあった点 P は，x 軸回りに 90° 回転させ，さらに z 軸回りに 90° 回転させると，点 (0, 1, 0) に移る．次に，回転の順序を変更して，はじめに z 軸回りに 90° 回転させ，次に x 軸回りに 90° 回転させると，点 P は点 (0, 0, 1) に移る．このように，回転の順序を変更すると移る位置が異なる結果となるので，角変位はベクトル量ではない．

2. 質 点 の 運 動

物体の運動を考えるとき，最も単純な場合として，物体の回転運動や変形，大きさを無視し，質量だけを考慮することが便利である．そのような仮想的物体を質点 (particle) とよぶ．拘束がない質点の運動は 3 次元の空間を運動することを許容されるので，3 個の互いに独立な変数で記述できる．つまり，拘束のない質点の自由度は 3 である．

質点の運動を考えるときには，ニュートンによって体系化された 3 つの運動に関する法則が基礎となる．特に力が作用した質点の運動を解く場合，この 3 つの法則の中でも第 2 法則が最も重要となり，質点の各自由度についての運動方程式を与える．また，このニュートンの運動の法則が成立する座標系を慣性(座標)系とよぶ．

2.1 ニュートンの運動の法則

a. 第 一 法 則

“外力が作用しない限り，静止している物体あるいは一定速度で直進運動している物体は，その状態を保つ．”この法則は慣性の法則とよばれる．この法則が成立する座標系を慣性(座標) 系 (inertia system) とよぶ．機械システムの解析ではほとんどの場合地球上に固定されている座標系を採用する．地球は自転しているため厳密には慣性系ではない．しかし，その自転の時間に比べて十分に短時間の現象を取り扱う場合はこの座標系を慣性系とみなすことができる．

b. 第 二 法 則

“慣性系において，外力を受ける質点は外力と同方向で外力の大きさに比例する加速度で運動する.”この法則は慣性系上で物体に力が作用したときの運動の変化を記述する法則である．ここで比例定数が質点の質量であり，質量はその質点の慣性の大小を表している．

質点に働く力を $\boldsymbol{F}$，質点の質量を m，変位を $\boldsymbol{r}$，時間を t とおくと，

$$m\ddot{\boldsymbol{r}}=\boldsymbol{F} \qquad \left(\ddot{r}=\frac{d^2r}{dt^2}\right) \tag{2.1}$$

なる関係式で書くことができる．式(2.1)から，質点の質量 m と質点に働く力 $\boldsymbol{F}$ が与えられると質点の運動 $\boldsymbol{r}(t)$ が決まるので，式(2.1)を運動方程式ともよぶ．

たくさんの力 $\boldsymbol{F}_i\,(i=1, \cdots, n)$ が質点に働く場合には，その合力 $\boldsymbol{F}=\sum_{i=1}^{n}\boldsymbol{F}_i$ が質点に働くとみなして質点の運動を考えることになる．

機械システムにおいて考える質点には次のような力が作用する．

重力：地球上に置かれた物体は大きさが一定で地球の中心を向いた重力加速度 g を受けている．この重力加速度は場所によりわずかに変化するがおおよそ $9.80\ \mathrm{m/s^2}$ である．

弾性力：質点を支持している物体の弾性変形により作用する力

流体抵抗力：流体中の質点に作用する力

電磁力：電場や磁場に置かれた荷電した質点にはローレンツ力，マックスウエル応力，クーロン力が作用する．

c. 第 三 法 則

“互いに作用を及ぼす 2 つの質点間の作用力と反作用力は，大きさが等しく，向きが反対で，同一直線上に作用し合う.”この法則は作用・反作用の法則ともよばれる．この法則を図 2.1 のように 2 つの物体 A, B が接触して互いに力を伝えている場合に適用してみよう．物体 A から B に大きさ f の作用力 $\boldsymbol{f}$ がある．このとき，物体 B から A には大きさが f で向きが反対の反作用力 (反力) $-\boldsymbol{f}$ を及ぼす．次に物体 A と B をまとめて系 C とみなしてこの系 C についての運動を考えてみよう．このとき作用 $\boldsymbol{f}$ と反力 $-\boldsymbol{f}$ は打ち消し合い系 C の運動には関与せず，系 C の外部から作用する力 $\boldsymbol{F}$ だけが関与することになる．この相互作用の

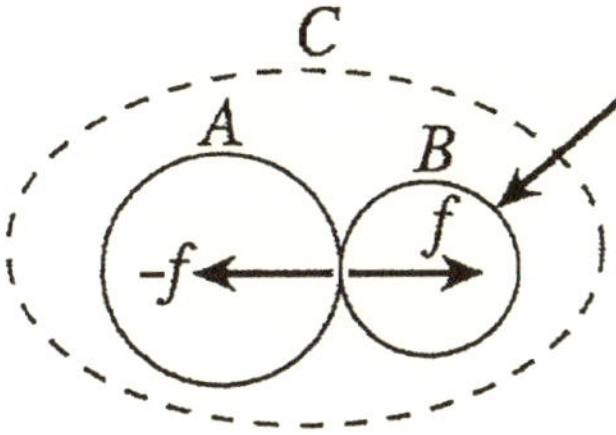

図 2.1 内力と外力

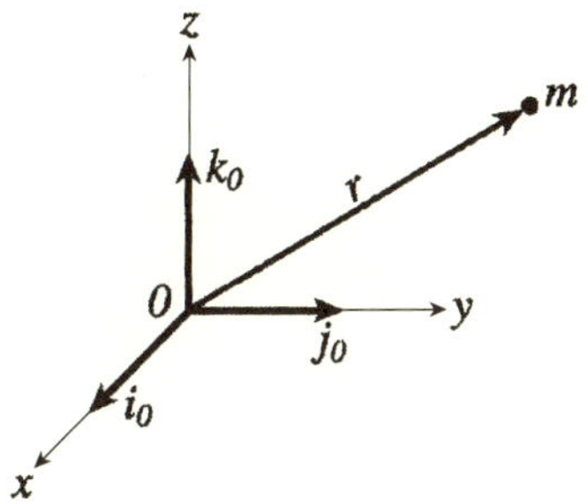

図 2.2 静止直交座標系

力を内力，外部からの力を外力とよぶ．

2.2 運動方程式

拘束のない質点の自由度は 3 であるので，3 つの独立な変数で質点の運動を表現できる．式 (2.1) で与えられている運動方程式を空間に固定したさまざまな座標系で成分表示してみよう．下記の b. 自然座標系，c. 円筒座標系，d. 球面座標系は慣性系ではないが慣性系の運動をその座標系で表現することは可能である．

a. 静止直交座標系

図 2.2 の静止直交座標系 O-xyz を採用して式 (2.1) をそれぞれの座標成分に分けて表記してみよう．各座標軸の単位ベクトルを $\boldsymbol{i}_0$, $\boldsymbol{j}_0$, $\boldsymbol{k}_0$ とおくと，

$$\boldsymbol{F}=F_x\boldsymbol{i}_0+F_y\boldsymbol{j}_0+F_z\boldsymbol{k}_0, \quad \boldsymbol{r}=x\boldsymbol{i}_0+y\boldsymbol{j}_0+z\boldsymbol{k}_0,$$

$$m\left(\frac{d^2x}{dt^2}\boldsymbol{i}_0+\frac{d^2y}{dt^2}\boldsymbol{j}_0+\frac{d^2z}{dt^2}\boldsymbol{k}_0\right)=F_x\boldsymbol{i}_0+F_y\boldsymbol{j}_0+F_z\boldsymbol{k}_0 \tag{2.2 a}$$

と記述でき，式 (2.1) は次の 3 つの式で表すこともできる．

$$m\ddot{x}=F_x, \quad m\ddot{y}=F_y, \quad m\ddot{z}=F_z \tag{2.2 b}$$

b. 自然座標系

図 2.3 の P の位置にある質点 m が空間曲線の軌跡を描き運動している場合，着目した瞬間の接平面内の単位接線ベクトル $\boldsymbol{i}_t$，単位法線ベクトル $\boldsymbol{i}_n$，接平面に垂直な単位従法線ベクトル $\boldsymbol{i}_b$ の方向に運動方程式を成分表示しよう．この場合，接線速度，曲率半径を v, ρ とすると，式 (1.22) から

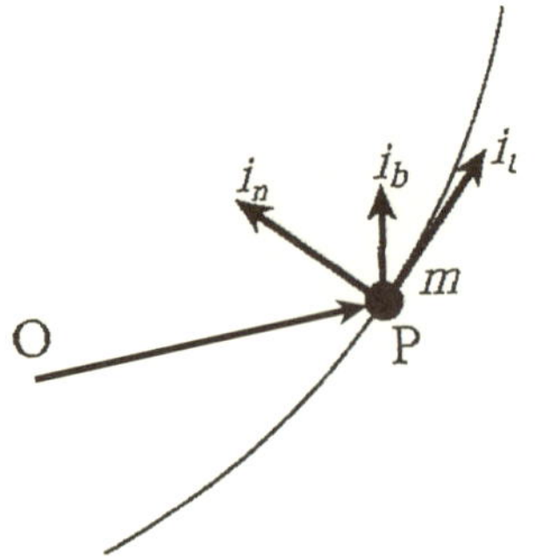

図 2.3 自然座標系

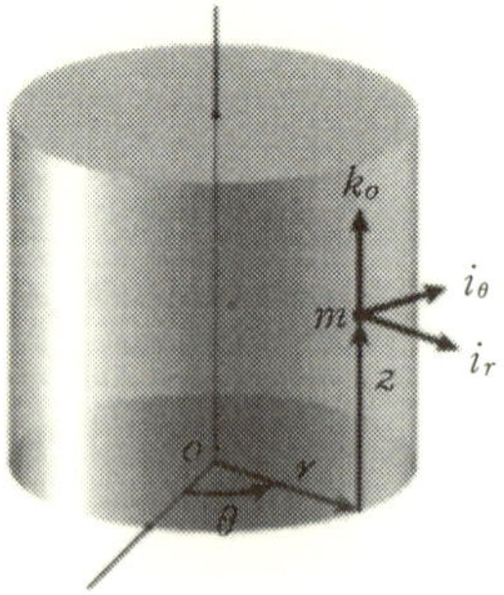

図 2.4 円筒座標系

$$F_t\boldsymbol{i}_t+F_n\boldsymbol{i}_n+F_b\boldsymbol{i}_b=m\frac{dv}{dt}\boldsymbol{i}_t+\frac{mv^2}{\rho}\boldsymbol{i}_n+0\boldsymbol{i}_b \tag{2.3 a}$$

$$F_t=m\frac{dv}{dt},\quad F_n=\frac{mv^2}{\rho},\quad F_b=0 \tag{2.3 b}$$

c. 円筒座標系

図 2.4 の円筒座標系 O-$r\theta z$ では質点の変位，速度，加速度は次のように表すことができる．

$$\boldsymbol{r}=r\boldsymbol{i}_r+0\boldsymbol{i}_\theta+z\boldsymbol{k}_0,\quad \boldsymbol{v}=\frac{d\boldsymbol{r}}{dt}=\dot{r}\boldsymbol{i}_r+r\dot{\theta}\boldsymbol{i}_\theta+\dot{z}\boldsymbol{k}_0 \tag{2.4 a}$$

$$\boldsymbol{a}=\frac{d^2\boldsymbol{r}}{dt^2}=(\ddot{r}-r\dot{\theta}^2)\boldsymbol{i}_r+(r\ddot{\theta}+2\dot{r}\dot{\theta})\boldsymbol{i}_\theta+\ddot{z}\boldsymbol{k}_0 \tag{2.4 b}$$

したがって，式 (2.1) を次のように記述できる．

$$F_r\boldsymbol{i}_r+F_\theta\boldsymbol{i}_\theta+F_z\boldsymbol{k}_0=m\frac{d^2\boldsymbol{r}}{dt^2}=m(\ddot{r}-r\dot{\theta}^2)\boldsymbol{i}_r+m(r\ddot{\theta}+2\dot{r}\dot{\theta})\boldsymbol{i}_r+m\ddot{z}\boldsymbol{k}_0 \tag{2.5 a}$$

$$F_r=m(\ddot{r}-r\dot{\theta}^2),\quad F_\theta=m(r\ddot{\theta}+2\dot{r}\dot{\theta}),\quad F_z=m\ddot{z} \tag{2.5 b}$$

d. 球面座標系

図 2.5 の球面座標系 O-$r\theta\phi$ と静止直交座標系との間には

$$x=r\sin\theta\cos\phi,\quad y=r\sin\theta\sin\phi,\quad z=r\cos\theta \tag{2.6}$$

の関係があり，また直交座標系の単位ベクトル $\boldsymbol{i}_0$, $\boldsymbol{j}_0$, $\boldsymbol{k}_0$ と球面座標系の単位べ

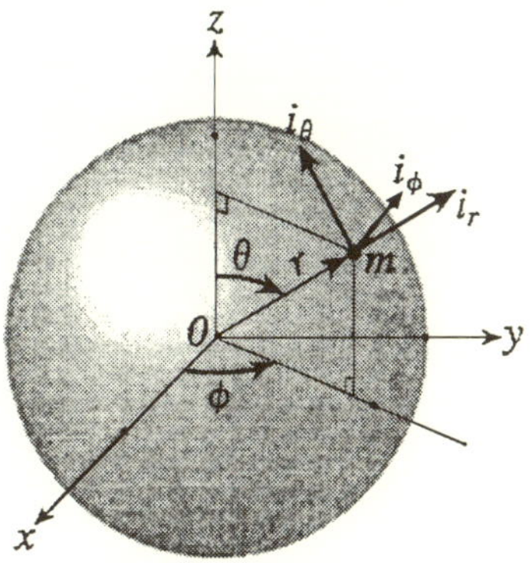

図 2.5 球面座標系

図 2.6 リフト

クトル $\boldsymbol{i}_r$, $\boldsymbol{i}_\theta$, $\boldsymbol{i}_\phi$ の間には次の関係がある.

$$\left.\begin{aligned}\boldsymbol{i}_r&=\sin\theta\cos\phi\boldsymbol{i}_0+\sin\theta\sin\phi\boldsymbol{j}_0+\cos\theta\boldsymbol{k}_0\\ \boldsymbol{i}_\theta&=\cos\theta\cos\phi\boldsymbol{i}_0+\cos\theta\sin\phi\boldsymbol{j}_0-\sin\theta\boldsymbol{k}_0\\ \boldsymbol{i}_\phi&=-\sin\phi\boldsymbol{i}_0+\cos\phi\boldsymbol{j}_0\end{aligned}\right\}\tag{2.7}$$

質点の変位, 速度, 加速度は式 (2.6), (2.7) から

$$\boldsymbol{r}=r\boldsymbol{i}_r=(r\sin\theta\cos\phi)\boldsymbol{i}_0+(r\sin\theta\sin\phi)\boldsymbol{j}_0+(r\cos\theta)\boldsymbol{k}_0 \tag{2.8 a}$$

$$\boldsymbol{v}=\dot{r}\boldsymbol{i}_r+r\dot{\theta}\boldsymbol{i}_\theta+(r\dot{\phi}\sin\theta)\boldsymbol{i}_\phi \tag{2.8 b}$$

$$\begin{aligned}\boldsymbol{a}=\frac{d^2\boldsymbol{r}}{dt^2}&=[\ddot{r}-r\dot{\theta}^2-r\dot{\phi}^2\sin^2\theta]\boldsymbol{i}_r+[r\ddot{\theta}+2\dot{r}\dot{\theta}-r\dot{\phi}^2\sin\theta\cos\theta]\boldsymbol{i}_\theta\\ &\quad+[r\ddot{\phi}\sin\theta+2\dot{r}\dot{\phi}\sin\theta+2r\dot{\theta}\dot{\phi}\cos\theta]\boldsymbol{i}_\phi\end{aligned} \tag{2.8 c}$$

したがって, 式 (2.1) を次のように記述できる.

$$\begin{aligned}F_r\boldsymbol{i}_r+F_\theta\boldsymbol{i}_\theta+F_\phi\boldsymbol{i}_\phi&=m\frac{d^2\boldsymbol{r}}{dt^2}=m[\ddot{r}-r\dot{\theta}^2-r\dot{\phi}^2\sin^2\theta]\boldsymbol{i}_r\\ &+m[r\ddot{\theta}+2\dot{r}\dot{\theta}-r\dot{\phi}^2\sin\theta\cos\theta]\boldsymbol{i}_\theta+m[r\ddot{\phi}\sin\theta+2\dot{r}\dot{\phi}\sin\theta+2r\dot{\theta}\phi\cos\dot{\theta}]\boldsymbol{i}_\phi\end{aligned} \tag{2.9 a}$$

あるいは

$$\begin{aligned}F_r&=m[\ddot{r}-r\dot{\theta}^2-r\dot{\phi}^2\sin^2\theta]\\ F_\theta&=[r\ddot{\theta}+2\dot{r}\dot{\theta}-r\dot{\phi}^2\sin\theta\cos\theta]\\ F_\phi&=[r\ddot{\phi}\sin\theta+2\dot{r}\dot{\phi}\sin\theta+2r\dot{\theta}\dot{\phi}\cos\theta]\end{aligned} \tag{2.9 b}$$

〔例題 2.1〕 水平な道路を一定速度 60 km/h で直進している自動車（質量 1000 kg）に前方から 200 N の大きさの突風を 3 秒間受けた．5 秒後の自動車の速度はいくらか．

〔解〕 式(2.1)から

$$\frac{dx}{dt}+c=-\frac{1}{1000}\left(\int_0^3 200\,dt+\int_3^5 0\,dt\right)=-0.6$$

また，初期条件から $c=-60\ \text{km/h}=-16.7\ \text{m/s}$　∴　$v=\left.\frac{dx}{dt}\right|_{t=5}=16.1\ \text{m/s}=58\ \text{km/h}$

〔Example 2.2〕 The 200kg cylinder A is lifted up using the motor, the pully and the rope system illustrated in Fig. 2.6. If the winding speed of the rope at the motor is increased at a constant rate from zero to 20 m/s in 20s, determine the tension T in the rope to cause the motion.

〔Solution〕 The acceleration of the cylinder is $a_A=1\ \text{m/s}^2$.

Equation of motion of the cylinder is　$200\times1=2T-200\times9.8$　∴　$T=1080\ \text{N}$

2.3 拘　束　力

図 2.7(a)のように重力場において質量がなく長さ l の一端を固定した伸びない糸につるされた質点の運動は，糸の長さから決まるある曲線上に制限される．また図 2.7(b)のように切り口を上向きにしたハーフパイプの内面上端近くからビー玉を静かに放すと，ビー玉はハーフパイプ内面にそって運動をする．このような制約を受ける物体の運動を拘束運動という．拘束運動において物体の運動を制約する糸や曲面から物体が受ける力を拘束力という．糸につるされた質点の運動では，質点に糸からの張力 T が作用しており，ハーフパイプ内のビー玉の運動の例では，ビー玉はハーフパイプ内面に垂直な抗力 N を受けている．これら

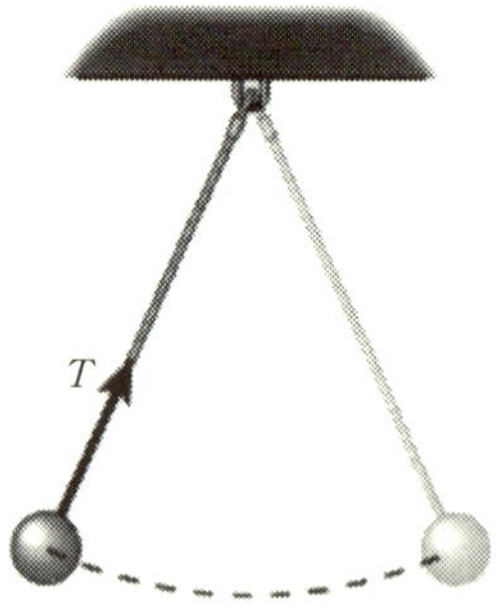

(a)

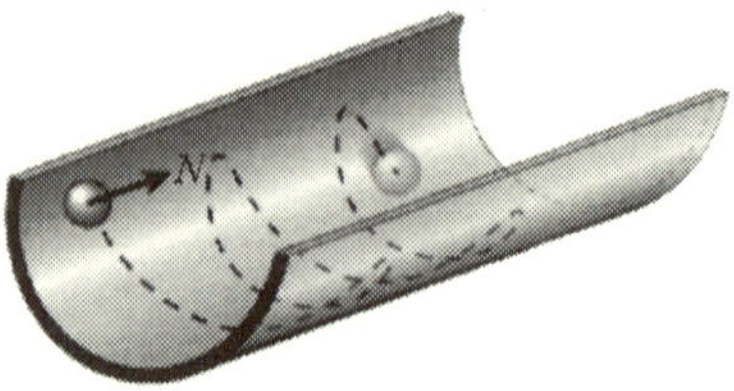

(b)

図 2.7　種々の拘束

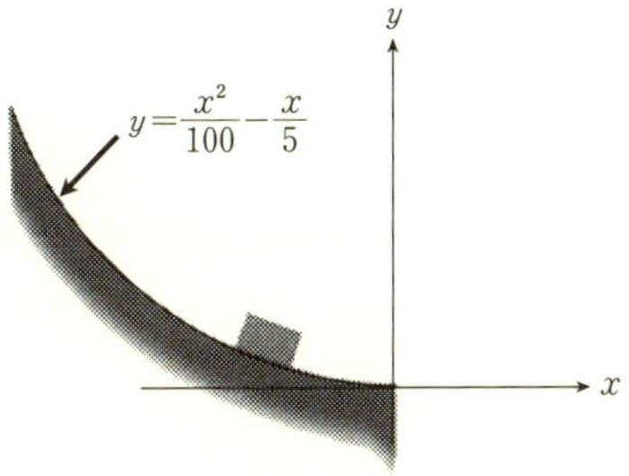

図 2.8　シューター

の運動ではこの張力や抗力が拘束力である.

〔**例題 2.3**〕 長さ l の糸の下端に質量 m の物体 A を取り付け，糸の上端を手で持ち，手を鉛直方向に $x(t)=x_0\cos\omega t$ で動かす．糸の張力を求めよ．

〔**解**〕 物体 A は手と同じに動くので，その加速度は $-x_0\omega^2\cos\omega t$ である．糸の張力を T とおくと，物体に作用する力と運動方程式から

$$-mx_0\omega^2\cos\omega t=T-mg \quad \therefore \quad T=mg-mx_0\omega^2\cos\omega t$$

ここで，$T\leq 0$ では張力は作用しないので $T>0$ のときだけ，張力が拘束力として作用する．

〔**Example 2.4**〕 A baggage of 50kg in mass is conveyed by a shooter of which smooth surface has a profile given by an equation $y=x^2/100-x/5$ m as shown in figure 2.8. The velocity of the baggage is 30m/s at the end point of the shooter $x=0$ m. Determine the acceleration of the baggage and the force from the shooter at the end point.

〔**Solution**〕 The slope of the shooter at the end point is $dy/dx=-1/5$ and the radius of the curvature of the shooter at the end point is

$$\rho=[1+(dy/dx)^2]^{\frac{3}{2}}/(dy^2/d^2x)=53.0\text{ m}.$$

Equations of the motion in the tangential and normal directions using the acceleration in the tangential and normal directions a_t, a_n and the reaction force N as follows:

$$\text{In tangential direction:}\quad 50\,a_t=50\times 9.80\times\frac{1}{\sqrt{5^2+1^2}} \quad \therefore \quad a_t=1.92\text{ m/s}^2$$

$$\text{In normal direction:}\quad 50\,a_n=N-50\times 9.80\times\frac{5}{\sqrt{5^2+1^2}},\quad a_n=\frac{v^2}{\rho}=\frac{30^2}{53.0}=17.0\text{ m/s}^2$$

Then $N=1330$ N.

2.4 摩　擦　力

質点が平板上に置かれている場合，質点は平板にそった拘束運動となり，平板に垂直な垂直抗力と平板に平行に働く摩擦力の2種類の拘束力を受けている．質点が静止している場合，図2.9に示すように，この摩擦力の向きは外力の平板に平行な分力と反対である．これを静止摩擦力という．ある値以上の外力が作用すると質点はすべりはじめる．この上限の静止摩擦力と垂直抗力の比を静止摩擦係数とよぶ．静止摩擦力を F，最大静止摩擦力を $F_{\max}$，垂直抗力を N，静止摩擦係数を μ_s とおくと

$$F \leq F_{\max} = \mu_s N \tag{2.10}$$

の関係が成立している．この質点に $F_{\max}$ よりも大きな外力が作用すると，質点は平板にそって動きはじめる．このとき垂直抗力に比例した大きさで，動く向きと逆向きの拘束力が質点に作用する．この拘束力を動摩擦力，比例定数を動摩擦係数とよぶ．動摩擦力を f，動摩擦係数を μ_d とおくと，以下の関係式が成立している．

$$f = \mu_d N \tag{2.11}$$

動摩擦係数は物体と平板の材質，表面の状態，相対速度によるが，接触面積には依存しない．特別な場合として，相対速度に依存しない動摩擦係数をもつ摩擦をクーロン摩擦とよぶ．これらの摩擦係数とすべり速度の関係を図2.10に示しておこう．

〔例題 2.5〕 勾配が α(rad) の平板上に，質量が m の質点が載っている．この質点が平板上をすべりおちないためには，静止摩擦係数はいくら以上でなければならないか．

〔解〕 重力の接線方向の分力は $mg\sin\alpha$．重力の法線方向の分力は $mg\cos\alpha$．

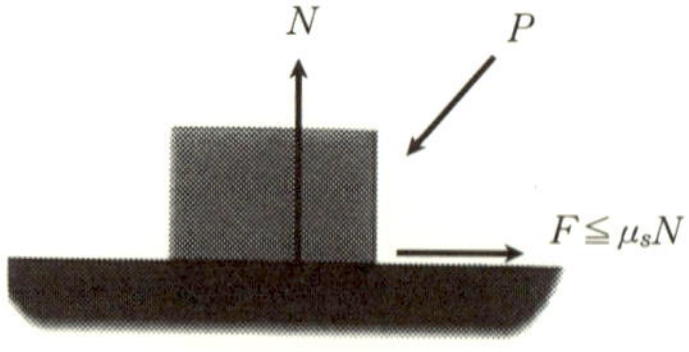

図 2.9　摩擦力

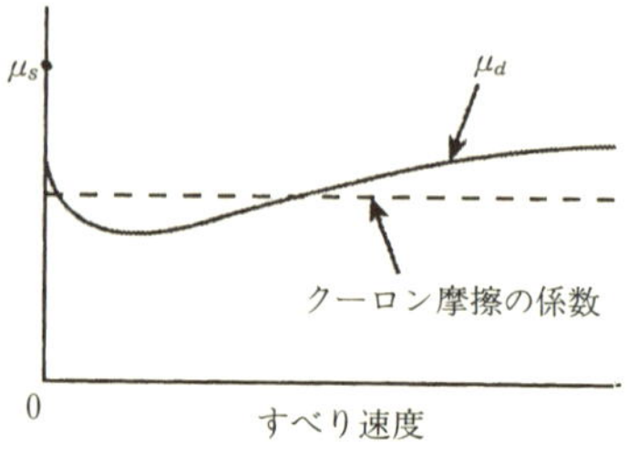

図 2.10　摩擦係数

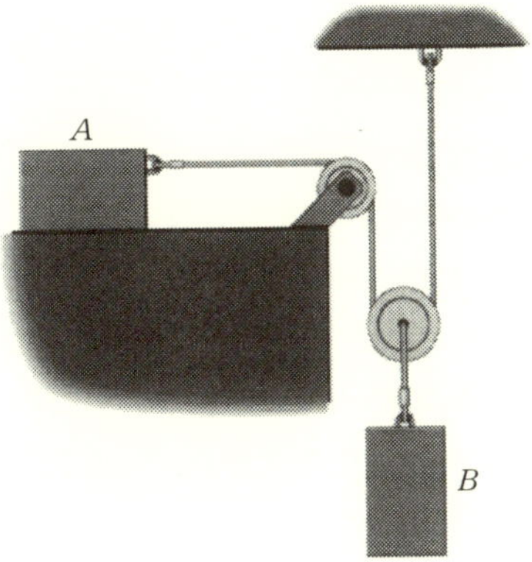

図 2.11 滑車-ロープの系

静止摩擦係数を μ_s とおくと，$mg\sin\alpha \leq \mu_s mg\cos\alpha \quad \therefore \quad \mu_s \geq \tan\alpha$.

〔**Example 2.6**〕 The 10kg block A is moved on the surface to the right at speed $v_A=1$ m/s at the instant by the 7kg block B shown in Fig. 2.11. If the coefficient of kinetic friction is $\mu_d=0.2$ between the block and the surface, determine the traveling distance of the block after a lapse of 2s.

〔**Solution**〕 Relations between the tension of the rope T and the acceleration of the block A a_A are given by the equations of motion of the blocks A and B as follows ;

$$T-10\times 9.80\times 0.2=10a_A,\quad 7\times 9.80-2T=7\frac{a_A}{2}$$

$$\therefore \quad a_A=3.92\ \mathrm{m/s^2} \Rightarrow \text{traveling distance} \quad x=\frac{3.92}{2}\times 2^2+1\times 2=9.84\ \mathrm{m}$$

2.5 相 対 運 動

a. 等速度並進運動

1つの慣性系 O-xyz から見た質点の変位を $\boldsymbol{r}$ とし，慣性系 O-xyz に対して座標軸が平行で原点が一定速度 $\boldsymbol{v}_0$ で移動する座標系 G-$x'y'z'$ からこの質点を見た変位を $\boldsymbol{r}'$ とすると，2つの変位ベクトルの間には次の関係が成立している.

$$\boldsymbol{r}'=\boldsymbol{r}-\boldsymbol{v}_0 t \tag{2.12}$$

この式を時間 t について2回微分すると，

$$\ddot{\boldsymbol{r}}'=\ddot{\boldsymbol{r}} \tag{2.13}$$

となり，相対変位 $\boldsymbol{r}'$ に関して式 (2.1) と同じ運動方程式 (2.14) が成立する.

$$m\ddot{\boldsymbol{r}}'=\boldsymbol{F} \tag{2.14}$$

このように一定相対速度で移動する座標間では同じ運動方程式が成立することを示している．これをガリレイの相対律という．また，$\boldsymbol{F}=0$ の場合には，速度 $\dot{\boldsymbol{r}}'$ が一定となるので，この移動座標も慣性系である.

b. 加速度並進運動とダランベールの原理

次に慣性系 O-xyz に対して加速度並進運動する座標系 O′-$x'y'z'$ での運動方程式を導いてみよう．図 2.12 において，

$$\boldsymbol{r}=\boldsymbol{r}_0+\boldsymbol{r}' \tag{2.15}$$

時間 t で 2 回微分すると，

$$\ddot{\boldsymbol{r}}=\ddot{\boldsymbol{r}}_0+\ddot{\boldsymbol{r}}' \tag{2.16}$$

したがって，式 (2.1) から

$$m\ddot{\boldsymbol{r}}'=\boldsymbol{F}+(-m\ddot{\boldsymbol{r}}_0) \tag{2.17}$$

慣性系に対して並進運動する座標系から質点の運動を見ると，質量と加速度の積は，実際の力とみかけの力 $-m\ddot{\boldsymbol{r}}_0$ の和に等しい．今，並進座標系の原点を質点に固定すると $\ddot{\boldsymbol{r}}'=0$ となるので，

$$\boldsymbol{F}+(-m\ddot{\boldsymbol{r}}_0)=0 \tag{2.18}$$

この式では，質点に働く力 $\boldsymbol{F}$ と $(-m\ddot{\boldsymbol{r}}_0)$ の和が 0，つまり $(-m\ddot{\boldsymbol{r}}_0)$ を一種の力と考えるならば 2 つの力がつりあっていることになる．この外力とつりあう仮想的な力 $(-m\ddot{\boldsymbol{r}})$ を慣性力 (inertia force vector) とよび，外力と慣性力が (動的)

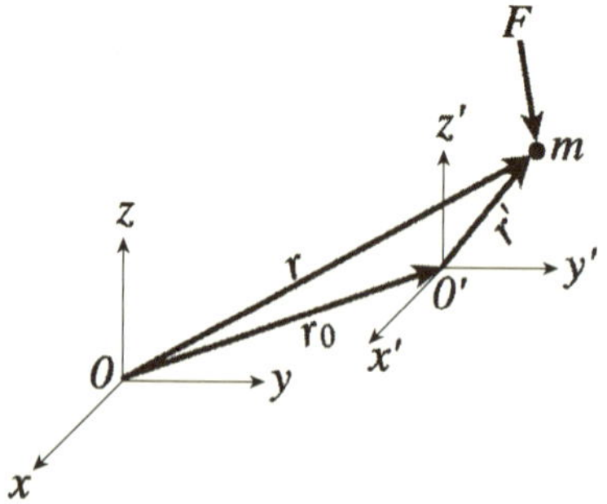

図 2.12 並進運動

つりあい状態 (dynamic equilibrium) になっていると解釈できる．これをダランベールの原理 (d'Alembert principle) とよぶ．

c. 回 転 運 動

慣性系に対して回転運動をする回転座標系におかれた質量 m の質点の運動は，外部から質点に作用する力を $\boldsymbol{F}$，回転座標系の角速度を $\boldsymbol{\omega}$，質点の変位ベクトルを $\boldsymbol{r}$ とおくと，式(1.38)から，

$$m\left\{\frac{d^{*2}\boldsymbol{r}}{dt^2}+\frac{d^*\boldsymbol{\omega}}{dt}\times\boldsymbol{r}+2\boldsymbol{\omega}\times\frac{d^*\boldsymbol{r}}{dt}+\boldsymbol{\omega}\times(\boldsymbol{\omega}\times\boldsymbol{r})\right\}=\boldsymbol{F} \tag{2.19}$$

となり，左辺の第 2～4 項を右辺に移項すると，

$$m\frac{d^{*2}\boldsymbol{r}}{dt^2}=\boldsymbol{F}-\left\{m\frac{d^*\boldsymbol{\omega}}{dt}\times\boldsymbol{r}+2m\boldsymbol{\omega}\times\frac{d^*\boldsymbol{r}}{dt}+m\boldsymbol{\omega}\times(\boldsymbol{\omega}\times\boldsymbol{r})\right\} \tag{2.20}$$

となり，これは回転座標系から質点の運動を観測したときの運動方程式で，このとき右辺の第 2 項から第 4 項をみかけの力とみなすと，ニュートンの運動方程式と同様の式を導くことができる．右辺の第 2～4 項のみかけの力 (慣性力) のうち $-m\dfrac{d^*\boldsymbol{\omega}}{dt}\times\boldsymbol{r}$ は角速度ベクトルの時間変化による慣性力，$-2m\boldsymbol{\omega}\times\dfrac{d^*\boldsymbol{r}}{dt}$ は回転座標系の中で質点が速度をもっているときに作用する慣性力でコリオリの力 (Coriolis force) とよび，$-m\boldsymbol{\omega}\times(\boldsymbol{\omega}\times\boldsymbol{r})$ は回転中心から質点方向 (遠心方向) に作用する慣性力であり，遠心力 (centrifugal force) とよぶ．$\boldsymbol{\omega}$ 一定で回転する回転軸に垂直な平板上にある質点が円板上を移動するときには，図 2.13 に示す

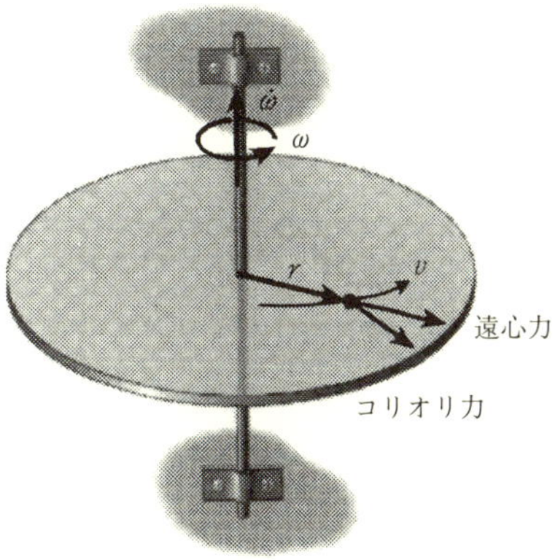

図 2.13 遠心力とコリオリ力

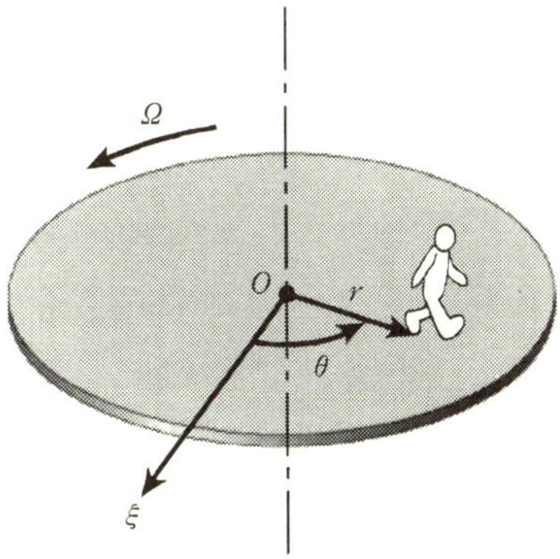

図 2.14 回転レストラン

向きの慣性力が作用する．

〔**例題 2.7**〕 長さ r の糸の先端に繋がれた質量 m の質点が角速度 $\boldsymbol{\omega}$ で等速円運動をしている．このときの糸の張力を求めよ．

〔**解**〕 質点が等速円運動を続けるためには，中心方向を向いた求心加速度 $r\boldsymbol{\omega}^2$ が必要である．張力を F とおくと，ダランベールの原理から質点の慣性力 $-mr\boldsymbol{\omega}^2$ が外力 $\boldsymbol{F}$ と動的につりあうので，$\boldsymbol{F}+(-mr\boldsymbol{\omega}^2)=0$ であり，糸の張力は $\boldsymbol{F}=mr\boldsymbol{\omega}^2$ となる．

〔**Example 2.8**〕 As shown in Fig. 2.14, in the rotating restaurant with a constant angular speed Ω, a waiter is walking at $r=v_0t$ from the rotation center with a constant speed v_0 and at $\theta=\omega t$ from ξ direction with a constant angular speed ω. Determine the force F applied to the floor by the waiter and the static coefficient of friction between the shoes put on by the waiter and the floor.

〔**Solution**〕 The displacement, the velocity and the acceleration of the waiter are given by

$$\xi=r\cos\theta,\quad \eta=r\sin\theta$$

$$\dot{\xi}=v_0\cos\theta-r\omega\sin\theta,\quad \dot{\eta}=v_0\sin\theta+r\omega\cos\theta$$

$$\ddot{\xi}=-2v_0\omega\sin\theta-r\omega^2\cos\theta,\quad \ddot{\eta}=2v_0\omega\cos\theta-r\omega^2\sin\theta$$

$$\begin{aligned}F=-ma=&-m\{-2v_0\omega\sin\theta-r\omega^2\cos\theta-2\Omega(v_0\sin\theta+r\omega\cos\theta)-r\Omega^2\cos\theta\}i\\&-m\{2v_0\omega\cos\theta-r\omega^2\sin\theta+2\Omega(v_0\cos\theta-r\omega\sin\theta)-r\Omega^2\sin\theta\}j\end{aligned}$$

$$\mu_s\geq\frac{|F|}{mg}=\frac{1}{g}\sqrt{\begin{aligned}&\{-2v_0\omega\sin\theta-r\omega^2\cos\theta-2\Omega(v_0\sin\theta+r\omega\cos\theta)-r\Omega^2\cos\theta\}^2\\&+\{2v_0\omega\cos\theta-r\omega^2\sin\theta+2\Omega(v_0\cos\theta-r\omega\sin\theta)-r\Omega^2\sin\theta\}^2\end{aligned}}$$

2.6　運動量と力積

慣性系において質量 m の質点が速度 $\dot{\boldsymbol{r}}$ で運動しているとき，$\boldsymbol{p}=m\dot{\boldsymbol{r}}$ を質点の運動量 (linear momentum) という．運動量を使うと，ニュートンの第二法則は次のように書き換えることができる．

$$\frac{d\boldsymbol{p}}{dt}=\boldsymbol{F} \tag{2.21}$$

いま質点に外力 $F(t)$ が作用する場合，上式を任意の時刻 t_1 から t_2 の間の時間で積分をすると，次式を得ることができる．

$$\boldsymbol{p}_2-\boldsymbol{p}_1=\int_{t_2}^{t_1}\boldsymbol{F}dt \tag{2.22}$$

右辺はその時間内における外力の全体としての働きを表す量であり，これを力積 (impulse) とよぶ．この質点に何ら外力が作用しない場合は

$$\boldsymbol{p}_2=\boldsymbol{p}_1\qquad \text{つまり，}\ \boldsymbol{p}=\text{一定} \tag{2.23}$$

となり，運動量は一定である．これを運動量保存の法則 (law of conservation of linear momentum) という．

〔例題 2.9〕 質量 m，速度 v で走行していた自動車が強固な障壁に衝突する場合，自動車前面のバンパーが変形して，t 時間で停止させたい．バンパーは一定の力を受けて変形するようにつくる．バンパーが変形する力を求めよ．

〔解〕 衝突前の自動車の運動量とバンパーからの力積は等しいので，

$$Ft = mv \quad \therefore \quad F = \frac{mv}{t}$$

〔Example 2.10〕 A stone of $m=1000$ kg in mass is at rest on the smooth horizontal plate. Determine the velocity of the stone after a towing force of 300N is applied for 10s toward the direction of 30 degree from the horizon.

〔Solution〕 The linear impulse I of the force in the horizontal direction is $I=300\cos 30\times 10=2600$ Ns. Then the velocity of the stone is given by $v=I/m=2.6$ m/s.

2.7 角運動量と回転の運動方程式

式 (2.1) に原点 O を始点とする位置ベクトル $\boldsymbol{r}$ を左から掛けて原点回りの力のモーメントの次元で考えると，運動方程式は

$$\boldsymbol{r}\times m\frac{d^2\boldsymbol{r}}{dt^2} = \boldsymbol{r}\times\boldsymbol{F} \tag{2.24}$$

ところで，

$$\frac{d}{dt}(\boldsymbol{r}\times\boldsymbol{p}) = \frac{d}{dt}\left(\boldsymbol{r}\times m\frac{d\boldsymbol{r}}{dt}\right) = \frac{d\boldsymbol{r}}{dt}\times m\frac{d\boldsymbol{r}}{dt} + \boldsymbol{r}\times m\frac{d^2\boldsymbol{r}}{dt^2} = \boldsymbol{r}\times m\frac{d^2\boldsymbol{r}}{dt^2}$$

であるので，式 (2.24) は

$$\frac{d}{dt}(\boldsymbol{r}\times\boldsymbol{p}) = \boldsymbol{r}\times\boldsymbol{F} \tag{2.25}$$

を得る．$\boldsymbol{r}\times\boldsymbol{p}=\boldsymbol{L}$ は変位ベクトルの原点 O 回りに関する運動量のモーメントを表し角運動量 (angular momentum) という．また $\boldsymbol{r}\times\boldsymbol{F}=\boldsymbol{N}$ は変位ベクトルの始点回りに関する外力のモーメントである．したがって，次式を得る．この式は，原点から質点の運動を見たときの回転の運動方程式である．

$$\dot{\boldsymbol{L}} = \boldsymbol{N} \tag{2.26}$$

角運動方程式を任意の時刻 t_1 から t_2 まで積分すると次式を得ることができる．

$$\boldsymbol{L}_2 - \boldsymbol{L}_1 = \int_{t_1}^{t_2}\boldsymbol{N}dt \tag{2.27}$$

右辺はこの時間内の外力のモーメントの働きを表す量であり，これを角力積

(angular impulse) とよぶ．外力のモーメントが0の場合には，$\boldsymbol{L}_2=\boldsymbol{L}_1$ ($\boldsymbol{L}$=一定，$\dot{\boldsymbol{L}}=0$) となり，角運動量が一定値となる．これを角運動量保存の法則 (law of conservation of angular momentum) という．

〔例題 2.11〕 求心力が作用して円運動している質点の角運動量が保存されることを示せ．

〔解〕 求心力を $\boldsymbol{F}$，運動の中心からの位置ベクトルを $\boldsymbol{r}$ とおくと，角運動量は $\boldsymbol{L}=\boldsymbol{r}\times\boldsymbol{F}$．$\boldsymbol{r}$ と $\boldsymbol{F}$ の方向は同じであるので，$\boldsymbol{L}=\boldsymbol{r}\times\boldsymbol{F}=0$．したがって，質点の角運動量は保存される．

〔Example 2.12〕 A 10kg stone of negligible size is at rest on the smooth horizontal floor and is connected to a mass-less rigid rod of 50cm in length. Determine the velocity of the angular velocity of the stone after a angular momentum of 10 Nms around the other end of the rot.

〔Solution〕 The tangential velocity and the angular velocity of the stone is given by the equation (2.26) as follows :

$$v=\frac{10\,(\mathrm{Nms})}{10\,(\mathrm{kg})\times0.5\,(\mathrm{m})}=2\ \mathrm{m/s}\quad\Rightarrow\quad\omega=\frac{2\,(\mathrm{m/s})}{0.5\,(\mathrm{m})}=4\ \mathrm{rad/s}$$

2.8 外力の仕事

図2.15に図示するように質量 m の質点に外力 $\boldsymbol{F}(=F_x\boldsymbol{i}_0+F_y\boldsymbol{j}_0+F_z\boldsymbol{k}_0)$ が作用した結果，質点が微小な変位 $d\boldsymbol{r}(=dx\boldsymbol{i}+dy\boldsymbol{j}+dz\boldsymbol{k})$ を繰り返して，結果としてAからBに移動するとき，

$$W=\int_A^B\boldsymbol{F}\cdot d\boldsymbol{r}=\int_A^B(F_xdx+F_ydy+F_zdz)\tag{2.28}$$

をこの間に外力が行った仕事 (work) とよぶ．さらに仕事の時間に対する割合を

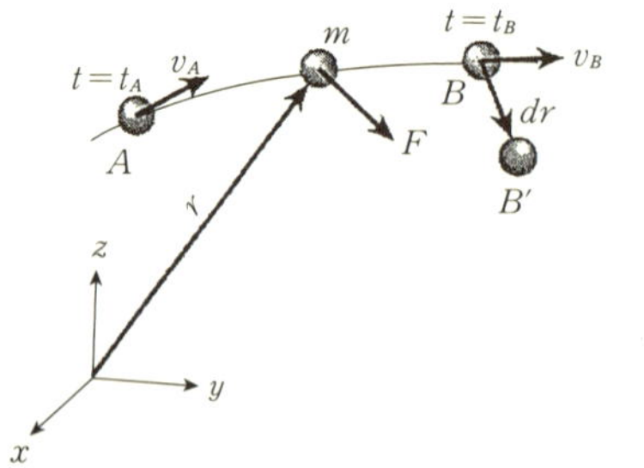

図 2.15　外力の仕事

動力 (power) という．動力を P とおき，質点の速度を $\boldsymbol{v}$ とすると，$d\boldsymbol{r}=\boldsymbol{v}dt$ であるので，

$$P=\dot{W}=\frac{d}{dt}\left(\int \boldsymbol{F}\cdot\boldsymbol{v}dt\right)=\boldsymbol{F}\cdot\boldsymbol{v} \tag{2.29}$$

図 2.16 のように，ある曲面 (曲線) に拘束されている質点はこの曲面から拘束力 $\boldsymbol{R}$ を受ける．この拘束力は曲面に対して法線方向の法線力 (垂直抗力) $\boldsymbol{N}$ と接線方向の接線力 (摩擦力) $\boldsymbol{F}_t$ に分解できる．法線力は仕事に関与しないので，拘束力の仕事 W は，

$$W=\int_A^B \boldsymbol{R}\cdot d\boldsymbol{r}=-\int_A^B \boldsymbol{F}_t ds \tag{2.30}$$

となり，負の仕事となる．ここで，ds は拘束曲面にそった線素である．摩擦力と移動方向が逆の向きであるので，摩擦力が負の仕事をすることになり，この仕事は熱となって消失する．$\boldsymbol{F}_t=0$ のとき，拘束力の仕事は 0 となる．この拘束を "なめらかな拘束" とよぶ．

〔例題 2.13〕 図 2.17 に示すように，ばね定数 k のばねの先端に質点を取り付けてある．この質点がばねの自由長から l_1 だけ伸びた位置から l_2 伸びた位置に移動した．このとき，ばねが質点になした仕事を求めよ．

〔解〕 ばねが質点に及ぼす力はばねの伸び方向と反対方向であるので，ばねが質点になした仕事は

$$W_{1-2}=\int_{l_1}^{l_2}-kxdx=-\left(\frac{1}{2}kl_2^{\,2}-\frac{1}{2}kl_1^{\,2}\right)$$

となり，負の仕事を質点にしたことになる．

〔Example 2.14〕 Determine the work of the gravity force exerting on a mass of 10kg moving horizontally at 1m/s for 10seconds.

〔Solution〕

As $W=\int_A^B \boldsymbol{F}\cdot d\boldsymbol{r}=\int_0^{10}(10\,(\mathrm{kg})\times 9.8\,(\mathrm{m/s^2})\,\boldsymbol{i}\cdot 1\,(\mathrm{m/s})\,\boldsymbol{j})dt=0$, the work is 0.

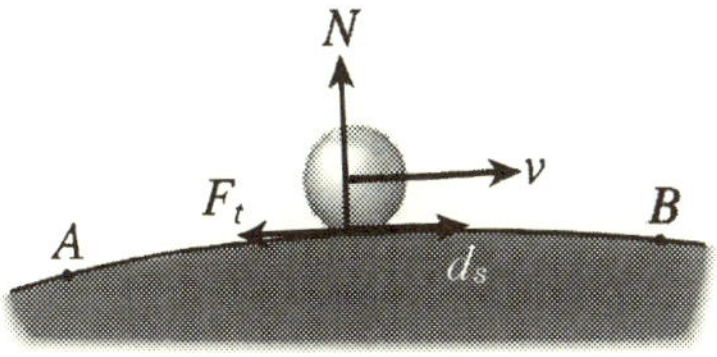

図 2.16 曲面からの拘束力

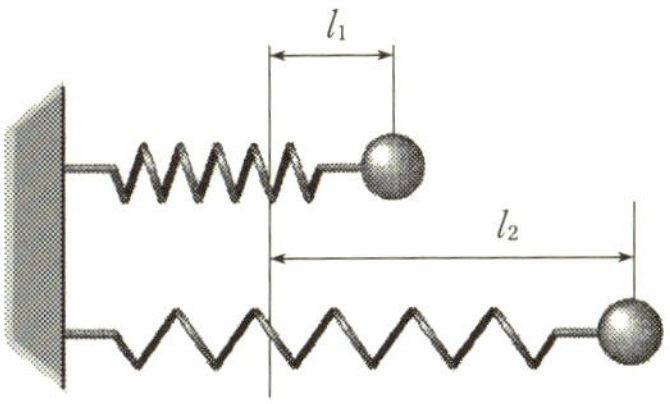

図 2.17 ばね-質点系

2.9 保　存　力

式(2.28)の右辺に現れている外力が座標(x, y, z)の関数として定められているとき，その力の存在する空間を力の場(field of force)とよぶ．この式で定義した外力$\boldsymbol{F}$のなす仕事は，一般に始点Aと終点Bを結ぶ曲線の取り方に依存する．しかし，特別な場合として始点Aと終点Bの位置だけでその間の仕事が決まるような力を保存力(conservative force)とよぶ．このような保存力の作用する空間を保存力場とよぶ．図2.15に示すように，保存力場に始点A，終点B，終点$B(x, y, z)$の近傍に$B'(x+dx, y+dy, z+dz)$をとると，仕事はその経路によらないので，AからB′までの仕事とAからBまでの仕事の差はBからB′までの仕事dWとなる．Bでの外力を$\boldsymbol{F}=F_x\boldsymbol{i}_0+F_y\boldsymbol{j}_0+F_z\boldsymbol{k}_0$とおくと，

$$
\begin{aligned}
dW&=\boldsymbol{F}\cdot d\boldsymbol{r}=(F_x\boldsymbol{i}_0+F_y\boldsymbol{j}_0+F_z\boldsymbol{k}_0)\cdot(dx\boldsymbol{i}_0+dy\boldsymbol{j}_0+dz\boldsymbol{k}_0) \\
&=F_xdx+F_ydy+F_zdz
\end{aligned}
\tag{2.31 a}
$$

また

$$
dW=\frac{\partial W}{\partial x}dx+\frac{\partial W}{\partial y}dy+\frac{\partial W}{\partial z}dz \tag{2.31 b}
$$

であり，しかもdx, dy, dzは互いに独立であるので，式(2.31 a)と(2.31 b)の右辺が等しくなる．したがって，保存力は

$$
F_x=\frac{\partial W}{\partial x},\quad F_y=\frac{\partial W}{\partial y},\quad F_z=\frac{\partial W}{\partial z} \tag{2.32}
$$

で与えられる．Wの逆符号をもつ次のUを導入すると式(2.33)が成立する．

$$
W=-U+\text{constant}
$$

$$
F_x=-\frac{\partial U}{\partial x},\quad F_y=-\frac{\partial U}{\partial y},\quad F_z=-\frac{\partial U}{\partial z}\quad \text{または}\ \boldsymbol{F}=-\nabla U \tag{2.33}
$$

この関係を満足するスカラー関数$U(x, y, z)$を$\boldsymbol{F}$のポテンシャル(potential)とよび，この場合は質点が外部に対してUだけの仕事ができるので，これをポテンシャルエネルギー(potential energy)あるいは位置のエネルギーとよぶ．

〔例題 2.15〕 (1)　ばねの復元力が保存力であることを示せ．

(2)　ばね定数kの線形ばねが自由長からxだけ伸ばされた．このときのばねのポテンシャルエネルギーを求めよ．

〔解〕 (1)　$O-xy$平面にばね定数kのばねがある．復元力は$\boldsymbol{F}(x, y)=k(x\boldsymbol{i}_0+y\boldsymbol{j}_0)$．平面上の2点$A(x_A, y_A)$，$B(x_B, y_B)$を任意にとり，A→B→Aと移動するとき，復元

力の仕事は

$$W_{ABA}=W_{ACB}+W_{BC'A}=\oint \boldsymbol{F}\cdot d\boldsymbol{r}=\int_A^A k(x\boldsymbol{i}_0+y\boldsymbol{j}_0)\cdot(dx\boldsymbol{i}_0+dy\boldsymbol{j}_0)=\left[\frac{k}{2}x^2\right]_A^A+\left[\frac{k}{2}y^2\right]_A^A=0$$

$$\therefore \quad W_{ACB}=-W_{BC'A}=W_{AC'B}$$

任意の 2 点間の移動で復元力のなす仕事は経路に関係ない．したがって，ばね復元力は保存力となる．

(2) $F_x=-kx=-\dfrac{dU}{dx} \quad \therefore \quad U=\displaystyle\int_0^x kxdx=\frac{1}{2}kx^2+\text{const.}$

〔Example 2.16〕 Show that the garavity force is a potential force.

〔Solution〕 In the inertial coordinate system O-xyz where x indicates vertical direction, the external force (gravity force) is given as

$$F_x=mg, \quad F_y=0, \quad F_z=0$$

If $U=-mgx$, U satisfies eq. (2.33). Then U is a potential energy and the gravity force is a conservative force.

2.10 力学的エネルギー保存則

図 2.15 に示すように質量 m の質点に外力 $\boldsymbol{F}$ が作用して，点 A (時刻 t_A) から点 B (時刻 t_B) に移動する間にも式 (2.1) が成立しているので，この式の両辺と $\dot{\boldsymbol{r}}$ の内積をつくると，

$$\dot{\boldsymbol{r}}\cdot m\ddot{\boldsymbol{r}}=\boldsymbol{F}\cdot\dot{\boldsymbol{r}} \tag{2.34}$$

左辺は

$$\dot{\boldsymbol{r}}\cdot m\ddot{\boldsymbol{r}}=\frac{d}{dt}\left(\frac{1}{2}m\dot{\boldsymbol{r}}^2\right)=\frac{d}{dt}\left(\frac{1}{2}mv^2\right)=\frac{dT}{dt} \quad \because \quad |\dot{\boldsymbol{r}}|=v,\ \dot{\boldsymbol{r}}^2=\dot{\boldsymbol{r}}\cdot\dot{\boldsymbol{r}}=v^2,\quad T=\frac{1}{2}mv^2$$

と変形できる．ここに T は運動エネルギー (kinetic energy) とよばれる．式 (2.34) を時刻 t_A から時刻 t_B まで積分すると，

$$T_B-T_A=\int_{t_A}^{t_B}\boldsymbol{F}\cdot\dot{\boldsymbol{r}}dt=\int_{t_A}^{t_B}\left(F_x\frac{dx}{dt}+F_y\frac{dy}{dt}+F_z\frac{dz}{dt}\right)dt$$

$$=\int_A^B(F_xdx+F_ydy+F_zdz)=W_{AB} \tag{2.35}$$

つまり，外力が質点に W_{AB} だけ仕事をして，質点の運動エネルギーを T_B-T_A だけ増やしたことになる．したがって，質点は T_B-T_A の仕事をすることのできる能力 (エネルギー) をもったことになる．式 (2.35) は“ある区間の質点の移動に対して質点に作用する外力のなした仕事はその間の質点の運動エネルギーの増加に等しい”ことを表している．

質点に作用する外力が保存力だけの場合には，$W_{AB}=-(U_B-U_A)$ と式 (2.35) より

$$T_B-T_A+U_B-U_A=0 \quad \therefore \quad (T_B+U_B)=(T_A+U_A) \tag{2.36}$$

となる．運動エネルギーとポテンシャルエネルギーの和を力学的エネルギー (mechanical energy) といい，式 (2.36) は，“保存力場では力学的エネルギーが一定に保たれる”ことを示している．これを力学的エネルギー保存則 (law of conservation of mechanical energy) という．

保存力場にある，なめらかな拘束を受けて運動する質点に作用する拘束からの法線反力 $\boldsymbol{N}$ と $\dot{\boldsymbol{r}}$ の内積は 0 となるので，拘束のない場合と同様式 (2.36) が成立する．したがって，なめらかな拘束がある場合も力学的エネルギー保存則が成立する．

〔例題 2.17〕 自動車では衝突による本体の破損を防止するため，前面に設置したバンパーを変形させる構造となっている．今，速度 2.0 m/s で壁面に質量 1000 kg の自動車が衝突した．バンパーの変形量を 5 cm 以下としたい．バンパーはいくらの力で変形するように設計すべきか．

〔解〕 衝突前の自動車の運動エネルギーは，$T=0.5\times1000\,(\mathrm{kg})\times[2(\mathrm{m/s})]^2=2000$ J．したがって求める力は，$F=2000\,(\mathrm{J})/0.05\,(\mathrm{m})=40$ kN

〔Example 2.18〕 The ram of 100 kg is released from rest 5m upward from the top of a spring on the iron base and drops on the spring. Determine the spring constant in order that the acting force on the base from the ram is less than 5 kN.

〔Solution〕 The potential energy of the ram is $W=100\,(\mathrm{kg})\times9.8\,(\mathrm{m/s^2})\times5\,(\mathrm{m})=4900\,(\mathrm{J})$. The relation between the force F and the spring constant k is given as follows:

$$W=\frac{1}{2}kl^2,\quad F=kl \quad\Rightarrow\quad F=\sqrt{2Wk}\leq5000 \quad\therefore\quad k\leq2.55\ \mathrm{kN/m}$$

2.11 ポテンシャルと平衡

質点に外力が作用していると，次の運動方程式により，力と質点の運動の関係が与えられる．今質点が平衡状態を保っている場，

$$m\ddot{\boldsymbol{r}}=\sum\boldsymbol{F},\quad \ddot{\boldsymbol{r}}=0 \quad\therefore\quad \sum\boldsymbol{F}=0$$

言い換えれば，質点がつりあい状態にあるための必要十分条件は，この質点に作用する力の総和が 0 となることである．ところで，質点が保存力場におかれ，この質点に保存力だけが作用している平衡状態について考えよう．ポテンシャルエ

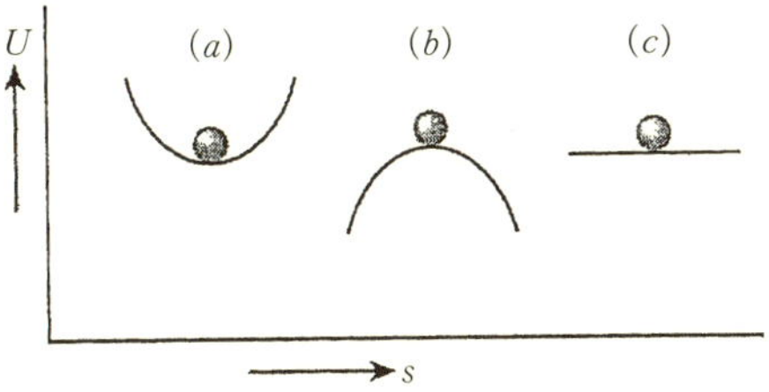

図 2.18　質点の平衡

ネルギー $U(s)$ と位置 s の関係は図 2.18 のように 3 通り想定できる．平衡点近傍での微小変位に対する保存力による仕事は $\delta W=-(\partial U/\partial s)\delta s=0$ で与えられ，保存力 $F=-\partial U/\partial s$ の微小変位に対する変化率は $\partial F/\partial s=-\partial^2 U/\partial s^2$ である．(a) の場合，$\partial^2 U/\partial s^2>0$ となり，微小変位とは反対方向の保存力が質点に作用して質点を平衡点に維持する．この場合を安定な平衡 (stable equibrium) という．(b) の場合は $\partial^2 U/\partial s^2<0$ となり，微小変位と同じ方向に保存力が作用し，ますます変位を増大させる．この場合を不安定な平衡 (unstable equibrium) という．(c) の場合 $\partial^2 U/\partial s^2=0$ なので，質点が微小移動したとしても保存力は 0 である．したがって，微小後も平衡状態を保つ．この場合を中立な平衡 (neutral equibrium) という．

演 習 問 題

2.1　式 (2.6)，(2.7) から球面座標 (r, θ, ϕ) における速度と加速度を求めよ．

2.2　直線のレール上を走行している電車の天井から質量 1 kg の物体が紐でつり下げられ，この紐が鉛直方向から 15° 傾いている．電車の加速度を求めよ．

2.3　エレベータの床に体重計を置き，その上に体重 (質量) 60 kg の人が乗っている．1 階から最上階までの距離が 200 m あり，この間を一定の大きさの加速度で，20 秒で上るとしたときの，体重計の振れ幅はいくらか．

2.4　The rotating plate rotates at a constant angular speed of 2 rad/s. A block of 100 kg in mass moves outward along the radial slot in the rotating plate with an acceleration of 5 m/s^2. If the block starts from rest at the center, determine the reaction force of the block to the slot in the plate at a lapse of 1 second.

2.5　次の式で与えられる曲線を表面とする曲面上に質点が置かれている．安定な平衡点はどこか．$y=-x^4+4x^3+6x^2+8$.

2.6 静止している質量 2000 kg の乗用車のアクセルを 5 秒間最大に踏み込みこんだ．自動車の最大速度はいくらか．自動車のタイヤと路面の間の静摩擦係数，動摩擦係数は $\mu_s=0.3$, $\mu_d=0.2$ である．

2.7 体重 60 kg の人が 5 m の段差の階段を 10 秒で駆け上がった．この人はいくらのパワーを有しているか．

2.8 A block of 100 kg in mass moves outward along the radial slot in the round plate with a constant speed of 0.1 m/s. When the block reaches at a distance of 1m from the center of the plate, the round plate starts to rotate at a constant angular acceleration of 0.2 rad/s². Determine the reaction force of the block to the slot in the plate after 5 seconds from the start of rotation.

2.9 質量 m の錘をぶら下げた，糸の長さ l の振り子を鉛直から 45° 方向に引き上げて放した．錘が鉛直方向になったときの糸の張力を求めよ．

2.10 砂を運搬する水平なベルトコンベアがベルトの速度 $v=2$ m/s で動いている．砂を $m=20$ kg/s で運搬したい．このコンベアに必要な動力はいくらか．

2.11 The 10Mg track vehicle is originally at rest. Determine its speed at a lapse of 5 seconds from its start in case that the traction force of the vehicle is given as $F(t)=1000-30\,t^2$ (N).

Tea Time

ニュートンとプリンキピア

ガリレオ・ガリレイが死亡した年にニュートン (Sir Isaac Newton, 1642-1727) は誕生した．彼は，イギリスの生んだ偉大な物理学者，数学者，天文学者であり，自ら開発した微分積分学を基に力学の体系を「Philosophiae Naturalis Principia Mathematica (自然哲学の数学的原理，プリンキピア)」(1687) にまとめ，天と地の世界における物体の運動の研究の体系化，自然界における巨視的物体の運動を支配する壮大な学問としての古典力学を完成させた．また，反射望遠鏡を発明したり，政治や錬金術にも情熱を燃やした．

ニュートンはケンブリッジのトリニティカレッジでの最終学年 (1664 年) をカリキュラムから解放されて，自由に勉学ができ，この間にガリレイ「天文対話」，デカルト「哲学原理」などを読み耽った．しかし，1665-1667 年のロンドンでペストの大流行があり，これを避けるため故郷の村，ウルスソープにて過ごし，このとき，ケプラーの第 3 法則から地球上の落下運動の法則を説明できることを見出していた．運動の 3 法則についての大まかな構想を得たのも，微分積分学の原理を見出したのもこの村で過ごした間である．その後，師バロウの引退によりケンブリッジの数学講座の教授に 26 歳で就任した．しばらくニュートンはこの分野に興味を失っていた．1680 年冬，1682 年秋，1683 年夏に続いて彗星が現れ，ニュートンより 13 歳若いハリー (Halley, 1656-1742) が惑星軌道の解明に努力した．しかし解決できず，ハリーはケンブリッジにニュートンを訪ねこの問題について質問した．ハリーの問いにニュートンは惑星が楕円軌道を描くことを即座に答えた．この解答に驚いたハリーがニュートンにその研究をまとめることを説得した．その結果「プリンキピア」が世に出ることになったのである．このハリーの勧めがなければ，この大著が書かれることもなく，科学の進歩が数十年遅れたであろうといわれている．(藤原邦男「物理学序論としての力学」東京大学出版会)

3. 質点系，剛体および剛体系の力学

質点系 (system of particles) とは，複数の質点が相互に力学的な影響を及ぼしながら，一団となって運動している系のことである．系内の質点個別の運動ではなく，系全体の総体的な運動を考察する場合には，質点系の重心の運動と重心回りの回転運動とに分離してとらえることができる．

剛体 (rigid body) とは，大きさをもつが内部の弾性変形が無視できるような物体のことを意味し，質点が無数にある質点系において各質点間の距離が不変であるとみなした特別な場合と考えることができる．剛体の運動は，重心の並進運動と重心回りの回転運動とによって完全に記述できる．

本章では，質点系および剛体の力学，さらに互いに相対運動を行う複数の剛体からなる剛体系 (system of rigid bodies) の力学の基礎的事項について学習する．

3.1 質点系の力学

a. 質点ごとの運動方程式

図 3.1 に示すような n 個の質点からなる系の運動について考える．各質点の間は質量をもたない要素で結合されており，それらの結合要素から各質点に作用する力を介して互いに力学的な影響を及ぼすものとする．このような質点間の相互作用を内力 (internal force) とよぶ．内力には，質点間の相対運動を拘束する拘束力，ばねからの復元力，減衰器からの減衰力，質点間に直接作用する電磁力などが含まれることが多い．一方，たとえば重力などのように系外から各質点に直接作用する力を外力 (external force) とよぶ．ただし，内力と外力の区別は絶対的なものではなく，対象とする系の境界をどのように設定するかに依存する．

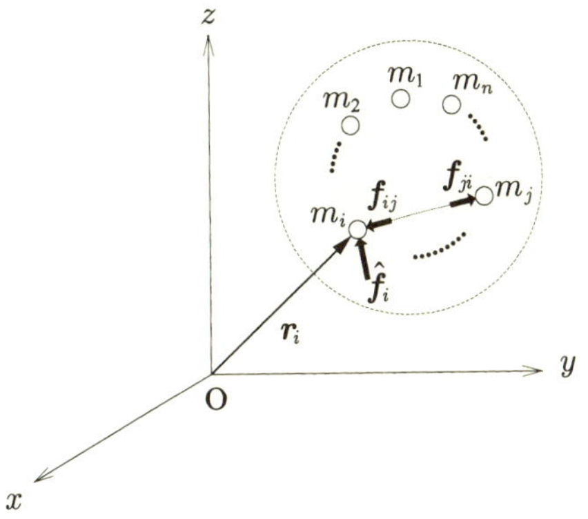

図 3.1 n 質点系と基準座標系

図 3.1 の質点系の運動を解析するにあたり，まず，空間に固定された (慣性系としての) 基準座標系 O-xyz を設定する．系内の $i\,(=1, 2, \cdots, n)$ 番目の質点を以下では質点 i とよび，その質量を m_i および基準座標系上で測定された位置ベクトルを $\boldsymbol{r}_i$ とする．拘束のない質点の自由度は 3 である．また，基準座標系上で測定された質点 i に作用する質点 $j(\neq i)$ からの内力を $\boldsymbol{f}_{ij}$ (ただし，$\boldsymbol{f}_{ii}=\boldsymbol{0}$)，同じく外力の総和を $\hat{\boldsymbol{f}}_i$ とする．このとき，質点 i の運動方程式は次式となる．

$$m_i\ddot{\boldsymbol{r}}_i=\hat{\boldsymbol{f}}_i+\sum_{j=1}^{n}\boldsymbol{f}_{ij} \qquad (i=1, 2, \cdots, n \text{ および } \boldsymbol{f}_{ii}=\boldsymbol{0}) \tag{3.1}$$

ただし，“$\cdot$”$=d/dt$ は慣性系である基準座標系上での時間微分を表す (以下同様).

式 (3.1) は質点系を構成する各質点の個別の運動を定める方程式である．ところが，その内力 $\boldsymbol{f}_{ij}$ は一般に質点 i と質点 j の運動状態 (相対変位や相対速度) に依存するので，質点個別の運動を求めるためには全質点の運動方程式を連立させて解かなければならない．しかしながら，そのような連立常微分方程式の解を求めることは容易ではない．そこで，以下では，各質点の個別の運動は無視して，質点系全体の総体的な運動状況を把握するために，質点系の重心の運動および重心回りの回転運動を表す方程式を導出する．後述のように，それらの運動方程式には一般に内力は現れない．

〔例題 3.1〕 図 3.2 に示すような鉛直面内で振動する振り子の運動方程式を，(a) 基準座標系 O-xy および (b) 極座標系 O-$\xi\eta$ を用いて求め，それらの特徴について考察せ

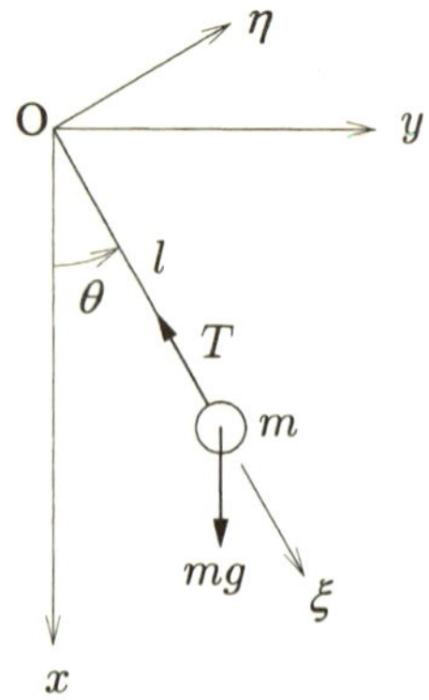

図 3.2 垂直面内における振り子の振動

よ．ただし，m は質量，l は糸の長さ，T は拘束力としての糸の張力，g は重力加速度，θ は鉛直軸からの質点の回転角であり，x 軸は鉛直軸(下向きを正とする)に一致している．

〔解〕 運動方程式は，それぞれ次のようになる．

(a) x 軸方向：$m\ddot{x}=mg-T\cos\theta=mg-Tx/l$

y 軸方向：$m\ddot{y}=-T\sin\theta=-Ty/l$.

(b) ξ 軸方向：$-ml\dot{\theta}^2=mg\cos\theta-T$, η 軸方向：$ml\ddot{\theta}=-mg\sin\theta$.

(a) の場合の未知変数は x, y, T の 3 個であるが方程式は 2 本しかないので，このままでは解くことができない．このような不適合が生じたのは，この系の自由度が 1 であるにもかかわらず，2 方向の変位 x, y を独立変数とみなしたことが原因である．そこで，$x^2+y^2=l^2$ という拘束条件式を同時に考慮する必要があるが，これらの方程式を連立させて x, y, T を直接解くことは困難である．

(b) の場合の未知変数は θ, T の 2 個，方程式も 2 本であり，対応がとれている．しかも，可動な η 軸方向の運動方程式には，未知の張力 T が現れていないので好都合である．T は η 軸方向の運動方程式から θ が求められたのちに，ξ 軸方向の運動方程式から求められる．

(a), (b) ともに運動方程式としては等価であるが，その解析の観点からは (b) の方が圧倒的に有利である．このように，拘束力(より一般には内力)が作用する系の解析では，その取り扱いに注意が必要である．

b. 重心座標系

基準座標系上で測定された質点系の重心 G の位置ベクトルを $\boldsymbol{r}_G$ とすれば，重

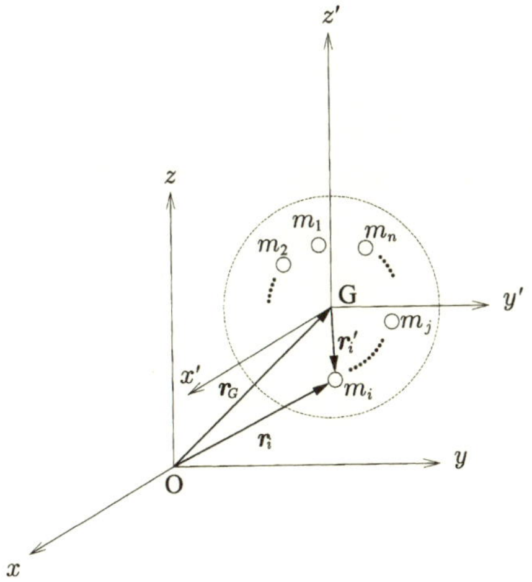

図 3.3 重心座標系

心の定義により $\boldsymbol{r}_G$ は次式で与えられる.

$$\boldsymbol{r}_G=\frac{1}{M}\sum_{i=1}^{n}m_i\boldsymbol{r}_i,\quad M=\sum_{i=1}^{n}m_i \tag{3.2}$$

ここに, M は質点系の全質量である.

図 3.3 に示すように, 重心 G を原点とし, 各軸が基準座標系に平行な重心座標系 G-$x'y'z'$ を導入する. 重心座標系は質点系の重心とともに並進運動する座標系である. 重心座標系上で測定された質点 i の相対位置ベクトルを $\boldsymbol{r}_i'$ とすれば,

$$\boldsymbol{r}_i=\boldsymbol{r}_G+\boldsymbol{r}_i' \tag{3.3}$$

となる. したがって, 式 (3.2) および 式(3.3) から, 次の関係が成立する.

$$\sum_{i=1}^{n}m_i\boldsymbol{r}_i'=\boldsymbol{0}\quad\Rightarrow\quad\sum_{i=1}^{n}m_i\dot{\boldsymbol{r}}_i'=\boldsymbol{0},\quad\sum_{i=1}^{n}m_i\ddot{\boldsymbol{r}}_i'=\boldsymbol{0} \tag{3.4}$$

c. 内力の性質

質点間の内力は, 一般に質量のない結合要素を介して作用する. したがって, 作用・反作用の法則により, 質点 i と質点 j との間の内力 $\boldsymbol{f}_{ij}$ と $\boldsymbol{f}_{ji}$ とは, 両質点を結ぶ線上で互いに逆向きに作用するとみなすことができる. よって, 次の関係が成立する.

$$\boldsymbol{f}_{ij}+\boldsymbol{f}_{ji}=\boldsymbol{0} \quad \Rightarrow \quad \sum_{i=1}^{n}\sum_{j=1}^{n}\boldsymbol{f}_{ij}=\boldsymbol{0} \qquad (\because \boldsymbol{f}_{ii}=\boldsymbol{0}) \tag{3.5}$$

$$\boldsymbol{f}_{ij}\propto\frac{\boldsymbol{r}_i-\boldsymbol{r}_j}{|\boldsymbol{r}_i-\boldsymbol{r}_j|} \quad \Rightarrow \quad (\boldsymbol{r}_i-\boldsymbol{r}_j)\times\boldsymbol{f}_{ij}=\boldsymbol{0} \tag{3.6}$$

d. 質点系の全運動量および全角運動量

基準座標系に対する質点 i の運動量は $\boldsymbol{p}_i=m_i\dot{\boldsymbol{r}}_i$，その原点Oに関する質点 i の角運動量は $\boldsymbol{l}_i=\boldsymbol{r}_i\times\boldsymbol{p}_i$ である．質点系全体についてこれらの総和をとったものをそれぞれ全運動量 $\boldsymbol{P}$ および全角運動量 $\boldsymbol{L}$ とすれば，式(3.2)～(3.4)から，$\boldsymbol{P}$ および $\boldsymbol{L}$ は次式のように求められる．

$$\left.\begin{aligned}\boldsymbol{P}&=\sum_{i=1}^{n}\boldsymbol{p}_i=\sum_{i=1}^{n}m_i\dot{\boldsymbol{r}}_i=\sum_{i=1}^{n}m_i(\dot{\boldsymbol{r}}_G+\dot{\boldsymbol{r}}'_i)=\left(\sum_{i=1}^{n}m_i\right)\dot{\boldsymbol{r}}_G+\sum_{i=1}^{n}m_i\dot{\boldsymbol{r}}'_i\\&=M\dot{\boldsymbol{r}}_G=\boldsymbol{P}_G\end{aligned}\right\} \tag{3.7}$$

$$\left.\begin{aligned}\boldsymbol{L}&=\sum_{i=1}^{n}\boldsymbol{l}_i=\sum_{i=1}^{n}\boldsymbol{r}_i\times\boldsymbol{p}_i=\sum_{i=1}^{n}\boldsymbol{r}_i\times m_i\dot{\boldsymbol{r}}_i=\sum_{i=1}^{n}(\boldsymbol{r}_G+\boldsymbol{r}'_i)\times m_i(\dot{\boldsymbol{r}}_G+\dot{\boldsymbol{r}}'_i)\\&=\boldsymbol{r}_G\times\left(\sum_{i=1}^{n}m_i\right)\dot{\boldsymbol{r}}_G+\boldsymbol{r}_G\times\left(\sum_{i=1}^{n}m_i\dot{\boldsymbol{r}}'_i\right)+\left(\sum_{i=1}^{n}m_i\boldsymbol{r}'_i\right)\times\dot{\boldsymbol{r}}_G+\sum_{i=1}^{n}\boldsymbol{r}'_i\times m_i\dot{\boldsymbol{r}}'_i\\&=\boldsymbol{r}_G\times M\dot{\boldsymbol{r}}_G+\sum_{i=1}^{n}\boldsymbol{r}'_i\times m_i\dot{\boldsymbol{r}}'_i=\boldsymbol{L}_G+\boldsymbol{L}'\end{aligned}\right\} \tag{3.8}$$

ここに，

$$\boldsymbol{P}_G=M\dot{\boldsymbol{r}}_G,\quad \boldsymbol{L}_G=\boldsymbol{r}_G\times M\dot{\boldsymbol{r}}_G=\boldsymbol{r}_G\times\boldsymbol{P}_G,\quad \boldsymbol{L}'=\sum_{i=1}^{n}\boldsymbol{r}'_i\times m_i\dot{\boldsymbol{r}}'_i \tag{3.9}$$

である．$\boldsymbol{P}_G$ は質点系の全質量 M がその重心Gに質点として集中しているものと仮想した系(以下，仮想集中系とよぶ)の運動量を，$\boldsymbol{L}_G$ は仮想集中系の原点O回りの回転運動(原点O回りの公転)に関する角運動量を意味する．また，$\boldsymbol{r}'_i\times m_i\dot{\boldsymbol{r}}'_i$ は重心座標系 G-$x'y'z'$ に対する質点の相対的な運動量 $m_i\dot{\boldsymbol{r}}'_i$ のなす重心G回りのモーメントであり，$\boldsymbol{L}'$ はその総和，すなわち，系全体の重心G回りの回転運動(重心G回りの自転)に関する角運動量を表していると考えることができる．式(3.8)の関係は，質点系の全角運動量 $\boldsymbol{L}$ を $\boldsymbol{L}_G$ と $\boldsymbol{L}'$ とに分離できることを示している．

e. 質点系の重心の運動

質点ごとの運動方程式(3.1)の両辺に対して全質点の総和をとり，式(3.2)

~(3.5), (3.9) の関係を考慮すると，次式を得る．

$$(\text{左辺の総和})=\sum_{i=1}^{n}m_i\ddot{\boldsymbol{r}}_i=\sum_{i=1}^{n}m_i(\ddot{\boldsymbol{r}}_G+\ddot{\boldsymbol{r}}'_i)=\left(\sum_{i=1}^{n}m_i\right)\ddot{\boldsymbol{r}}_G+\sum_{i=1}^{n}m_i\ddot{\boldsymbol{r}}'_i=M\ddot{\boldsymbol{r}}_G=\dot{\boldsymbol{P}}_G$$

$$(\text{右辺の総和})=\sum_{i=1}^{n}\hat{\boldsymbol{f}}_i+\sum_{i=1}^{n}\sum_{j=1}^{n}\boldsymbol{f}_{ij}=\sum_{i=1}^{n}\hat{\boldsymbol{f}}_i$$

$$\Rightarrow\quad \dot{\boldsymbol{P}}_G=M\ddot{\boldsymbol{r}}_G=\hat{\boldsymbol{F}}_G,\quad \hat{\boldsymbol{F}}_G=\sum_{i=1}^{n}\hat{\boldsymbol{f}}_i \tag{3.10}$$

このように，各質点間の相対運動を無視して (すなわち，内力を消去して) 質点系全体の運動をひとまとめに考えると，結果として重心 G の運動を記述する方程式が導出される．しかも，式 (3.10) から，質点系の重心の運動は外力の総和 $\hat{\boldsymbol{F}}_G$ が作用したときの仮想集中系の運動に等しいことがわかる．

外力の総和が零 ($\hat{\boldsymbol{F}}_G=\boldsymbol{0}$) であるときには $\dot{\boldsymbol{P}}_G=\boldsymbol{0}$ であるから $\boldsymbol{P}_G$ は一定となり，全運動量 $\boldsymbol{P}_G$ は保存される．これを質点系の運動量保存の法則 (law of conservation of momentum) という．たとえば，2 つの質点が衝突して非常に短い時間接触したのちに離れるとき，その微小時間内における外力による運動量の変化は無視できるので，衝突の直前直後において (両質点の速度は大きく変化したとしても) 運動量の和は一定である．また，運動量保存の法則が成立するとき，

$$\boldsymbol{P}_G=M\dot{\boldsymbol{r}}_G=\text{一定}\quad\Rightarrow\quad\dot{\boldsymbol{r}}_G=\text{一定} \tag{3.11}$$

となり，質点系の重心は等速直線運動を行う．ただし，このことは系内のすべての質点が同じ等速直線運動を行うことを意味するわけではない．重心の等速直線運動を損なわない限りで，質点ごとの個別の運動が可能である．

〔例題 3.2〕 図 3.4 に示すように，自然長 l，ばね定数 k のばねで繋がれた質量 m_1, m_2 の 2 つの質点 (質点 1 および質点 2 とよぶ) からなる系が，なめらかな水平台上で 2 質点を結ぶ x 軸方向に自由に運動している．両質点の原点 O から測った位置を x_1, x_2 とするとき，2 質点系の重心 G の運動と，両質点の運動について議論せよ．

〔解〕 質点 1 および質点 2 の運動方程式は，それぞれ次のようになる．

$$m_1\ddot{x}_1=k(x_2-x_1-l),\quad m_2\ddot{x}_2=-k(x_2-x_1-l) \tag{a}$$

この両式の辺々を加え合わせ，原点 O から測った重心 G の位置 x_G が $x_G=(m_1x_1+m_2x_2)/M$ (ただし，$M=m_1+m_2$) であることを考慮すれば，重心に関する運動方程式は次のようになる．

$$m_1\ddot{x}_1+m_2\ddot{x}_2=M\ddot{x}_G=0\quad\Rightarrow\quad M\dot{x}_G=\text{一定},\quad\dot{x}_G=\text{一定}$$

すなわち，運動量の総和は保存され，重心 G は等速直線運動を行う．

一方，重心 G から測った両質点の位置をそれぞれ $x'_1=\xi_1-m_2l/M$, $x'_2=\xi_2+m_1l/M$ (ここに，ξ_1, ξ_2 はばねが自然長の状態からの質点 1，質点 2 の変位であり，ばねの変形

量を $\delta=\xi_2-\xi_1$ とすれば $\xi_1=-m_2\delta/M$ および $\xi_2=m_1\delta/M$ となる）とすれば，$x_1=x_G+x_1'=x_G+\xi_1-m_2l/M$，$x_2=x_G+x_2'=x_G+\xi_2+m_1l/M$（ただし，$\ddot{x}_G=0$）であるから，式(a)は次のように書き換えられる．

$$m_1\ddot{\xi}_1=k(\xi_2-\xi_1),\quad m_2\ddot{\xi}_2=-k(\xi_2-\xi_1) \tag{b}$$

したがって，両質点は重心に対して式(b)で記述される振動が可能であり，基準座標系に対して等速直線運動するとは限らない．なお，ばねの変形量 δ を用いると，式(b)の両式はいずれも $(m_1m_2/M)\ddot{\delta}=-k\delta$ となる．

〔例題 3.3〕 例題3.2の2質点系が水平面上で静止していた．この系の質点1に，x 軸に沿って一定速度 u で進んできた質量 m_3 の質点3が衝突した．両質点間の衝突が完全弾性衝突（反発係数 $e=1$）であるとして，衝突後の2質点系の重心の運動について議論せよ．また，2質点系を1つの物体とみなしたとき，これと質点3との間の反発係数 e' を求めよ．

〔解〕 衝突直後における質点1,2,3の速度をそれぞれ v_1, v_2, v_3 とする．衝突の瞬間にはばねは縮まないので，右側の質点2の速度は $v_2=0$ である．したがって，衝突の直前と直後の間における運動量保存の法則および $e=1$ の条件から，次式を得る．

$$m_3u=m_1v_1+m_3v_3,\quad \frac{v_1-v_3}{u}=1 \quad\Rightarrow\quad v_1=\frac{2m_3}{m_1+m_3}u,\quad v_3=\frac{m_3-m_1}{m_1+m_3}u$$

また，重心Gの速度を v_G とすれば，重心の定義 $x_G=(m_1x_1+m_2x_2)/(m_1+m_2)$ より，

$$v_G=\frac{m_1}{m_1+m_2}v_1=\frac{2m_1m_3}{(m_1+m_2)(m_1+m_3)}u$$

衝突ののちは，例題3.2と同様に2質点系の運動量の総和は保存され，重心Gは速度 v_G で等速直線運動を行う．また，両質点個別の運動は式(b)に従う．

一方，2質点系を1つの物体とみなしたとき，衝突直後にはこの物体は速度 v_G で運

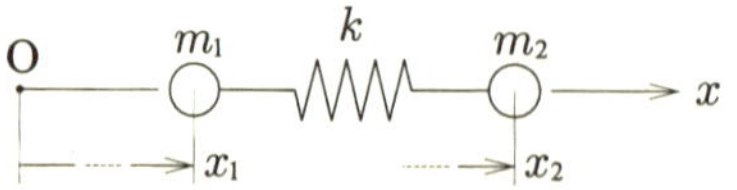

図 3.4　2質点系の並進運動

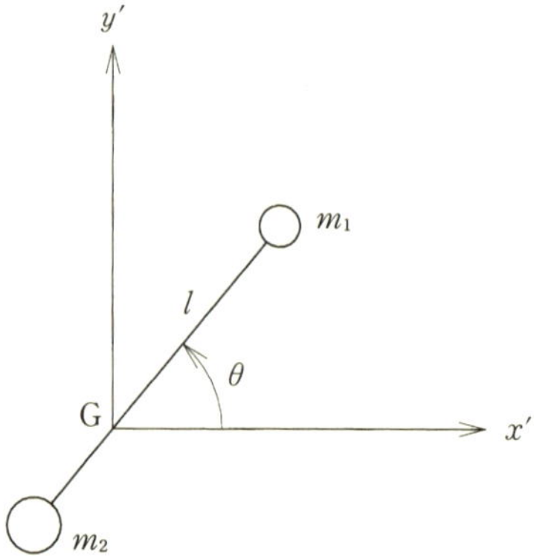

図 3.5　2質点系の回転運動

動すると考えられるので，反発係数 e' は次式で与えられる．

$$e'=\frac{v_G-v_3}{u}=\frac{2m_1m_3}{(m_1+m_2)(m_1+m_3)}-\frac{m_3-m_1}{m_1+m_3}=1-\frac{2m_2m_3}{(m_1+m_2)(m_1+m_3)}$$

f. 質点系の原点 O 回りの回転運動

原点 O に関する全角運動量と外力のモーメントを用いた運動方程式を求めよう．そのため，式 (3.1) の両辺に左から $\boldsymbol{r}_i$ を外積した上で全質点の総和をとり，式 (3.6)，(3.8) および $\dot{\boldsymbol{r}}_i\times\dot{\boldsymbol{r}}_i=\boldsymbol{0}$ を考慮すると，

$$\sum_{i=1}^{n}\boldsymbol{r}_i\times m_i\ddot{\boldsymbol{r}}_i=\frac{d}{dt}\left(\sum_{i=1}^{n}\boldsymbol{r}_i\times m_i\dot{\boldsymbol{r}}_i\right)=\dot{\boldsymbol{L}}=\sum_{i=1}^{n}\boldsymbol{r}_i\times\hat{\boldsymbol{f}}_i+\sum_{i=1}^{n}\sum_{j=1}^{n}\boldsymbol{r}_i\times\boldsymbol{f}_{ij}$$

$$\sum_{i=1}^{n}\sum_{j=1}^{n}\boldsymbol{r}_i\times\boldsymbol{f}_{ij}=\frac{1}{2}\sum_{i=1}^{n}\sum_{j=1}^{n}(\boldsymbol{r}_i\times\boldsymbol{f}_{ij}+\boldsymbol{r}_j\times\boldsymbol{f}_{ji})=\frac{1}{2}\sum_{i=1}^{n}\sum_{j=1}^{n}(\boldsymbol{r}_i-\boldsymbol{r}_j)\times\boldsymbol{f}_{ij}=\boldsymbol{0}$$

$$\Rightarrow\quad \dot{\boldsymbol{L}}=\hat{\boldsymbol{N}},\quad \hat{\boldsymbol{N}}=\sum_{i=1}^{n}\boldsymbol{r}_i\times\hat{\boldsymbol{f}}_i \tag{3.12}$$

を得る．$\hat{\boldsymbol{N}}$ は各質点に作用する外力 $\hat{\boldsymbol{f}}_i$ のなす原点 O 回りのモーメントの総和である．式 (3.12) は質点系全体の原点 O 回りの総体的な回転運動を記述する方程式であり，式 (3.10) と同様に内力が完全に消去されている．すなわち，質点系の総体的な回転運動に内力は関与しないことがわかる．

もしも $\hat{\boldsymbol{N}}=\boldsymbol{0}$ であれば $\boldsymbol{L}$ は一定となり，全角運動量は保存される．これを質点系の角運動量保存の法則 (law of conservation of angular momentum) という．

〔例題 3.4〕 図 3.5 に示すように，質量や変形の無視できる長さ l の棒で繋がれた質量 m_1, m_2 の 2 つの質点 (質点 1 および質点 2 とよぶ) からなる 2 質点系が，なめらかな水平面上で自由に回転している．この系の重心 G 回りの回転運動を議論せよ．

〔解〕 2 質点系の重心 G は不動 (よって，$\boldsymbol{L}_G=\boldsymbol{0}$) であるとしてよい．また，重心 G を原点とし x' 軸および y' 軸を水平面内に固定した座標系を G-$x'y'z'$，その単位ベクトルを $\boldsymbol{i}^0, \boldsymbol{j}^0, \boldsymbol{k}^0$ とする．重心 G から両質点までの距離を l_1, l_2 とすれば，$l_1=(m_2/M)l$，$l_2=(m_1/M)l$ (ただし，$M=m_1+m_2$) である．また，x' 軸から測った質点 1 の重心 G 回りの回転角変位を θ とすれば，G-$x'y'z'$ 座標系上で測定した質点 1 および質点 2 の位置ベクトル $\boldsymbol{r}_1'$ および $\boldsymbol{r}_2'$ は，

$$\boldsymbol{r}_1'=l_1(\cos\theta\ \boldsymbol{i}^0+\sin\theta\ \boldsymbol{j}^0)$$

$$\boldsymbol{r}_2'=l_2\{\cos(\theta+\pi)\boldsymbol{i}^0+\sin(\theta+\pi)\boldsymbol{j}^0\}=-l_2(\cos\theta\ \boldsymbol{i}^0+\sin\theta\ \boldsymbol{j}^0)$$

となる．また，$\boldsymbol{r}_1'$ および $\boldsymbol{r}_2'$ の時間微分は次のようになる．

$$\dot{\boldsymbol{r}}_1'=l_1\dot{\theta}(-\sin\theta\ \boldsymbol{i}^0+\cos\theta\ \boldsymbol{j}^0),\quad \dot{\boldsymbol{r}}_2'=l_2\dot{\theta}(\sin\theta\ \boldsymbol{i}^0-\cos\theta\ \boldsymbol{j}^0)$$

したがって，式(3.9)から重心G回りの角運動量の総和 $\boldsymbol{L}'$ は次のように求められる．

$$\boldsymbol{L}'=\sum_{i=1}^{2}\boldsymbol{r}'_i\times m_i\dot{\boldsymbol{r}}'_i=(m_1l_1^2+m_2l_2^2)\dot{\theta}\boldsymbol{k}^0=\frac{m_1m_2}{m_1+m_2}l^2\dot{\theta}\boldsymbol{k}^0$$

さて，今の場合，重心G回りの力のモーメントの総和は零であるから，$\boldsymbol{L}'$ は保存される．したがって，$\dot{\theta}$ が一定となり，2質点系は鉛直軸(z' 軸)回りに一定角速度で回転する．

g. 原点O回りの公転と重心G回りの自転の分離

式(3.3)，(3.10)から，式(3.12)の $\hat{\boldsymbol{N}}$ は次のような2つの成分に分離できる．

$$\left.\begin{aligned}&\hat{\boldsymbol{N}}=\hat{\boldsymbol{N}}_G+\hat{\boldsymbol{N}}'\\&\hat{\boldsymbol{N}}_G=\boldsymbol{r}_G\times\sum_{i=1}^{n}\hat{\boldsymbol{f}}_i=\boldsymbol{r}_G\times\hat{\boldsymbol{F}}_G,\quad\hat{\boldsymbol{N}}'=\sum_{i=1}^{n}\boldsymbol{r}'_i\times\hat{\boldsymbol{f}}_i\end{aligned}\right\}\tag{3.13}$$

ここに，$\hat{\boldsymbol{N}}_G$ は外力の総和 $\hat{\boldsymbol{F}}_G$ が重心Gに集中して作用すると仮想したときの原点O回りのモーメント，$\hat{\boldsymbol{N}}'$ は各質点に作用する外力 $\hat{\boldsymbol{f}}_i$ のなす重心G回りのモーメントの総和を意味する．

式(3.8)，(3.12)，(3.13)から次式を得る．

$$\dot{\boldsymbol{L}}_G+\dot{\boldsymbol{L}}'=\hat{\boldsymbol{N}}_G+\hat{\boldsymbol{N}}'\tag{3.14}$$

一方，式(3.10)の両辺に左から $\boldsymbol{r}_G$ を外積し，式(3.9)および $\dot{\boldsymbol{r}}_G\times\dot{\boldsymbol{r}}_G=\boldsymbol{0}$ を考慮すると，次式を得る．

$$\boldsymbol{r}_G\times\dot{\boldsymbol{P}}_G=\boldsymbol{r}_G\times M\ddot{\boldsymbol{r}}_G=\frac{d}{dt}(\boldsymbol{r}_G\times M\dot{\boldsymbol{r}}_G)=\frac{d}{dt}(\boldsymbol{r}_G\times\boldsymbol{P}_G)=\dot{\boldsymbol{L}}_G=\boldsymbol{r}_G\times\hat{\boldsymbol{F}}_G$$

$$\Rightarrow\quad\dot{\boldsymbol{L}}_G=\hat{\boldsymbol{N}}_G\tag{3.15}$$

式(3.15)は，仮想集中系の運動を原点O回りの回転運動とみなしたときの運動，すなわち，質点系の重心Gの原点O回りの公転運動を記述する方程式である．

さらに，式(3.14)，(3.15)から次式を得る．

$$\dot{\boldsymbol{L}}'=\hat{\boldsymbol{N}}'\tag{3.16}$$

式(3.16)は，質点系全体の重心G回りの自転運動を記述する方程式である．

このように，質点系全体の原点O回りの総体的な回転運動は，質点系重心の原点O回りの公転［式(3.15)］と重心G回りの自転［式(3.16)］という力学的に完全に独立な2つの運動に分離することが可能である．

以上を整理すると，質点系全体の総体的な運動は，質点系重心の並進運動を表す式(3.10)と重心回りの回転運動を表す式(3.16)とから求められる．なお，式(3.10)と式(3.15)とは，質点系の重心(仮想集中系)の運動を並進運動ととらえるか原点O回りの回転運動ととらえるかの相違であって，本質的には同等である．

h. 質点系の力学的エネルギー

まず，基準座標系O-xyz上でのエネルギー積分を考える．そのため，式(3.1)の両辺に $d\boldsymbol{r}_i=\dot{\boldsymbol{r}}_i dt$ を乗じて内積をつくり，質点系全体の総和をとった上で $t=t_1$ から t_2 までの積分を実行すると，次式を得る．

$$\int_{t_1}^{t_2}\sum_{i=1}^{n} m_i\ddot{\boldsymbol{r}}_i\cdot\dot{\boldsymbol{r}}_i\,dt=\int_{t_1}^{t_2}\sum_{i=1}^{n}\hat{\boldsymbol{f}}_i\cdot\dot{\boldsymbol{r}}_i\,dt+\int_{t_1}^{t_2}\sum_{i=1}^{n}\sum_{j=1}^{n}\boldsymbol{f}_{ij}\cdot\dot{\boldsymbol{r}}_i\,dt \tag{3.17}$$

さらに，式(3.17)の左辺は次のようになる．

$$\int_{t_1}^{t_2}\sum_{i=1}^{n} m_i\ddot{\boldsymbol{r}}_i\cdot\dot{\boldsymbol{r}}_i dt=\left[\sum_{i=1}^{n}\frac{1}{2}m_i\dot{\boldsymbol{r}}_i\cdot\dot{\boldsymbol{r}}_i\right]_{t_1}^{t_2}=\left[\sum_{i=1}^{n}T_i\right]_{t_1}^{t_2}=\Big[T\Big]_{t_1}^{t_2},\quad T_i=\frac{1}{2}m_i\dot{\boldsymbol{r}}_i\cdot\dot{\boldsymbol{r}}_i \tag{3.18}$$

ここに，$T_i=m_i\dot{\boldsymbol{r}}_i\cdot\dot{\boldsymbol{r}}_i/2$ は質点 i の基準座標系に対する運動エネルギーである．また，質点系全体についてその総和をとった全運動エネルギー T は，式(3.2)～(3.4)から，

$$\left.\begin{aligned}
T&=\sum_{i=1}^{n}T_i=\frac{1}{2}\sum_{i=1}^{n}m_i(\dot{\boldsymbol{r}}_i\cdot\dot{\boldsymbol{r}}_i)=\frac{1}{2}\sum_{i=1}^{n}m_i(\dot{\boldsymbol{r}}_G+\dot{\boldsymbol{r}}_i')\cdot(\dot{\boldsymbol{r}}_G+\dot{\boldsymbol{r}}_i')\\
&=\frac{1}{2}\left(\sum_{i=1}^{n}m_i\right)(\dot{\boldsymbol{r}}_G\cdot\dot{\boldsymbol{r}}_G)+\dot{\boldsymbol{r}}_G\cdot\left(\sum_{i=1}^{n}m_i\dot{\boldsymbol{r}}_i'\right)+\frac{1}{2}\sum_{i=1}^{n}m_i(\dot{\boldsymbol{r}}_i'\cdot\dot{\boldsymbol{r}}_i')\\
&=\frac{1}{2}Mv_G^2+T'\\
v_G&=|\dot{\boldsymbol{r}}_G|=\sqrt{\dot{\boldsymbol{r}}_G\cdot\dot{\boldsymbol{r}}_G},\quad T'=\frac{1}{2}\sum_{i=1}^{n}m_i(\dot{\boldsymbol{r}}_i'\cdot\dot{\boldsymbol{r}}_i')
\end{aligned}\right\} \tag{3.19}$$

となる．ここに，$Mv_G^2/2$ は質点系の重心(仮想集中系)の基準座標系に対する運動エネルギーを表す．また，$T'=\sum_{i=1}^{n}m_i(\dot{\boldsymbol{r}}_i'\cdot\dot{\boldsymbol{r}}_i')/2$ は各質点の重心座標系G-$x'y'z'$に対する相対運動のエネルギーの総和である．

一方，式(3.5)，(3.6)の性質を満足する内力 $\boldsymbol{f}_{ij}$ が保存力で，質点 i と質点 j との間の相対変位 $\boldsymbol{r}_{ij}=\boldsymbol{r}_i-\boldsymbol{r}_j$ だけで決まり，次のように表されるものとする．

$$\boldsymbol{f}_{ij}=f_{ij}(r_{ij})\frac{\boldsymbol{r}_{ij}}{r_{ij}},\quad \boldsymbol{r}_{ij}=\boldsymbol{r}_i-\boldsymbol{r}_j,\quad r_{ij}=|\boldsymbol{r}_{ij}|\qquad (\text{ただし，}f_{ii}(r_{ii})=0)\quad (3.20)$$

このとき，$r_{ij}{}^2=\boldsymbol{r}_{ij}\cdot\boldsymbol{r}_{ij}\ \Rightarrow\ dr_{ij}=\boldsymbol{r}_{ij}\cdot d\boldsymbol{r}_{ij}/r_{ij}$ であることを考慮すると，式(3.17)の第2項は次のようになる．

$$\left.\begin{aligned}
\int_{t_1}^{t_2}\sum_{i=1}^{n}\sum_{j=1}^{n}\boldsymbol{f}_{ij}\cdot\dot{\boldsymbol{r}}_i\,dt&=\int_{t_1}^{t_2}\frac{1}{2}\sum_{i=1}^{n}\sum_{j=1}^{n}\boldsymbol{f}_{ij}\cdot(\dot{\boldsymbol{r}}_i-\dot{\boldsymbol{r}}_j)dt=\int_{\{r_{ij}\}_1}^{\{r_{ij}\}_2}\frac{1}{2}\sum_{i=1}^{n}\sum_{j=1}^{n}f_{ij}(r_{ij})\frac{\boldsymbol{r}_{ij}\cdot d\boldsymbol{r}_{ij}}{r_{ij}}\\
&=\int_{\{r_{ij}\}_1}^{\{r_{ij}\}_2}\frac{1}{2}\sum_{i=1}^{n}\sum_{j=1}^{n}f_{ij}(r_{ij})dr_{ij}=-\int_{\{r_{ij}\}_1}^{\{r_{ij}\}_2}\frac{1}{2}\sum_{i=1}^{n}\sum_{j=1}^{n}dU_{ij}(r_{ij})\\
&=-\left[\frac{1}{2}\sum_{i=1}^{n}\sum_{j=1}^{n}U_{ij}(r_{ij})\right]_{t_1}^{t_2}=-\Big[U'\Big]_{t_1}^{t_2},\quad \{\boldsymbol{r}_{ij}\}_1=\boldsymbol{r}_{ij}(t_1),\quad \{\boldsymbol{r}_{ij}\}_2=\boldsymbol{r}_{ij}(t_2)\\
U_{ij}(r_{ij})=-\int_{r_o}^{r_{ij}}f_{ij}(r)dr,&\quad U_{ii}(r_{ii})=0,\quad U'=\frac{1}{2}\sum_{i=1}^{n}\sum_{j=1}^{n}U_{ij}(r_{ij})
\end{aligned}\right\}\quad (3.21)$$

ここに，$U_{ij}(r_{ij})$ を内力ポテンシャル(積分の下限 r_o は適当に定めたポテンシャルの基準を表す)，$U_{ij}(r_{ij})$ の総和 U' を質点系の内部ポテンシャルエネルギーとよぶ．なお，$\boldsymbol{r}_{ij}=\boldsymbol{r}_i-\boldsymbol{r}_j=\boldsymbol{r}'_i-\boldsymbol{r}'_j$ であるから，内力ポテンシャルおよび内部ポテンシャルエネルギーは，基準座標系上で見ても重心座標系上で見ても同一である．

以上の関係から，質点系の全運動エネルギー T と内部ポテンシャルエネルギー U' との和として質点系の全エネルギー $E=T+U'$ を導入すると，式(3.17)は，

$$E_2-E_1=[T+U']_{t_1}^{t_2}=\int_{t_1}^{t_2}\sum_{i=1}^{n}\hat{\boldsymbol{f}}_i\cdot\dot{\boldsymbol{r}}_i\,dt=\sum_{i=1}^{n}\int_{t_1}^{t_2}\hat{\boldsymbol{f}}_i\cdot\dot{\boldsymbol{r}}_i\,dt,\quad E_p=T|_{t=t_p}+U'|_{t=t_p}\quad (3.22)$$

となる．すなわち，ある一定時間内における質点系の全エネルギー E の増加量は，その時間内に各質点に作用する外力 $\hat{\boldsymbol{f}}_i$ が各質点の基準座標系上での変位によってなす仕事 $\int_{t_1}^{t_2}\hat{\boldsymbol{f}}_i\cdot\dot{\boldsymbol{r}}_i dt$ の総和に等しい．したがってまた，外力がまったく作用しない場合には，質点系の全エネルギー E は保存される．

次に，重心座標系 G-$x'y'z'$ 上でのエネルギーの関係式を求めよう．そのため，式(3.10)の両辺に $d\boldsymbol{r}_G=\dot{\boldsymbol{r}}_G dt$ を乗じて内積をつくり，質点系全体の総和をとった上で $t=t_1$ から t_2 までの積分を実行すると，次式を得る．

$$\int_{t_1}^{t_2} M\ddot{\boldsymbol{r}}_G\cdot\dot{\boldsymbol{r}}_G dt=\left[\frac{1}{2}Mv_G{}^2\right]_{t_1}^{t_2}=\int_{t_1}^{t_2}\sum_{i=1}^{n}\hat{\boldsymbol{f}}_i\cdot\dot{\boldsymbol{r}}_G dt=\int_{t_1}^{t_2}\sum_{i=1}^{n}\hat{\boldsymbol{f}}_i\cdot\dot{\boldsymbol{r}}_i\,dt-\int_{t_1}^{t_2}\sum_{i=1}^{n}\hat{\boldsymbol{f}}_i\cdot\dot{\boldsymbol{r}}_i' dt \tag{3.23}$$

さらに，式(3.17)から式(3.23)を辺々引いて，式(3.18),(3.19),(3.21)の関係を考慮すると，次式を得る．

$$E_2'-E_1'=\left[T'+U'\right]_{t_1}^{t_2}=\int_{t_1}^{t_2}\sum_{i=1}^{n}\hat{\boldsymbol{f}}_i\cdot\dot{\boldsymbol{r}}_i' dt=\sum_{i=1}^{n}\int_{t_1}^{t_2}\hat{\boldsymbol{f}}_i\cdot\dot{\boldsymbol{r}}_i' dt,\quad E_p'=T'|_{t=t_p}+U'|_{t=t_p} \tag{3.24}$$

ここに，$E'=T'+U'$ は各質点の重心座標系に対する相対運動のエネルギーの総和 T' と内部ポテンシャルエネルギー U' との和であり，質点系の内部エネルギーを表す．上述の式(3.24)は重心座標系上でのエネルギーの関係式であり，ある一定時間内における質点系の内部エネルギー E' の増加量は，その時間内に各質点に作用する外力 $\hat{\boldsymbol{f}}_i$ が各質点の重心座標系上での相対変位によってなす仕事 $\int_{t_1}^{t_2}\hat{\boldsymbol{f}}_i\cdot\dot{\boldsymbol{r}}_i' dt$ の総和に等しいことを示している．したがってまた，外力がまったく作用しない場合には，質点系の内部エネルギー E' は保存される．

〔例題 3.5〕 例題 3.2 の系に対して，基準座標系と重心座標系のそれぞれで，エネルギー保存則が成立することを確認せよ．

〔解〕 基準座標系に関しては，式(a)の第1式に $\dot{x}_1dt$ を，第2式に $\dot{x}_2dt$ をそれぞれ乗じたのちに辺々を足しあわせて整理すると，次式を得る．

$$(m_1\dot{x}_1\ddot{x}_1+m_2\dot{x}_2\ddot{x}_2)dt+k(x_2-x_1-l)(\dot{x}_2-\dot{x}_1)dt=0$$

この両式を $t=t_1$ から t_2 まで積分すると，

$$[T+U']_{t_1}^{t_2}=0,\quad T=\frac{1}{2}m_1\dot{x}_1{}^2+\frac{1}{2}m_2\dot{x}_2{}^2,\quad U'=\frac{1}{2}k(x_2-x_1-l)^2=\frac{1}{2}k(\xi_2-\xi_1)^2=\frac{1}{2}k\delta^2$$

となる．すなわち，基準座標系で見た運動エネルギー T とばねのポテンシャルエネルギー U' の和は保存される．

一方，$\dot{x}_1=\dot{x}_G+\dot{\xi}_1$, $\dot{x}_2=\dot{x}_G+\dot{\xi}_2$ および $\dot{\xi}_1=-m_2\dot{\delta}/M$, $\dot{\xi}_2=m_1\dot{\delta}/M$ であるから，

$$T=\frac{1}{2}m_1(\dot{x}_G+\dot{\xi}_1)^2+\frac{1}{2}m_2(\dot{x}_G+\dot{\xi}_2)^2=\frac{1}{2}M\dot{x}_G{}^2+\frac{1}{2}m_1\dot{\xi}_1{}^2+\frac{1}{2}m_2\dot{\xi}_2{}^2$$

また，$M\ddot{x}_G=0$ から，

$$M\ddot{x}_G\dot{x}_G dt=0\ \Rightarrow\ \left[\frac{1}{2}M\dot{x}_G{}^2\right]_{t_1}^{t_2}=0$$

したがって，これらの関係を整理すると次式を得る．

$$\left[T'+U'\right]_{t_1}^{t_2}=0,\quad T'=\frac{1}{2}m_1\dot{\xi}_1{}^2+\frac{1}{2}m_2\dot{\xi}_2{}^2$$

すなわち，重心座標系で見た運動エネルギー T' とばねのポテンシャルエネルギー U' の和は保存される．なお，この関係は，式(b)の第1式に $\dot{\xi}_1 dt$ を，第2式に $\dot{\xi}_2 dt$ をそれぞれ乗じて辺々足しあわせた式を，$t=t_1$ から t_2 まで積分することからも求められる．

〔例題 3.6〕 例題3.3の系で $m_1=m_2=m$ のときの運動を，エネルギーの観点から考察せよ．

〔解〕 質点どうしの衝突は完全弾性衝突であるので，3個の質点全体の力学的エネルギーは保存される．まず，衝突前の系の全エネルギー E は，質量 m_3 の質点の運動エネルギーだけであるので，$E=(1/2)m_3u^2$．また，衝突後における2質点系の重心Gの運動エネルギーと質量 m_3 の質点の運動エネルギーとの和を E' とすれば，

$$E'=mv_G{}^2+\frac{1}{2}m_3v_3{}^2=\frac{mm_3{}^2}{(m+m_3)^2}u^2+\frac{1}{2}\frac{m_3(m_3-m)^2}{(m+m_3)^2}u^2=\frac{1}{2}\frac{m_3(m^2+m_3{}^2)}{(m+m_3)^2}u^2$$

衝突後ばねでつながれた2質点系は，重心の並進運動とともに，ばねを介して振動をはじめる．E と E' との差 $\{mm_3{}^2/(m+m_3)^2\}u^2$ が2質点系の振動のエネルギーを表す．

i. 質量が変化する物体の運動

燃料ガスを噴射しながら飛行するロケットや，飽和水蒸気中を霧の付着によって太りながら落下する雨滴では，運動中に物体の質量が変化する．このような場合には，分裂または合体する2つの物体をまとめて2質点系としてとらえると，内力を考える必要がないので便利である．

具体例として，外力 $\hat{\boldsymbol{f}}$ を受けて運動している質量 m の物体Aが，微小時間 Δt の間に $-\Delta m\approx(-dm/dt)\Delta t(>0)$ の微小質量を基準座標系に対して速度 $\boldsymbol{u}$ で放出している場合を考えよう．物体Aの基準座標系に対する速度を $\boldsymbol{v}$ とすれば，微小質量の放出によって微小時間内で物体Aの速度は $\Delta\boldsymbol{v}\approx(d\boldsymbol{v}/dt)\Delta t$ だけ変化する．したがって，微小時間内における物体Aの運動量と微小質量の運動量をあわせた全運動量 $\boldsymbol{P}$ の変化量 $\Delta\boldsymbol{P}$ は，次式で与えられる．

$$\begin{aligned}\Delta\boldsymbol{P}&\approx[\{m-(-\Delta m)\}(\boldsymbol{v}+\Delta\boldsymbol{v})+(-\Delta m)\boldsymbol{u}]-m\boldsymbol{v}\approx m\Delta\boldsymbol{v}+\Delta m(\boldsymbol{v}-\boldsymbol{u})\\&\approx\left\{m\frac{d\boldsymbol{v}}{dt}-\frac{dm}{dt}(\boldsymbol{u}-\boldsymbol{v})\right\}\Delta t=\left\{\frac{d(m\boldsymbol{v})}{dt}-\frac{dm}{dt}\boldsymbol{u}\right\}\Delta t\end{aligned}\qquad(3.25)$$

式(3.25)の両辺を Δt で割って，$\Delta t\to 0$ とすれば $\dot{\boldsymbol{P}}=d\boldsymbol{P}/dt$ が求められる．また，既に述べたように，全運動量の時間微分が外力の総和に等しいので，物体Aと微小質量からなる2質点系の運動方程式は次式で与えられる．

$$m\frac{d\boldsymbol{v}}{dt}-\frac{dm}{dt}(\boldsymbol{u}-\boldsymbol{v})=\hat{\boldsymbol{f}}\qquad または\qquad \frac{d(m\boldsymbol{v})}{dt}-\frac{dm}{dt}\boldsymbol{u}=\hat{\boldsymbol{f}}\qquad(3.26)$$

ここに，$\boldsymbol{u}-\boldsymbol{v}$ は物体 A に対する微小質量の相対速度を表す．また，$(dm/dt)(\boldsymbol{u}-\boldsymbol{v})$ を推力という．

上とは逆に，外力 $\hat{\boldsymbol{f}}$ を受けて運動している質量 m の物体 A に対して，微小時間 Δt の間に基準座標系に対して速度 $\boldsymbol{u}$ で運動している $\Delta m\approx(dm/dt)\Delta t(>0)$ の微小質量が付着している場合を考えよう．この場合にも上と同様に，微小時間内における物体 A の運動量と微小質量の運動量をあわせた全運動量 $\boldsymbol{P}$ の変化量 $\Delta\boldsymbol{P}$ は，

$$\Delta\boldsymbol{P}\approx(m+\Delta m)(\boldsymbol{v}+\Delta\boldsymbol{v})-(m\boldsymbol{v}+\Delta m\boldsymbol{u})\approx m\Delta\boldsymbol{v}+\Delta m(\boldsymbol{v}-\boldsymbol{u})$$
$$\approx\left\{m\frac{d\boldsymbol{v}}{dt}-\frac{dm}{dt}(\boldsymbol{u}-\boldsymbol{v})\right\}\Delta t=\left\{\frac{d(m\boldsymbol{v})}{dt}-\frac{dm}{dt}\boldsymbol{u}\right\}\Delta t$$

で与えられ，式 (3.25) と同一になる．したがって，物体 A と微小質量からなる 2 質点系に対して，式 (3.26) と同一の運動方程式が求められる．

〔例題 3.7〕 初期静止状態において全質量 m_0 のロケットが，単位時間当たり質量にして α の燃料ガスをロケットに対して一定の速さ u_0 で後方に放出しながら，鉛直方向に上昇をはじめた．出発時刻から時間 t だけ経過したのち (時刻 t とする) のロケットの速度を求めよ．ただし，上昇中の重力加速度 g は一定であると仮定する．

〔解〕 式 (3.26) の第 1 式の鉛直方向成分 (上向きを正とする) のみを考える．題意により，時刻 t におけるロケットの質量 m は $m=m_0-\alpha t$ であり，$dm/dt=-\alpha$．また，$\boldsymbol{u}-\boldsymbol{v}$ の鉛直方向成分が $-u_0$ である．一方，微小時間 Δt 内でのロケットとガスの質量の和は $m-\alpha\Delta t+\alpha\Delta t=m$ であるから，外力としての重力は $-mg=-(m_0-\alpha t)g$ である．したがって，ロケットの鉛直上向きの速度を v とすれば，その運動方程式は次式のようになる．

$$(m_0-\alpha t)\frac{dv}{dt}=-(m_0-\alpha t)g+\alpha u_0 \quad\Rightarrow\quad \frac{dv}{dt}=\left(-g+\frac{\alpha u_0}{m_0-\alpha t}\right)$$

したがって，ロケットが燃料ガス噴出直後から常に上昇を続けるためには，$\alpha u_0/m_0>g$ でなければならないことがわかる．この条件の下で，ロケットの初速度を 0 として上式を $t=0$ から $t(\ll m_0/\alpha)$ まで積分すると，時刻 t でのロケットの速度が求められる．

$$v=-gt+u_0\ln\frac{m_0}{m_0-\alpha t}$$

〔例題 3.8〕 静止している飽和水蒸気中を，雨滴が球形を保ったまま鉛直下向きに落下している．落下中，雨滴の表面には単位時間・単位表面積当たり質量 β の水蒸気が付着する．水の密度を ρ，雨滴の初期半径を a，鉛直上向きの初速度を v_0 として，時刻 t における雨滴の速度を求めよ．ただし，落下中の重力加速度 g は一定で，空気抵抗，雨滴の回転運動は無視してよい．

〔解〕 時刻 t における雨滴の質量を m，半径を r とすると，例題の題意より，$m=(4/3)\pi r^3\rho$ および $dm/dt=4\pi r^2\beta$ である．したがって，初期条件を考慮することにより次式を得る．

$$\frac{dr}{dt}=\frac{\beta}{\rho}(=\gamma) \quad \rightarrow \quad r=\gamma t+a \quad \rightarrow \quad m=\frac{4}{3}\rho\pi(\gamma t+a)^3$$

式 (3.26) の第 2 式の鉛直方向成分 (上向きを正とする) のみを考える．水蒸気は静止しているので $\boldsymbol{u}=\boldsymbol{0}$．また，例題 3.7 と同様に考えると，外力としての重力は $-mg$ である．したがって，雨滴の鉛直上向きの速度を v とすれば，その運動方程式は次式のようになる．

$$\frac{d(mv)}{dt}=-mg=-\frac{4}{3}\rho\pi(\gamma t+a)^3 g$$

上式を $t=0$ から t まで積分し，初期条件を考慮することにより，雨滴の速度が求められる．

$$mv=-\frac{\pi\rho g}{3\gamma}(\gamma t+a)^4+C \quad \rightarrow \quad v=-\frac{g}{4\gamma}(\gamma t+a)+\left(v_0+\frac{ag}{4\gamma}\right)\frac{a^3}{(\gamma t+a)^3}, \quad \gamma=\frac{\beta}{\rho}$$

3.2 剛 体 の 力 学

a. 剛体とは何か

図 3.6 に示すように，大きさをもった物体の運動を考えよう．このような物体は，微小な要素に分割することにより，無限個の質点からなる質点系としてモデル化することができる．したがって，大きさをもった物体の運動は，重心の並進

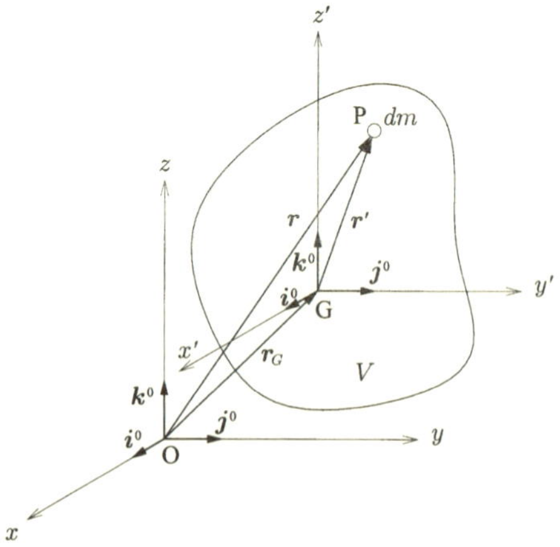

図 3.6 剛体の運動

運動，重心回りの回転運動および質点個別の運動に分離してとらえることが可能である．このうち，質点間の相対運動は物体自身の弾性変形に基づくものであり，この弾性変形が無視しうるほど小さな物体に対して内部の任意の2点間の距離が常に一定であると仮定したものが剛体である．このような仮定を導入すると，物体の運動は非常に単純化され，剛体の重心の運動と重心回りの回転運動とによって完全に記述することができる．

b. 剛体の自由度

剛体の運動が単純化されるということの物理的意味を，自由度の観点から考えてみよう．3次元空間内における剛体は，互いに直交する任意の3軸方向の3通りの並進運動と，各軸回りの3通りの回転運動の計6通りの独立な運動が可能である．逆に言うと，これら6通りの運動によって剛体内の任意の点の運動を完全に表現することができる．すなわち，剛体1個当たりの自由度は最大6である．それに対して，物体の弾性変形をも考慮すると，その自由度は無限大になる．このように，大きさをもった物体の運動に対して剛体近似を導入することは，系の自由度を無限大から高々6個にまで縮小させることを意味しており，物体の全体的な運動に着目する場合にはその効果は絶大である．

c. 剛体の運動法則

剛体の場合，任意の2点間の距離は変化しないので，その2点間に作用する内力は仕事をしない．また，内力は2点間を結ぶ線上で作用するので偶力をつくらない．これらの性質から，剛体の内力は弾性変形を防ぐためだけに作用し，並進運動や回転運動には無関係であることがわかる．したがって，前節で示した質点系の運動法則のうちで，内力に無関係な法則はほぼそのまま成立する．ただし，全質点に関する和 $\sum_i m_i(*)$ を，剛体の内部領域全体 V に関する積分 $\int_V (*)dm$ [dm は剛体内で考えた微小要素の質量，$(*)$ は任意の物理量を示す] に置き換える必要がある．

まず，剛体重心の並進運動に関する法則は，式(3.10)と同様に，

$$\dot{\boldsymbol{P}}_G = M\ddot{\boldsymbol{r}}_G = \hat{\boldsymbol{F}}_G \tag{3.27}$$

となる．ここに，$\boldsymbol{P}_G$ は剛体重心の並進運動に関する運動量であり，

$$\left.\begin{aligned}&\boldsymbol{P}_G=\int_V \dot{\boldsymbol{r}}_G dm=\dot{\boldsymbol{r}}_G\int_V dm=M\dot{\boldsymbol{r}}_G\\&\boldsymbol{r}_G=\frac{1}{M}\int_V \boldsymbol{r}dm,\quad M=\int_V dm=\int_V \rho dV,\quad dm=\rho dV\end{aligned}\right\}\tag{3.28}$$

で与えられる．ただし，$\boldsymbol{r}_G$ および $\boldsymbol{r}$ はそれぞれ基準座標系 O-xyz の原点 O を始点とする剛体の重心 G および剛体内の任意の点 P の位置ベクトル，M は剛体の全質量，ρ は密度，dV は剛体内で考えた微小要素の体積を示す．

次に，剛体の重心回りの回転運動に関する法則は，式(3.16)と同様に，

$$\dot{\boldsymbol{L}}'=\hat{\boldsymbol{N}}'\tag{3.29}$$

となる．ここに，$\boldsymbol{L}'$ は剛体の重心回りの回転運動に関する角運動量であり，

$$\boldsymbol{L}'=\int_V \boldsymbol{r}'\times(\dot{\boldsymbol{r}}'dm)\tag{3.30}$$

で与えられる．ただし，$\boldsymbol{r}'$ は剛体の重心 G を始点とする点 P の相対的な位置ベクトルである（したがって，$\boldsymbol{r}=\boldsymbol{r}_G+\boldsymbol{r}'$）．

式(3.27)および式(3.29)は，いずれも 3 次元ベクトル $\boldsymbol{P}_G$ および $\boldsymbol{L}'$ に関する方程式であり，結局，剛体 1 個当たりの運動はその自由度の個数に対応する 6 本の方程式によって完全に記述される．このうち，式(3.27)は重心の並進運動を表す位置ベクトル $\boldsymbol{r}_G$ に関する微分方程式となっているが，式(3.29)の $\boldsymbol{L}'$ は重心回りの回転運動に即した表現にはなっていない．そこで，以下では，回転を直接表す物理量を用いて $\boldsymbol{L}'$ を書き換える．ただし，それには少々面倒な準備が必要である．

d. オイラー角

剛体の回転運動の適切な表現方法について考えるために，剛体の重心 G を原点とする剛体に完全に固定された座標系 G-$\xi\eta\zeta$ を導入する．以下では，このような座標系を剛体座標系とよぶ．また，下添字“0”および“r”により，同一のベクトル量をそれぞれ重心座標系 G-$x'y'z'$ および剛体座標系 G-$\xi\eta\zeta$ で成分表示したものであることを，必要に応じて明示する．

さて，剛体座標系 G-$\xi\eta\zeta$ で成分表示された重心 G を始点とする剛体内の点 P の相対的な位置ベクトルを $\boldsymbol{r}'_r$ とすれば，明らかに $\boldsymbol{r}'_r$ は定数ベクトルになる．したがって，点 P の重心 G 回りの回転運動を表現するためには，重心座標系 G-

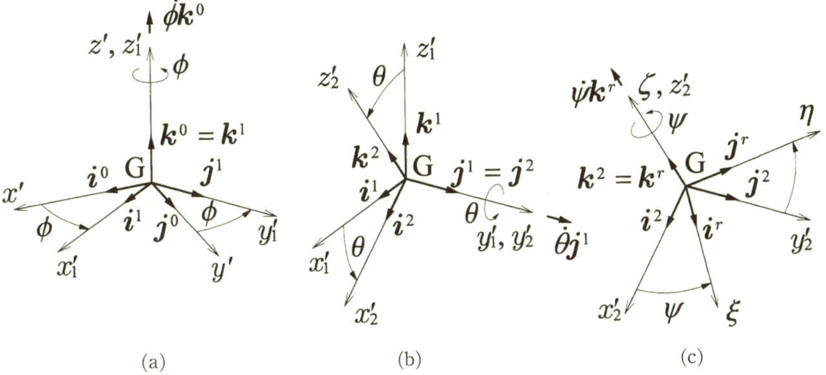

図 3.7　オイラー角

$x'y'z'$ から剛体座標系 G-$\xi\eta\zeta$ への重心 G 回りの回転変換を考えればよいことがわかる．その回転変換を表すのに種々の方法が考えられてきたが，よく利用されるのがオイラー角 (Euler angles) である．

図 3.7 にオイラー角の一例を示す．まず，重心座標系 G-$x'y'z'$ を z' 軸の回りに ϕ だけ回転させる．このようにして得られた座標系を G-$x_1'y_1'z_1'$ とする．次いで，G-$x_1'y_1'z_1'$ を y_1' 軸の回りに θ だけ回転させた座標系を G-$x_2'y_2'z_2'$ とし，さらに G-$x_2'y_2'z_2'$ を z_2' 軸の回りに ψ だけ回転させて剛体座標系 G-$\xi\eta\zeta$ に一致させる．このような 3 個の角変位 ϕ, θ, ψ をオイラー角とよぶ．剛体の重心回りの回転運動に関する 3 個の自由度に対応する 3 個のオイラー角により，G-$x'y'z'$ から G-$\xi\eta\zeta$ への任意の回転変換を表現できる．ただし，角変位はベクトル量ではないので，回転の順番 ($\phi \to \theta \to \psi$) を変えると一般にはまったく別の座標系に変換されるので注意を要する．

e.　回転変換行列

重心座標系 G-$x'y'z'$ から剛体座標系 G-$\xi\eta\zeta$ への回転変換は，両座標系の単位ベクトル間の変換則により具体的に表現できる．その変換則を求めよう．ただし，以下では $\cos\theta, \sin\theta$ などを C_θ, S_θ などと略記する．

基準座標系 O-xyz および重心座標系 G-$x'y'z'$ の各座標軸正方向の単位ベクトルを $(\boldsymbol{i}^0, \boldsymbol{j}^0, \boldsymbol{k}^0)$ (両座標系は互いに平行移動しただけなので単位ベクトルは共通である），G-$x_1'y_1'z_1'$ および G-$x_2'y_2'z_2'$ の単位ベクトルをそれぞれ $(\boldsymbol{i}^1, \boldsymbol{j}^1, \boldsymbol{k}^1)$ および $(\boldsymbol{i}^2, \boldsymbol{j}^2, \boldsymbol{k}^2)$，剛体座標系 G-$\xi\eta\zeta$ の単位ベクトルを $(\boldsymbol{i}^r, \boldsymbol{j}^r, \boldsymbol{k}^r)$ とし，それらを各座標系で成分表示したものを $(\boldsymbol{i}_q^p, \boldsymbol{j}_q^p, \boldsymbol{k}_q^p)$ $(p, q=0, 1, 2, r$；以下同様) とする．たとえば，$\boldsymbol{i}_2^1$ は $\boldsymbol{i}^1$ を G-$x_2'y_2'z_2'$ 座標系で成分表示したものを示す．定義から明らかに，$\boldsymbol{i}_p^p=(1, 0, 0)^T$，$\boldsymbol{j}_p^p=(0, 1, 0)^T$，$\boldsymbol{k}_p^p=(0, 0, 1)^T$ である．また，本章の以下の議論においては，これらの単位ベクトルを次式のようにひとまとめにした $\boldsymbol{e}^p$ を導入し，これを $(\boldsymbol{i}^p, \boldsymbol{j}^p, \boldsymbol{k}^p)$ を成分とする行ベクトルであると形式的にみなすものとする．

$$\boldsymbol{e}^p=\{\boldsymbol{i}^p \ \ \boldsymbol{j}^p \ \ \boldsymbol{k}^p\} \quad (p=0, 1, 2, r) \tag{3.31}$$

（i）$(\boldsymbol{i}^0, \boldsymbol{j}^0, \boldsymbol{k}^0)$ と $(\boldsymbol{i}^1, \boldsymbol{j}^1, \boldsymbol{k}^1)$ との間の関係 [図 3.7 (a) 参照]

$$\left.\begin{array}{l}\boldsymbol{i}^1=C_\phi\boldsymbol{i}^0+S_\phi\boldsymbol{j}^0\\ \boldsymbol{j}^1=-S_\phi\boldsymbol{i}^0+C_\phi\boldsymbol{j}^0\\ \boldsymbol{k}^1=\boldsymbol{k}^0\end{array}\right\} \Leftrightarrow \left.\begin{array}{l}\boldsymbol{i}^0=C_\phi\boldsymbol{i}^1-S_\phi\boldsymbol{j}^1\\ \boldsymbol{j}^0=S_\phi\boldsymbol{i}^1+C_\phi\boldsymbol{j}^1\\ \boldsymbol{k}^0=\boldsymbol{k}^1\end{array}\right\} \tag{3.32}$$

これは，2つの座標系 G-$x'y'z'$ と G-$x_1'y_1'z_1'$ の単位ベクトルを互いに相手の座標系で成分表示したものであり，この関係を形式的に次のように表す．

$$\left.\begin{array}{l}\boldsymbol{e}^1=\boldsymbol{e}^0\boldsymbol{T}_\phi \quad \Leftrightarrow \quad \boldsymbol{e}^0=\boldsymbol{e}^1\boldsymbol{T}_\phi^{-1}=\boldsymbol{e}^1\boldsymbol{T}_\phi^T\\ \boldsymbol{T}_\phi=[\boldsymbol{i}_0^1 \ \ \boldsymbol{j}_0^1 \ \ \boldsymbol{k}_0^1]=\begin{bmatrix}C_\phi & -S_\phi & 0\\ S_\phi & C_\phi & 0\\ 0 & 0 & 1\end{bmatrix}, \quad \boldsymbol{i}_0^1=\begin{bmatrix}C_\phi\\ S_\phi\\ 0\end{bmatrix}, \quad \boldsymbol{j}_0^1=\begin{bmatrix}-S_\phi\\ C_\phi\\ 0\end{bmatrix}, \quad \boldsymbol{k}_0^1=\begin{bmatrix}0\\ 0\\ 1\end{bmatrix}\end{array}\right\} \tag{3.33}$$

この関係式は，式 (3.31) のように両座標系の3個の単位ベクトルの組を形式的に行ベクトルとみなした $\boldsymbol{e}^0$, $\boldsymbol{e}^1$ と行列 $\boldsymbol{T}_\phi$ との間の関係を，ベクトルと行列の積の演算規則に則って対応付けたものである (以下同様)．式 (3.33) に示すように，$\boldsymbol{T}_\phi$ を構成する3本の列ベクトル $(\boldsymbol{i}_0^1, \boldsymbol{j}_0^1, \boldsymbol{k}_0^1)$ は，G-$x_1'y_1'z_1'$ 座標系の単位ベクトル $(\boldsymbol{i}^1, \boldsymbol{j}^1, \boldsymbol{k}^1)$ を G-$x'y'z'$ 座標系で成分表示したものであることがわかる．

（ii）$(\boldsymbol{i}^1, \boldsymbol{j}^1, \boldsymbol{k}^1)$ と $(\boldsymbol{i}^2, \boldsymbol{j}^2, \boldsymbol{k}^2)$ との間の関係 [図 3.7 (b) 参照]

$$\left.\begin{array}{l}\boldsymbol{e}^2=\boldsymbol{e}^1\boldsymbol{T}_\theta \quad \Leftrightarrow \quad \boldsymbol{e}^1=\boldsymbol{e}^2\boldsymbol{T}_\theta^{-1}=\boldsymbol{e}^2\boldsymbol{T}_\theta^T\\ \boldsymbol{T}_\theta=[\boldsymbol{i}_1^2 \ \ \boldsymbol{j}_1^2 \ \ \boldsymbol{k}_1^2]=\begin{bmatrix}C_\theta & 0 & S_\theta\\ 0 & 1 & 0\\ -S_\theta & 0 & C_\theta\end{bmatrix}\end{array}\right\} \tag{3.34}$$

(iii) $(\boldsymbol{i}^2, \boldsymbol{j}^2, \boldsymbol{k}^2)$ と $(\boldsymbol{i}^r, \boldsymbol{j}^r, \boldsymbol{k}^r)$ との間の関係［図 3.7 (c) 参照］

$$\left.\begin{aligned} &\boldsymbol{e}^r=\boldsymbol{e}^2\boldsymbol{T}_\psi \quad \Leftrightarrow \quad \boldsymbol{e}^2=\boldsymbol{e}^r\boldsymbol{T}_\psi{}^{-1}=\boldsymbol{e}^r\boldsymbol{T}_\psi{}^T \\ &\boldsymbol{T}_\psi=[\boldsymbol{i}_2^r\ \boldsymbol{j}_2^r\ \boldsymbol{k}_2^r]=\begin{bmatrix} C_\psi & -S_\psi & 0 \\ S_\psi & C_\psi & 0 \\ 0 & 0 & 1 \end{bmatrix} \end{aligned}\right\} \tag{3.35}$$

以上をまとめると，$(\boldsymbol{i}^0, \boldsymbol{j}^0, \boldsymbol{k}^0)$ と $(\boldsymbol{i}^r, \boldsymbol{j}^r, \boldsymbol{k}^r)$ との間の関係は，次のようになる．

$$\left.\begin{aligned} &\boldsymbol{e}^r=\boldsymbol{e}^0\boldsymbol{T}_\phi\boldsymbol{T}_\theta\boldsymbol{T}_\psi=\boldsymbol{e}^0\boldsymbol{T}, \quad \boldsymbol{T}=\boldsymbol{T}_\phi\boldsymbol{T}_\theta\boldsymbol{T}_\psi \quad \Leftrightarrow \quad \boldsymbol{e}^0=\boldsymbol{e}^r\boldsymbol{T}^{-1}=\boldsymbol{e}^r\boldsymbol{T}^T \\ &\boldsymbol{T}=[\boldsymbol{i}_0^r\ \boldsymbol{j}_0^r\ \boldsymbol{k}_0^r]=\begin{bmatrix} C_\theta C_\phi C_\psi-S_\phi S_\psi & -C_\theta C_\phi S_\psi-S_\phi C_\psi & S_\theta C_\phi \\ C_\theta S_\phi C_\psi+C_\phi S_\psi & -C_\theta S_\phi S_\psi+C_\phi C_\psi & S_\theta S_\phi \\ -S_\theta C_\psi & S_\theta S_\psi & C_\theta \end{bmatrix} \end{aligned}\right\} \tag{3.36}$$

上の関係から明らかなように，$\boldsymbol{T}$ を構成する 3 本の列ベクトル $(\boldsymbol{i}_0^r, \boldsymbol{j}_0^r, \boldsymbol{k}_0^r)$ は，G-$\xi\eta\zeta$ 座標系の単位ベクトル $(\boldsymbol{i}^r, \boldsymbol{j}^r, \boldsymbol{k}^r)$ をそれぞれ G-$x'y'z'$ 座標系で成分表示したものに他ならない．以下，この行列 $\boldsymbol{T}$ の意味と役割について検討する．

まず，任意のベクトル $\boldsymbol{a}^{\mathrm{I}}$ が，G-$x'y'z'$ 座標系で次のように成分表示されているものとする．

$$\boldsymbol{a}^{\mathrm{I}}=a_{x'}^{\mathrm{I}}\boldsymbol{i}^0+a_{y'}^{\mathrm{I}}\boldsymbol{j}^0+a_{z'}^{\mathrm{I}}\boldsymbol{k}^0=\boldsymbol{e}^0\boldsymbol{a}_0^{\mathrm{I}}, \quad \boldsymbol{a}_0^{\mathrm{I}}=(a_{x'}^{\mathrm{I}}, a_{y'}^{\mathrm{I}}, a_{z'}^{\mathrm{I}})^T \tag{3.37}$$

次に，$\boldsymbol{a}^{\mathrm{I}}$ が上記のオイラー角に従って重心 G の回りに回転させられたとする．回転後のベクトルを $\boldsymbol{a}^{\mathrm{II}}$ とすると，ベクトルと一緒に回転する G-$\xi\eta\zeta$ 座標系上で見る限りその座標成分は変化しないので，G-$\xi\eta\zeta$ 座標系では $\boldsymbol{a}^{\mathrm{II}}=\boldsymbol{e}^r\boldsymbol{a}_0^{\mathrm{I}}$ と成分表示される．したがって，式 (3.36) を考慮すると，

$$\boldsymbol{a}^{\mathrm{II}}=\boldsymbol{e}^r\boldsymbol{a}_0^{\mathrm{I}}=\boldsymbol{e}^0\boldsymbol{T}\boldsymbol{a}_0^{\mathrm{I}}=\boldsymbol{e}^0\boldsymbol{a}_0^{\mathrm{II}} \quad \Rightarrow \quad \boldsymbol{a}_0^{\mathrm{II}}=(a_{x'}^{\mathrm{II}}, a_{y'}^{\mathrm{II}}, a_{z'}^{\mathrm{II}})^T=\boldsymbol{T}\boldsymbol{a}_0^{\mathrm{I}} \tag{3.38}$$

この $\boldsymbol{a}_0^{\mathrm{II}}$ は，$\boldsymbol{a}^{\mathrm{I}}$ をオイラー角に従って回転させることによって得られるベクトル $\boldsymbol{a}^{\mathrm{II}}$ を，$\boldsymbol{a}_0^{\mathrm{I}}$ と同一の座標系 (今の場合は G-$x'y'z'$ 座標系) で成分表示したものである．このように，式 (3.36) の行列 $\boldsymbol{T}$ は，任意のベクトルをオイラー角に従って回転させる役割 (ただし，成分表示している座標系は回転の前後で同一) をもっている．そこで，このような行列 $\boldsymbol{T}$ を回転変換行列 (rotation matrix) とよぶ．

式 (3.36) から，回転変換行列 $\boldsymbol{T}$ は次のような性質をもっていることがわかる．

$$\boldsymbol{T}^{-1}=\boldsymbol{T}^T, \quad \det \boldsymbol{T}=1 \tag{3.39}$$

これは $\boldsymbol{T}$ が正規直交行列であることを示している．つまり，$\boldsymbol{T}$ は2つの直交座標系で成分表示されたベクトル間の変換を行う行列であり，その変換によりベクトルの大きさを変えないことを意味している．また，$\boldsymbol{T}^{-1}=\boldsymbol{T}^T$ であるから，$\boldsymbol{T}^T$ は上記とは逆向きの回転変換（$\boldsymbol{a}^{\mathrm{II}}$ を逆向きに回転させて $\boldsymbol{a}^{\mathrm{I}}$ に戻す変換）を表す行列であることがわかる．2つの任意のベクトル $\boldsymbol{a}, \boldsymbol{b}$ およびそれらに回転変換や逆変換を施したベクトル間の内積と外積に関して，明らかに次の関係が成立する．

$$\left.\begin{aligned}&\boldsymbol{Ta}\cdot\boldsymbol{Tb}=\boldsymbol{T}^T\boldsymbol{a}\cdot\boldsymbol{T}^T\boldsymbol{b}=\boldsymbol{a}\cdot\boldsymbol{b}\\&\boldsymbol{Ta}\times\boldsymbol{Tb}=\boldsymbol{T}(\boldsymbol{a}\times\boldsymbol{b}),\quad \boldsymbol{T}^T\boldsymbol{a}\times\boldsymbol{T}^T\boldsymbol{b}=\boldsymbol{T}^T(\boldsymbol{a}\times\boldsymbol{b})\end{aligned}\right\}\tag{3.40}$$

一方，任意のベクトル $\boldsymbol{a}$ が，G-$x'y'z'$ と G-$\xi\eta\zeta$ の両座標系で，それぞれ次のように成分表示されているものとする．

$$\boldsymbol{a}=\boldsymbol{e}^0\boldsymbol{a}_0=\boldsymbol{e}^r\boldsymbol{a}_r,\quad \boldsymbol{a}_0=(a_{x'}, a_{y'}, a_{z'})^T,\quad \boldsymbol{a}_r=(a_\xi, a_\eta, a_\zeta)^T\tag{3.41}$$

したがって，式(3.36)，(3.39)から，

$$\boldsymbol{e}^0\boldsymbol{a}_0=\boldsymbol{e}^0\boldsymbol{T}\boldsymbol{a}_r\quad\Rightarrow\quad\boldsymbol{a}_r=\boldsymbol{T}^{-1}\boldsymbol{a}_0=\boldsymbol{T}^T\boldsymbol{a}_0\tag{3.42}$$

となる．このように，$\boldsymbol{T}^T$ は同一ベクトル $\boldsymbol{a}$ に対する G-$x'y'z'$ 座標系での成分表示 $\boldsymbol{a}_0$ から G-$\xi\eta\zeta$ 座標系での成分表示 $\boldsymbol{a}_r$ への座標変換を行う行列であることがわかる．そこで，この $\boldsymbol{T}^T$ を座標変換行列（transformation matrix）とよぶ．上記の議論から明らかに，回転変換行列と座標変換行列とは互いに転置の関係にある．

なお，式(3.36)に示した回転変換行列 $\boldsymbol{T}$ の具体的な要素表示は，G-$x'y'z'$ から G-$\xi\eta\zeta$ への回転変換を図3.7のオイラー角により表した場合のものであり，他の方法で回転変換を表した場合には，それに対応して異なった要素表示となる．ただし，どのような要素表示を行ったとしても，それが回転変換行列の役割を担うものである限り，式(3.39)，(3.40)の関係は必ず成立する．

〔例題3.9〕 図3.8に示すように，半径 a，質量 m で厚さの無視できる剛体円板の重心Gに，質量の無視できる長さ l の剛体棒が円板に対して垂直に取り付けられている．この系を，棒の他端Oを支持点として，静止座標系O-xyz の z 軸（鉛直軸）から一定角度 θ を保った状態で z 軸回りに一定角速度 ω_1 で回転させる．円板自身もまた，棒を回転軸にして一定角速度 ω_2 で回転させられている．その結果，円板に固定された剛体座標系G-$\xi\eta\zeta$ は，静止座標系O-xyz に対してある瞬間に図示のようなオイラー角 ϕ, θ, ψ で表されるものとする．原点Oを始点とする円板の重心Gの位置ベクトル $\boldsymbol{r}_G$ を，O-xyz 座標系およびG-$\xi\eta\zeta$ 座標系で成分表示した $\boldsymbol{r}_{G0}$ および $\boldsymbol{r}_{Gr}$ を求めよ．

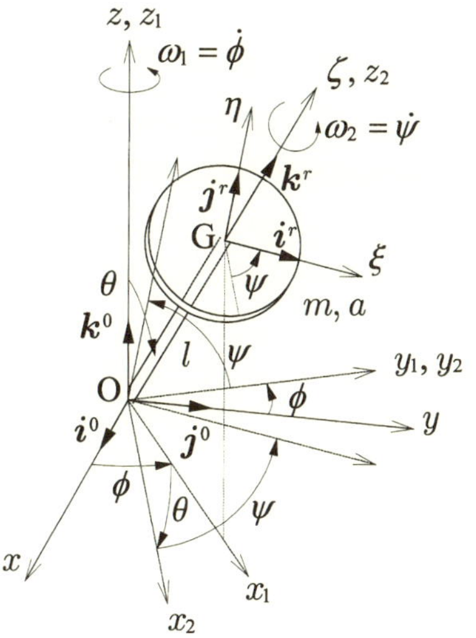

図 3.8 異なる 2 つの軸回りに回転する剛体円板

〔解〕 オイラー角の設定が図 3.7 と同じなので，回転変換行列 $\boldsymbol{T}$ は式(3.36)で与えられる．したがって，$\boldsymbol{r}_{G0}$ および $\boldsymbol{r}_{Gr}$ は次のように求められる．

$$\left.\begin{aligned}&\boldsymbol{r}_G=l\boldsymbol{k}^r=\boldsymbol{e}^r\boldsymbol{r}_{Gr}=\boldsymbol{e}^0\boldsymbol{T}\boldsymbol{r}_{Gr}=\boldsymbol{e}^0\boldsymbol{r}_{G0}\\&\quad\Rightarrow\quad \boldsymbol{r}_{Gr}=(0,0,l)^T,\quad \boldsymbol{r}_{G0}=\boldsymbol{T}\boldsymbol{r}_{Gr}=(lS_\theta C_\phi, lS_\theta S_\phi, lC_\theta)^T\end{aligned}\right\}\tag{a}$$

f. 角速度ベクトル

上記のオイラー角の定義から，剛体の角速度ベクトル $\boldsymbol{\omega}$ は，z' 軸回りの角速度 $\dot{\phi}$，y_1' 軸回りの角速度 $\dot{\theta}$ および z_2' 軸回りの角速度 $\dot{\psi}$ がベクトル的に合成されたものであることがわかる．したがって，

$$\boldsymbol{\omega}=\dot{\phi}\boldsymbol{k}^0+\dot{\theta}\boldsymbol{j}^1+\dot{\psi}\boldsymbol{k}^2\tag{3.43}$$

式(3.33)〜(3.36)の関係を利用して，式(3.43)の角速度ベクトル $\boldsymbol{\omega}$ を G-$x'y'z'$ 座標系および G-$\xi\eta\zeta$ 座標系で成分表示すると，それぞれ次のようになる．

$$\left.\begin{aligned}&\boldsymbol{\omega}=\boldsymbol{e}^0\boldsymbol{\omega}_0=\boldsymbol{e}^r\boldsymbol{T}^T\boldsymbol{\omega}_0=\boldsymbol{e}^r\boldsymbol{\omega}_r\quad\Rightarrow\quad\boldsymbol{\omega}_r=\boldsymbol{T}^T\boldsymbol{\omega}_0\\&\boldsymbol{\omega}_0=\begin{bmatrix}\omega_{x'}\\\omega_{y'}\\\omega_{z'}\end{bmatrix}=\begin{bmatrix}-\dot{\theta}S_\phi+\dot{\psi}S_\theta C_\phi\\\dot{\theta}C_\phi+\dot{\psi}S_\theta S_\phi\\\dot{\phi}+\dot{\psi}C_\theta\end{bmatrix},\quad\boldsymbol{\omega}_r=\begin{bmatrix}\omega_\xi\\\omega_\eta\\\omega_\zeta\end{bmatrix}=\begin{bmatrix}\dot{\theta}S_\psi-\dot{\phi}S_\theta C_\psi\\\dot{\theta}C_\psi+\dot{\phi}S_\theta S_\psi\\\dot{\phi}C_\theta+\dot{\psi}\end{bmatrix}\end{aligned}\right\}\tag{3.44}$$

ただし，上記の $\boldsymbol{T}$ と同様に，式(3.44)の $\boldsymbol{\omega}_0$ や $\boldsymbol{\omega}_r$ についても，オイラー角以

外の回転変換を用いた場合には，それに応じて異なった成分表示になる．

既に述べたように，剛体の運動は重心Gの並進運動と重心G回りの回転運動とによって表すことができる．このうち後者は，任意の瞬間に重心Gを通る角速度ベクトル $\boldsymbol{\omega}$ に平行な軸を回転軸として，$|\boldsymbol{\omega}|=\sqrt{\dot{\theta}^2+\dot{\phi}^2+\dot{\psi}^2+2\dot{\phi}\dot{\psi}C_\theta}$ の大きさの角速度で回転するとみなすことができる．ただし，一般に角速度ベクトル $\boldsymbol{\omega}$ の方向(剛体の回転軸の方向)は時々刻々変化することに注意を要する．

〔例題3.10〕 例題3.9の系において，円板の角速度ベクトル $\boldsymbol{\omega}$ をO-xyz 座標系およびG-$\xi\eta\zeta$ 座標系で成分表示した $\boldsymbol{\omega}_0$ および $\boldsymbol{\omega}_r$ を求めよ．

〔解〕 円板は z 軸回りに角速度 $\omega_1=\dot{\phi}$ (角速度ベクトル $\boldsymbol{\omega}_z$) および ζ 軸回りに角速度 $\omega_2=\dot{\psi}$ (角速度ベクトル $\boldsymbol{\omega}_\zeta$) で回転させられているので，$\boldsymbol{\omega}_0$ および $\boldsymbol{\omega}_r$ は式(3.43)で $\dot{\theta}=0$ とおいた式で与えられる．したがって，

$$\left.\begin{aligned}&\boldsymbol{\omega}_0=\boldsymbol{\omega}_{z0}+\boldsymbol{\omega}_{\zeta 0},\quad \boldsymbol{\omega}_{z0}=(0,0,\omega_1)^T,\quad \boldsymbol{\omega}_{\zeta 0}=(\omega_2 S_\theta C_\phi,\ \omega_2 S_\theta S_\phi,\ \omega_2 C_\theta)^T\\&\boldsymbol{\omega}_r=\boldsymbol{\omega}_{zr}+\boldsymbol{\omega}_{\zeta r},\quad \boldsymbol{\omega}_{zr}=(-\omega_1 S_\theta C_\psi,\ \omega_1 S_\theta S_\psi,\ \omega_1 C_\theta)^T,\ \boldsymbol{\omega}_{\zeta r}=(0,0,\omega_2)^T\end{aligned}\right\}\quad \text{(a)}$$

ここに，$\boldsymbol{\omega}_{z0}$, $\boldsymbol{\omega}_{\zeta 0}$ および $\boldsymbol{\omega}_{zr}$, $\boldsymbol{\omega}_{\zeta r}$ は，$\boldsymbol{\omega}_z$, $\boldsymbol{\omega}_\zeta$ をそれぞれO-xyz 座標系およびG-$\xi\eta\zeta$ 座標系で成分表示したものである．また，$|\boldsymbol{\omega}|=|\boldsymbol{\omega}_0|=|\boldsymbol{\omega}_r|=\sqrt{{\omega_1}^2+{\omega_2}^2+2\omega_1\omega_2 C_\theta}$ は一定である．

g. ベクトルの時間微分公式

重心座標系G-$x'y'z'$ 上で観測される任意のベクトル $\boldsymbol{a}$ の大きさや方向が時間とともに変化しているものとする．すなわち，式(3.41)のようにG-$x'y'z'$ 座標系で成分表示された $\boldsymbol{a}_0$ が時間の関数であるものとする．このとき，G-$x'y'z'$ 座標系の単位ベクトル $(\boldsymbol{i}^0, \boldsymbol{j}^0, \boldsymbol{k}^0)$ は定数ベクトルであるので，G-$x'y'z'$ 座標系上での時間微分はいずれも零ベクトルになる．したがって，G-$x'y'z'$ 座標系上での $\boldsymbol{a}$ の時間微分 $d\boldsymbol{a}/dt=\dot{\boldsymbol{a}}$ をG-$x'y'z'$ 座標系で成分表示したものを $[\dot{\boldsymbol{a}}]_0$ のように表すものとすれば，$[\dot{\boldsymbol{a}}]_0$ は次式のようになる．

$$\left.\begin{aligned}&\frac{d\boldsymbol{a}}{dt}=\dot{\boldsymbol{a}}=\boldsymbol{e}^0[\dot{\boldsymbol{a}}]_0=\dot{a}_{x'}\boldsymbol{i}^0+\dot{a}_{y'}\boldsymbol{j}^0+\dot{a}_{z'}\boldsymbol{k}^0=\boldsymbol{e}^0\dot{\boldsymbol{a}}_0\\&\Rightarrow\quad [\dot{\boldsymbol{a}}]_0=\dot{\boldsymbol{a}}_0,\quad \dot{\boldsymbol{a}}_0=(\dot{a}_{x'},\ \dot{a}_{y'},\ \dot{a}_{z'})^T\end{aligned}\right\}\quad (3.45)$$

この $d\boldsymbol{a}/dt=\dot{\boldsymbol{a}}$ は，G-$x'y'z'$ 座標系上で観測される $\boldsymbol{a}$ の瞬間変化率を意味している．しかも，式(3.45)に示すように，$\dot{\boldsymbol{a}}$ をG-$x'y'z'$ 座標系で成分表示した $[\dot{\boldsymbol{a}}]_0$ は，$\boldsymbol{a}$ をG-$x'y'z'$ 座標系で成分表示した $\boldsymbol{a}_0$ を成分ごとに時間微分した $\dot{\boldsymbol{a}}_0$ に等しくなる．

上記の $\dot{\boldsymbol{a}}$ を，G-$x'y'z'$ 座標系とは異なる座標系で成分表示することも可能である．たとえば，G-$x'y'z'$ 座標系に対して回転している剛体座標系 G-$\xi\eta\zeta$ で成分表示したものを $[\dot{\boldsymbol{a}}]_r$ とすれば，式(3.42)から $[\dot{\boldsymbol{a}}]_0=\dot{\boldsymbol{a}}_0$ との間に次の関係が成立する．

$$\dot{\boldsymbol{a}}=\boldsymbol{e}^0[\dot{\boldsymbol{a}}]_0=\boldsymbol{e}^r\boldsymbol{T}^T[\dot{\boldsymbol{a}}]_0=\boldsymbol{e}^r[\dot{\boldsymbol{a}}]_r \quad\Rightarrow\quad [\dot{\boldsymbol{a}}]_r=\boldsymbol{T}^T[\dot{\boldsymbol{a}}]_0=\boldsymbol{T}^T\dot{\boldsymbol{a}}_0 \tag{3.46}$$

一方，座標変換行列 $\boldsymbol{T}^T$ の要素は一般に時間の関数であるから，$\boldsymbol{a}$ の G-$\xi\eta\zeta$ 座標系での成分表示 $\boldsymbol{a}_r=(a_\xi,\ a_\eta,\ a_\zeta)^T=\boldsymbol{T}^T\boldsymbol{a}_0$ を成分ごとに時間微分した $\dot{\boldsymbol{a}}_r$ は，

$$\dot{\boldsymbol{a}}_r=(\dot{a}_\xi,\ \dot{a}_\eta,\ \dot{a}_\zeta)^T=\dot{\boldsymbol{T}}^T\boldsymbol{a}_0+\boldsymbol{T}^T\dot{\boldsymbol{a}}_0 \tag{3.47}$$

となる．式(3.46)と式(3.47)とを比較すると，$[\dot{\boldsymbol{a}}]_r$ と $\dot{\boldsymbol{a}}_r$ とは $\dot{\boldsymbol{T}}^T\boldsymbol{a}_0$ だけ異なっている(したがって，$[\dot{\boldsymbol{a}}]_r\neq\dot{\boldsymbol{a}}_r$)ので，両者は異なる物理量を表していることがわかる．このように，対象としている物理量がいかなる座標系上で観察された(あるいは観察されるべき)ものであり，それがどのような座標系で成分表示されているのかをよく把握しておかないと，とくに回転座標系で観測される物理量の時間微分を取り扱う際に誤解を生じやすい．そこで，以下では，大きさや方向が変化するベクトルに対する時間微分の物理的意味およびその成分表示について，さらに詳しく検討する．

まず，大きさが一定のベクトル $\boldsymbol{a}$ が，重心座標系 G-$x'y'z'$ に対して角速度 $\boldsymbol{\omega}$ で回転しているものとする．図 3.9 に示すように，$\boldsymbol{\omega}$ と $\boldsymbol{a}$ のなす角度を γ とすれば，微小時間 dt の間にベクトル $\boldsymbol{a}$ の先端は始点に対して，$\boldsymbol{\omega}$ と $\boldsymbol{a}$ がつくる平面に垂直な方向に $(|\boldsymbol{\omega}||\boldsymbol{a}|\sin\gamma)dt=|\boldsymbol{\omega}\times\boldsymbol{a}|dt$ の大きさだけ変化する．この変化

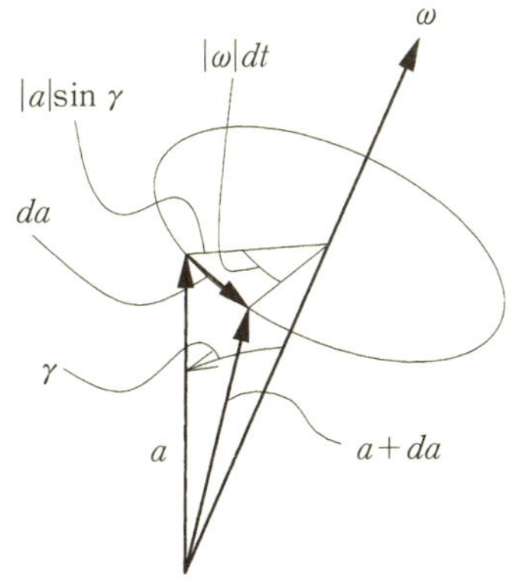

図 3.9 大きさが一定のベクトルの回転

を表すベクトルを $d\boldsymbol{a}$ とすれば，$d\boldsymbol{a}$ は dt の間に G-$x'y'z'$ 上で観測される変化量であり，$\boldsymbol{a}$ の瞬間変化率は次式のように表される．

$$\frac{d\boldsymbol{a}}{dt}=\dot{\boldsymbol{a}}=\boldsymbol{\omega}\times\boldsymbol{a} \tag{3.48}$$

式(3.48)は，大きさが一定のベクトル $\boldsymbol{a}$ が角速度ベクトル $\boldsymbol{\omega}$ で回転しているときの時間微分を表す重要な公式である．ただし，$\dot{\boldsymbol{a}}$ は重心座標系 G-$x'y'z'$ 上で観測される物理量であること，および $\boldsymbol{a}$ の始点に対する先端の瞬間変化率を表していることに注意する必要がある．なお，$\boldsymbol{\omega}$ と $\boldsymbol{a}$ が同一の座標系で成分表示されているとすれば，式(3.48)で計算される $\dot{\boldsymbol{a}}$ もまたその座標系で成分表示されることになる．たとえば，$\dot{\boldsymbol{a}}$ を G-$x'y'z'$ 座標系および G-$\xi\eta\zeta$ 座標系で成分表示した $[\dot{\boldsymbol{a}}]_0$ および $[\dot{\boldsymbol{a}}]_r$ は，式(3.45)，(3.46)をも考慮すれば次のように求められる．

$$\left.\begin{aligned}&\frac{d\boldsymbol{a}}{dt}=\dot{\boldsymbol{a}}=\boldsymbol{e}^0[\dot{\boldsymbol{a}}]_0=\boldsymbol{e}^0\boldsymbol{\omega}_0\times\boldsymbol{e}^0\boldsymbol{a}_0=\boldsymbol{e}^0(\boldsymbol{\omega}_0\times\boldsymbol{a}_0)\ \Rightarrow\ [\dot{\boldsymbol{a}}]_0=\boldsymbol{\omega}_0\times\boldsymbol{a}_0=\dot{\boldsymbol{a}}_0\\&\frac{d\boldsymbol{a}}{dt}=\dot{\boldsymbol{a}}=\boldsymbol{e}^r[\dot{\boldsymbol{a}}]_r=\boldsymbol{e}^r\boldsymbol{\omega}_r\times\boldsymbol{e}^r\boldsymbol{a}_r=\boldsymbol{e}^r(\boldsymbol{\omega}_r\times\boldsymbol{a}_r)\ \Rightarrow\ [\dot{\boldsymbol{a}}]_r=\boldsymbol{\omega}_r\times\boldsymbol{a}_r=\boldsymbol{T}^T\dot{\boldsymbol{a}}_0\end{aligned}\right\} \tag{3.49}$$

次に，$\boldsymbol{a}$ とともに角速度 $\boldsymbol{\omega}$ で回転している剛体座標系 G-$\xi\eta\zeta$ 上で観測される $\boldsymbol{a}$ の瞬間変化率について考える．このとき，$\boldsymbol{a}$ の大きさが一定であるから G-$\xi\eta\zeta$ 座標系での $\boldsymbol{a}$ の成分表示 $\boldsymbol{a}_r$ は定数ベクトルとなり，G-$\xi\eta\zeta$ 座標系上で観測される $\boldsymbol{a}$ の微小時間内での変化量 $d^*\boldsymbol{a}$ は零ベクトルになる．したがって，$\boldsymbol{a}$ とともに回転する G-$\xi\eta\zeta$ 座標系上での $\boldsymbol{a}$ の時間微分(剛体座標系 G-$\xi\eta\zeta$ に対する $\boldsymbol{a}$ の相対的な瞬間変化率)の公式は，次のようになる．

$$\begin{aligned}&\frac{d^*\boldsymbol{a}}{dt}=\boldsymbol{e}^r\left[\frac{d^*\boldsymbol{a}}{dt}\right]_r=\dot{a}_\xi\boldsymbol{i}^r+\dot{a}_\eta\boldsymbol{j}^r+\dot{a}_\zeta\boldsymbol{k}^r=\boldsymbol{e}^r\dot{\boldsymbol{a}}_r=\boldsymbol{0}\\&\qquad\Rightarrow\quad\dot{\boldsymbol{a}}_r=(\dot{a}_\xi,\ \dot{a}_\eta,\ \dot{a}_\zeta)^T=\boldsymbol{0}\end{aligned} \tag{3.50}$$

ここに，d^*/dt は $\boldsymbol{a}$ とともに角速度 $\boldsymbol{\omega}$ で回転する G-$\xi\eta\zeta$ 座標系上での時間微分を表し，その座標系の単位ベクトル$(\boldsymbol{i}^r, \boldsymbol{j}^r, \boldsymbol{k}^r)$を定数ベクトルとみなして成分に対してのみ微分演算を施すことを意味する．したがって，$d^*\boldsymbol{a}/dt$ は G-$\xi\eta\zeta$ 座標系上で観測される物理量であり，$\dot{\boldsymbol{a}}_r$ は $d^*\boldsymbol{a}/dt$ を G-$\xi\eta\zeta$ 座標系で成分表示した $[d^*\boldsymbol{a}/dt]_r$ に相当する．このように，$[\dot{\boldsymbol{a}}]_r$ と $\dot{\boldsymbol{a}}_r(=[d^*\boldsymbol{a}/dt]_r)$ とではその物理的意味がまったく異なっている．

ところで，角速度ベクトル $\boldsymbol{\omega}$ で回転している剛体座標系 G-$\xi\eta\zeta$ の 3 個の単位ベクトル $(\boldsymbol{i}^r, \boldsymbol{j}^r, \boldsymbol{k}^r)$ は上記の $\boldsymbol{a}$ に完全に対応する．したがって，G-$x'y'z'$ 座標系上での $(\boldsymbol{i}^r, \boldsymbol{j}^r, \boldsymbol{k}^r)$ の時間微分は次式となる．

$$\frac{d\boldsymbol{i}^r}{dt}=\boldsymbol{\omega}\times\boldsymbol{i}^r,\quad \frac{d\boldsymbol{j}^r}{dt}=\boldsymbol{\omega}\times\boldsymbol{j}^r,\quad \frac{d\boldsymbol{k}^r}{dt}=\boldsymbol{\omega}\times\boldsymbol{k}^r \tag{3.51}$$

一方，G-$\xi\eta\zeta$ 座標系上での $(\boldsymbol{i}^r, \boldsymbol{j}^r, \boldsymbol{k}^r)$ の時間微分は，次式となる．

$$\frac{d^*\boldsymbol{i}^r}{dt}=\boldsymbol{0},\quad \frac{d^*\boldsymbol{j}^r}{dt}=\boldsymbol{0},\quad \frac{d^*\boldsymbol{k}^r}{dt}=\boldsymbol{0} \tag{3.52}$$

以上の議論に基づいて，大きさと方向が変化するベクトル $\boldsymbol{a}$ の時間微分，とくに G-$x'y'z'$ 座標系上での時間微分と G-$\xi\eta\zeta$ 座標系上での時間微分との間の関係について考えよう．

いま，G-$\xi\eta\zeta$ 座標系が G-$x'y'z'$ 座標系に対して角速度ベクトル $\boldsymbol{\omega}$ で回転しており，さらに，ベクトル $\boldsymbol{a}$ は G-$\xi\eta\zeta$ 座標系に対して大きさと方向が変化しているものとする．このとき，$\boldsymbol{a}$ の G-$\xi\eta\zeta$ 座標系上での成分表示 $\boldsymbol{a}_r$ が時間関数となることに注意して，$\boldsymbol{a}$ を G-$x'y'z'$ 座標系上で時間微分すると次式を得る．

$$\begin{aligned}\frac{d\boldsymbol{a}}{dt}&=\dot{\boldsymbol{a}}=\dot{a}_\xi\boldsymbol{i}^r+\dot{a}_\eta\boldsymbol{j}^r+\dot{a}_\zeta\boldsymbol{k}^r+a_\xi\frac{d\boldsymbol{i}^r}{dt}+a_\eta\frac{d\boldsymbol{j}^r}{dt}+a_\zeta\frac{d\boldsymbol{k}^r}{dt}\\&=\frac{d^*\boldsymbol{a}}{dt}+\boldsymbol{\omega}\times\boldsymbol{a}\end{aligned} \tag{3.53}$$

すなわち，G-$x'y'z'$ 座標系上で観測した $\boldsymbol{a}$ の瞬間変化率である $d\boldsymbol{a}/dt$ は，G-$\xi\eta\zeta$ 座標系上で観測した $\boldsymbol{a}$ の相対的な瞬間変化率 $d^*\boldsymbol{a}/dt$ と，G-$\xi\eta\zeta$ 座標系の回転にともなう瞬間変化率 $\boldsymbol{\omega}\times\boldsymbol{a}$ との和で与えられる．式 (3.53) は，大きさと方向が変化するベクトルの，G-$x'y'z'$ 座標系上での時間微分 $d\boldsymbol{a}/dt$ と，G-$x'y'z'$ 座標系に対して $\boldsymbol{\omega}$ で回転している G-$\xi\eta\zeta$ 座標系上での時間微分 $d^*\boldsymbol{a}/dt$ とを結びつける非常に重要な公式である．

以上により，$\dot{\boldsymbol{a}}$ の G-$x'y'z'$ 座標系上での成分表示 $[\dot{\boldsymbol{a}}]_0$ および G-$\xi\eta\zeta$ 座標系上での成分表示 $[\dot{\boldsymbol{a}}]_r$ は，式 (3.40)，(3.42)，(3.44)～(3.46)，(3.53) から，次のようになる．

$$\left.\begin{aligned}&[\dot{\boldsymbol{a}}]_0=\dot{\boldsymbol{a}}_0=\boldsymbol{T}[\dot{\boldsymbol{a}}]_r=\boldsymbol{T}(\dot{\boldsymbol{a}}_r+\boldsymbol{\omega}_r\times\boldsymbol{a}_r)=\boldsymbol{T}\dot{\boldsymbol{a}}_r+\boldsymbol{\omega}_0\times\boldsymbol{a}_0\\&[\dot{\boldsymbol{a}}]_r=\dot{\boldsymbol{a}}_r+\boldsymbol{\omega}_r\times\boldsymbol{a}_r=\boldsymbol{T}^T[\dot{\boldsymbol{a}}]_0=\boldsymbol{T}^T\dot{\boldsymbol{a}}_0\end{aligned}\right\} \tag{3.54}$$

実際に $\dot{\boldsymbol{a}}$ の成分表示を求めるときには，$\boldsymbol{a}$ や G-$\xi\eta\zeta$ 座標系の運動形態に応じて，式 (3.54) の中で最も考えやすくしかも計算の容易なものを利用すればよい．

なお，式(3.40)，(3.47)，(3.54)から，次式が求められる．

$$\dot{\boldsymbol{T}}^T\boldsymbol{a}_0 = -\boldsymbol{\omega}_r\times\boldsymbol{a}_r = -\boldsymbol{T}^T\boldsymbol{\omega}_0\times\boldsymbol{T}^T\boldsymbol{a}_0 = -\boldsymbol{T}^T(\boldsymbol{\omega}_0\times\boldsymbol{a}_0) \tag{3.55}$$

さらに，$\boldsymbol{T}\boldsymbol{T}^T=\boldsymbol{E} \Rightarrow \dot{\boldsymbol{T}}\boldsymbol{T}^T+\boldsymbol{T}\dot{\boldsymbol{T}}^T=\boldsymbol{0}$（$\boldsymbol{E}$ は単位行列）の関係から，次式を得る．

$$\dot{\boldsymbol{T}}\boldsymbol{a}_r = \dot{\boldsymbol{T}}\boldsymbol{T}^T\boldsymbol{a}_0 = -\boldsymbol{T}\dot{\boldsymbol{T}}^T\boldsymbol{a}_0 = \boldsymbol{T}(\boldsymbol{\omega}_r\times\boldsymbol{a}_r) = \boldsymbol{\omega}_0\times\boldsymbol{a}_0 \tag{3.56}$$

〔例題 3.11〕 例題 3.9 の系において，円板の角加速度ベクトル $\dot{\boldsymbol{\omega}}$ を O-xyz 座標系および G-$\xi\eta\zeta$ 座標系で成分表示した $[\dot{\boldsymbol{\omega}}]_0$ および $[\dot{\boldsymbol{\omega}}]_r$ を求めよ．

〔解〕 式(3.54)の関係，式(d)および θ，$\omega_1=\dot{\phi}$，$\omega_2=\dot{\psi}$ が一定であることを考慮すると，$[\dot{\boldsymbol{\omega}}]_0$ および $[\dot{\boldsymbol{\omega}}]_r$ は，それぞれ次のように求められる．

$$[\dot{\boldsymbol{\omega}}]_0 = \dot{\boldsymbol{\omega}}_0 = (-\omega_1\omega_2S_\theta S_\phi,\ \omega_1\omega_2S_\theta C_\phi,\ 0)^T \tag{a}$$

$$[\dot{\boldsymbol{\omega}}]_r = \dot{\boldsymbol{\omega}}_r + \boldsymbol{\omega}_r\times\boldsymbol{\omega}_r = \dot{\boldsymbol{\omega}}_r = (\omega_1\omega_2S_\theta S_\psi,\ \omega_1\omega_2S_\theta C_\psi,\ 0)^T \tag{b}$$

なお，$[\dot{\boldsymbol{\omega}}]_0=\boldsymbol{T}[\dot{\boldsymbol{\omega}}]_r$ および $[\dot{\boldsymbol{\omega}}]_r=\boldsymbol{T}^T[\dot{\boldsymbol{\omega}}]_0$ の関係が成立していることも容易に確認できる．

（別解） 大きさが一定の ζ 軸回りの角速度ベクトル $\boldsymbol{\omega}_\zeta$ が，z 軸回りの角速度ベクトル $\boldsymbol{\omega}_z$ で回転させられていると考えることができる．したがって，式(3.49)の関係および例題 3.10 式(a)から，次のように例題 3.11 式(a), (b)と同じ結果を得る．

$$[\dot{\boldsymbol{\omega}}]_0 = \boldsymbol{\omega}_{z0}\times\boldsymbol{\omega}_{\zeta 0} = (-\omega_1\omega_2S_\theta S_\phi,\ \omega_1\omega_2S_\theta C_\phi,\ 0)^T$$

$$[\dot{\boldsymbol{\omega}}]_r = \boldsymbol{\omega}_{zr}\times\boldsymbol{\omega}_{\zeta r} = (\omega_1\omega_2S_\theta S_\psi,\ \omega_1\omega_2S_\theta C_\psi,\ 0)^T$$

〔例題 3.12〕 例題 3.9 の系において，円板の重心 G の速度ベクトル $\boldsymbol{v}_G$ と加速度ベクトル $\boldsymbol{\alpha}_G$ を O-xyz 座標系および G-$\xi\eta\zeta$ 座標系で成分表示した $\boldsymbol{v}_{G0}$，$\boldsymbol{\alpha}_{G0}$ および $\boldsymbol{v}_{Gr}$，$\boldsymbol{\alpha}_{Gr}$ を求めよ．

〔解〕 $\boldsymbol{v}_G=\dot{\boldsymbol{r}}_G$, $\boldsymbol{\alpha}_G=\dot{\boldsymbol{v}}_G=\ddot{\boldsymbol{r}}_G$ なので，式(3.54)の関係，例題 3.9 式(a)，例題 3.10 式(a)および l，θ，$\omega_1=\dot{\phi}$，$\omega_2=\dot{\psi}$ が一定であることを考慮すると，$\boldsymbol{v}_{G0}$, $\boldsymbol{\alpha}_{G0}$ および $\boldsymbol{v}_{Gr}$，$\boldsymbol{\alpha}_{Gr}$ はそれぞれ次のように求められる．

$$\left.\begin{aligned}
\boldsymbol{v}_{G0} &= [\dot{\boldsymbol{r}}_G]_0 = \dot{\boldsymbol{r}}_{G0} = (-l\omega_1S_\theta S_\phi,\ l\omega_1S_\theta C_\phi,\ 0)^T\\
\boldsymbol{\alpha}_{G0} &= [\dot{\boldsymbol{v}}_G]_0 = \dot{\boldsymbol{v}}_{G0} = (-l\omega_1^2S_\theta C_\phi,\ -l\omega_1^2S_\theta S_\phi,\ 0)^T
\end{aligned}\right\} \tag{a}$$

$$\left.\begin{aligned}
\boldsymbol{v}_{Gr} &= [\dot{\boldsymbol{r}}_G]_r = \dot{\boldsymbol{r}}_{Gr} + \boldsymbol{\omega}_r\times\boldsymbol{r}_{Gr} = (-\omega_1S_\theta C_\psi,\ \omega_1S_\theta S_\psi,\ \omega_1C_\theta+\omega_2)^T\times(0,\ 0,\ l)^T\\
&= (l\omega_1S_\theta S_\psi,\ l\omega_1S_\theta C_\psi,\ 0)^T\\
\boldsymbol{\alpha}_{Gr} &= [\dot{\boldsymbol{v}}_G]_r = \dot{\boldsymbol{v}}_{Gr} + \boldsymbol{\omega}_r\times\boldsymbol{v}_{Gr} = (l\omega_1\omega_2S_\theta C_\psi,\ -l\omega_1\omega_2S_\theta S_\psi,\ 0)^T\\
&\quad +(-\omega_1S_\theta C_\psi,\ \omega_1S_\theta S_\psi,\ \omega_1C_\theta+\omega_2)^T\times(l\omega_1S_\theta S_\psi,\ l\omega_1S_\theta C_\psi,\ 0)^T\\
&= (-l\omega_1^2S_\theta C_\theta C_\psi,\ l\omega_1^2S_\theta C_\theta S_\psi,\ -l\omega_1^2S_\theta^2)^T
\end{aligned}\right\} \tag{b}$$

式(a)，(b)から，$\boldsymbol{v}_{G0}=\boldsymbol{T}\boldsymbol{v}_{Gr}$，$\boldsymbol{\alpha}_{G0}=\boldsymbol{T}\boldsymbol{\alpha}_{Gr}$ の関係が成立していることが確認できる．

（別解） 大きさが一定の位置ベクトル $\boldsymbol{r}_G$ が角速度ベクトル $\boldsymbol{\omega}_z$ で回転させられているので，

$$\boldsymbol{v}_G = \dot{\boldsymbol{r}}_G = \boldsymbol{\omega}_z\times\boldsymbol{r}_G \quad\Rightarrow\quad \boldsymbol{v}_{G0} = \boldsymbol{\omega}_{z0}\times\boldsymbol{r}_{G0},\quad \boldsymbol{v}_{Gr} = \boldsymbol{\omega}_{zr}\times\boldsymbol{r}_{Gr}$$

また，大きさ一定の速度ベクトル $\boldsymbol{v}_G$ が角速度ベクトル $\boldsymbol{\omega}_z$ で回転させられているので，

$$\boldsymbol{\alpha}_G = \dot{\boldsymbol{v}}_G = \boldsymbol{\omega}_z \times \boldsymbol{v}_G \quad \Rightarrow \quad \boldsymbol{\alpha}_{G0} = \boldsymbol{\omega}_{z0} \times \boldsymbol{v}_{G0}, \quad \boldsymbol{\alpha}_{Gr} = \boldsymbol{\omega}_{zr} \times \boldsymbol{v}_{Gr}$$

となる．これらの関係式からも式(g)，(h)と同じ結果が求められる(各自確認せよ)．

h. 角運動量の具体的表現(慣性テンソルの導入)

以上の準備のもとで，式(3.30)の角運動量ベクトル $\boldsymbol{L}'$ を，剛体の回転運動を代表する物理量である角速度ベクトル $\boldsymbol{\omega}$ を用いて表現する．

まず，式(3.30)中の $\dot{\boldsymbol{r}}'$ は，剛体内における任意の点の重心座標系 G-$x'y'z'$ に対する相対速度を表す．剛体の場合，$\dot{\boldsymbol{r}}'$ は大きさが一定のベクトル $\boldsymbol{r}'$ が角速度ベクトル $\boldsymbol{\omega}$ で回転することによって発生するので，式(3.48)から次式のようになる．

$$\dot{\boldsymbol{r}}' = \boldsymbol{\omega} \times \boldsymbol{r}' \tag{3.57}$$

したがって，ベクトル3重積の公式から，次式を得る．

$$\boldsymbol{L}' = \int_V \boldsymbol{r}' \times (\boldsymbol{\omega} \times \boldsymbol{r}') dm = \int_V \{(\boldsymbol{r}' \cdot \boldsymbol{r}')\boldsymbol{\omega} - (\boldsymbol{r}' \cdot \boldsymbol{\omega})\boldsymbol{r}'\} dm \tag{3.58}$$

式(3.58)の $\boldsymbol{L}'$ は G-$x'y'z'$ 座標系上で観測される物理量で，一般に時間の関数である．ところが，$\boldsymbol{r}'$ を G-$\xi\eta\zeta$ 座標系で成分表示したものを，

$$\boldsymbol{r}' = \xi \boldsymbol{i}^r + \eta \boldsymbol{j}^r + \zeta \boldsymbol{k}^r = \boldsymbol{e}^r \boldsymbol{r}'_r, \quad \boldsymbol{r}'_r = (\xi, \eta, \zeta)^T \tag{3.59}$$

とすると，$\boldsymbol{r}'_r$ は時間の関数ではないので，$\boldsymbol{L}'$ 自身も G-$\xi\eta\zeta$ 座標系で成分表示する方が計算手続きの面で有利である．そのためには，$\boldsymbol{r}'$ および $\boldsymbol{\omega}$ を G-$\xi\eta\zeta$ 座標系で成分表示した $\boldsymbol{r}'_r$ および $\boldsymbol{\omega}_r$ を式(3.58)に代入し，その成分を計算すればよい．結果は次のようになる．

$$\begin{aligned}\boldsymbol{L}' &= \int_V [\{(\eta^2+\zeta^2)\omega_\xi - \xi\eta\omega_\eta - \zeta\xi\omega_\zeta\}\boldsymbol{i}^r + \{-\xi\eta\omega_\xi + (\zeta^2+\xi^2)\omega_\eta - \eta\zeta\omega_\zeta\}\boldsymbol{j}^r \\ &\quad + \{-\zeta\xi\omega_\xi - \eta\zeta\omega_\eta + (\xi^2+\eta^2)\omega_\zeta\}\boldsymbol{k}^r] dm \\ &= \boldsymbol{e}^r \boldsymbol{I}_r \boldsymbol{\omega}_r = \boldsymbol{e}^r \boldsymbol{L}'_r \quad \Rightarrow \quad \boldsymbol{L}'_r = \boldsymbol{I}_r \boldsymbol{\omega}_r\end{aligned} \tag{3.60}$$

ここに，$\boldsymbol{I}_r$ は慣性テンソル(inertia tensor)とよばれる3次の対称行列であり，

$$\left.\boldsymbol{I}_r = \begin{bmatrix} I_\xi & -I_{\xi\eta} & -I_{\zeta\xi} \\ -I_{\xi\eta} & I_\eta & -I_{\eta\zeta} \\ -I_{\zeta\xi} & -I_{\eta\zeta} & I_\zeta \end{bmatrix}, \quad \begin{matrix} I_\xi = \int_V (\eta^2+\zeta^2) dm & I_{\xi\eta} = \int_V \xi\eta dm \\ I_\eta = \int_V (\zeta^2+\xi^2) dm, & I_{\eta\zeta} = \int_V \eta\zeta dm \\ I_\zeta = \int_V (\xi^2+\eta^2) dm & I_{\zeta\xi} = \int_V \zeta\xi dm \end{matrix}\right\} \tag{3.61}$$

で与えられる．この対角要素 I_ξ, I_η, I_ζ を慣性モーメント (moment of inertia)，非対角要素 $I_{\xi\eta}, I_{\eta\zeta}, I_{\zeta\xi}$ を慣性乗積 (product of inertia) とよぶ．式 (3.61) の定義からわかるように，慣性テンソルは剛体の密度と形状から定められる物理量であり，剛体に固定された G-$\xi\eta\zeta$ 座標系で要素表示するとその要素はすべて定数となる．

次に，$\boldsymbol{L}'$ の G-$x'y'z'$ 座標系での成分表示は，式 (3.36)，(3.44)，(3.60) から，

$$\boldsymbol{L}'=\boldsymbol{e}^r\boldsymbol{L}'_r=\boldsymbol{e}^0\boldsymbol{T}\boldsymbol{I}_r\boldsymbol{T}^T\boldsymbol{\omega}_0=\boldsymbol{e}^0\boldsymbol{L}'_0 \;\Rightarrow\; \boldsymbol{L}'_0=\boldsymbol{I}_0\boldsymbol{\omega}_0,\quad \boldsymbol{I}_0=\boldsymbol{T}\boldsymbol{I}_r\boldsymbol{T}^T \tag{3.62}$$

となる．式 (3.62) 中の $\boldsymbol{I}_0=\boldsymbol{T}\boldsymbol{I}_r\boldsymbol{T}^T$ は，慣性テンソルの要素の G-$\xi\eta\zeta$ 座標系から G-$x'y'z'$ 座標系への座標変換則を表す．剛体が回転運動を行っているとき，回転変換行列 $\boldsymbol{T}$ の要素は時間関数となるので，G-$x'y'z'$ 座標系で要素表示された慣性テンソル $\boldsymbol{I}_0$ の要素もまた時間関数となる．

i.　平行軸の定理

いま，図 3.10 に示すように，任意の点 Q を原点とする剛体座標系 G-$\xi\eta\zeta$ に平行な座標系を Q-$\bar{\xi}\bar{\eta}\bar{\zeta}$ とし，この座標系で剛体重心 G および微小質量 dm の位置ベクトルがそれぞれ $\bar{\boldsymbol{r}}_{Gr}=(\bar{\xi}_G, \bar{\eta}_G, \bar{\zeta}_G)^T$ および $\bar{\boldsymbol{r}}_r=(\bar{\xi}, \bar{\eta}, \bar{\zeta})^T$ と成分表示されているものとする．このとき，次の関係が成立する．

$$\bar{\boldsymbol{r}}_r=\boldsymbol{r}'_r+\bar{\boldsymbol{r}}_{Gr} \;\Rightarrow\; \bar{\xi}=\xi+\bar{\xi}_G,\quad \bar{\eta}=\eta+\bar{\eta}_G,\quad \bar{\zeta}=\zeta+\bar{\zeta}_G \tag{3.63}$$

また，$\boldsymbol{r}'_r=(\xi, \eta, \zeta)^T$ は剛体重心からみた微小質量 dm の位置ベクトルであるから，

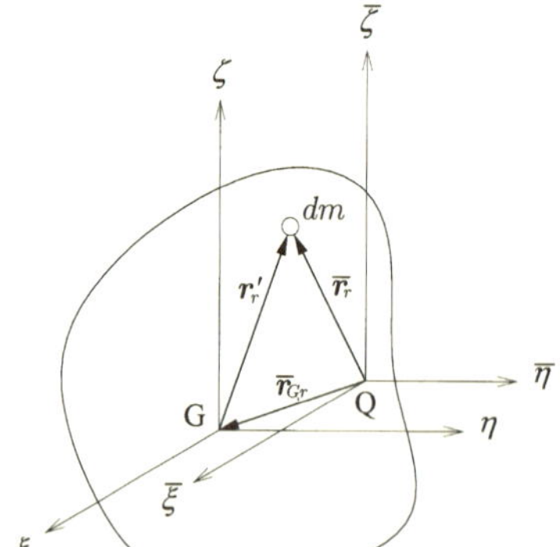

図 3.10　平行軸の定理

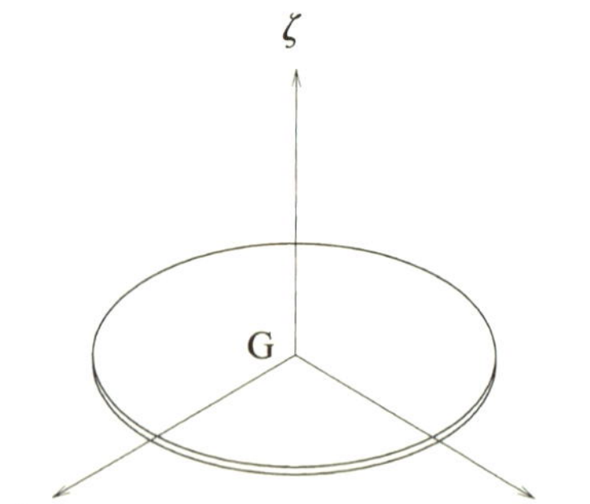

図 3.11　薄板の直交軸定理

$$\int_V \boldsymbol{r}' dm = \int_V \boldsymbol{r}'_r dm = \boldsymbol{0} \ \Rightarrow \ \int_V \xi dm = 0, \ \int_V \eta dm = 0, \ \int_V \zeta dm = 0 \tag{3.64}$$

が成立する．したがって，Q-$\bar{\xi}\bar{\eta}\bar{\zeta}$ 座標系で要素表示した慣性テンソルを $\bar{\boldsymbol{I}}_r$ とすれば，その要素は次のようにして求められる．

まず，慣性モーメントのうちの $I_{\bar{\xi}}$ は次式となる．

$$\left.\begin{aligned} I_{\bar{\xi}} &= \int_V (\bar{\eta}^2 + \bar{\zeta}^2) dm = \int_V \{(\eta + \bar{\eta}_G)^2 + (\zeta + \bar{\zeta}_G)^2\} dm \\ &= \int_V (\eta^2 + \zeta^2) dm + 2\bar{\eta}_G \int_V \eta dm + 2\bar{\zeta}_G \int_V \zeta dm + (\bar{\eta}_G{}^2 + \bar{\zeta}_G{}^2) \int_V dm \\ &= I_\xi + M(\bar{\eta}_G{}^2 + \bar{\zeta}_G{}^2) \end{aligned}\right\} \tag{3.65}$$

次に，慣性乗積のうちの $I_{\bar{\xi}\bar{\eta}}$ は次式となる．

$$\left.\begin{aligned} I_{\bar{\xi}\bar{\eta}} &= \int_V \bar{\xi}\bar{\eta} dm = \int_V (\xi + \bar{\xi}_G)(\eta + \bar{\eta}_G) dm \\ &= \int_V \xi\eta dm + \bar{\xi}_G \int_V \eta dm + \bar{\eta}_G \int_V \xi dm + \bar{\xi}_G \bar{\eta}_G \int_V dm \\ &= I_{\xi\eta} + M\bar{\xi}_G \bar{\eta}_G \end{aligned}\right\} \tag{3.66}$$

他の要素についても同様の計算を行うことにより，$\bar{\boldsymbol{I}}_r$ と $\boldsymbol{I}_r$ との間の関係は次式のようになる．

$$\bar{\boldsymbol{I}}_r = \boldsymbol{I}_r + \boldsymbol{G}_r, \quad \boldsymbol{G}_r = M \begin{bmatrix} \bar{\eta}_G{}^2 + \bar{\zeta}_G{}^2 & -\bar{\xi}_G \bar{\eta}_G & -\bar{\zeta}_G \bar{\xi}_G \\ -\bar{\xi}_G \bar{\eta}_G & \bar{\zeta}_G{}^2 + \bar{\xi}_G{}^2 & -\bar{\eta}_G \bar{\zeta}_G \\ -\bar{\zeta}_G \bar{\xi}_G & -\bar{\eta}_G \bar{\zeta}_G & \bar{\xi}_G{}^2 + \bar{\eta}_G{}^2 \end{bmatrix} \tag{3.67}$$

式(3.67)の関係を平行軸の定理 (parallel-axes theorem for inertia tensor) という．なお，導出過程から明らかなように，重心座標系 G-$x'y'z'$ で要素表示した慣性テンソル $\boldsymbol{I}_0$ とそれに平行な座標系（たとえば基準座標系 O-xyz）で要素表示した慣性テンソル $\bar{\boldsymbol{I}}_0$ との間でも，式(3.67)と同様の関係が成立する．

j. 薄板の直交軸定理

図3.11に示すような厚さの無視できる薄板に対して板の面内に ξ 軸および η 軸をとり，板に垂直な軸を ζ 軸とした剛体座標系 G-$\xi\eta\zeta$ を考える．このとき，G-$\xi\eta\zeta$ 座標系に関する薄板の慣性モーメントは，薄板の場合には $\zeta=0$ と考えることができるので，式(3.61)から次のように求められる．

$$I_\xi = \int_V \eta^2 dm, \quad I_\eta = \int_V \xi^2 dm, \quad I_\zeta = \int_V (\xi^2 + \eta^2) dm \tag{3.68}$$

したがって，I_ξ, I_η, I_ζ の間に次の関係が成立する．

$$I_\zeta = I_\xi + I_\eta \tag{3.69}$$

すなわち，薄板に垂直な軸に関する慣性モーメント（これを特に，極慣性モーメントとよぶ）は，薄板面内の直交する2軸に関する慣性モーメントの和に等しい．これを薄板の直交軸定理 (orthogonal-axes theorem for thin plate) という．

k. 慣性主軸および主慣性モーメント

図3.12に示すように，ある剛体座標系 G-$\xi\eta\zeta$ に対して，重心Gを通る任意の軸回りに回転させた新たな剛体座標系を考え，これを G-$\tilde{\xi}\tilde{\eta}\tilde{\zeta}$ とする．また，G-$\xi\eta\zeta$ 座標系から G-$\tilde{\xi}\tilde{\eta}\tilde{\zeta}$ 座標系への回転変換行列を $\boldsymbol{T}_r$, G-$\xi\eta\zeta$ 座標系および G-$\tilde{\xi}\tilde{\eta}\tilde{\zeta}$ 座標系で要素表示した慣性テンソルをそれぞれ $\boldsymbol{I}_r$ および $\tilde{\boldsymbol{I}}_r$ とすれば，式(3.62)を導出した過程とまったく同様の手順に従って，$\boldsymbol{I}_r$ と $\tilde{\boldsymbol{I}}_r$ との間の座標変換則は次のように求められる．

$$\boldsymbol{I}_r = \boldsymbol{T}_r \tilde{\boldsymbol{I}}_r \boldsymbol{T}_r^T \quad \Leftrightarrow \quad \tilde{\boldsymbol{I}}_r = \boldsymbol{T}_r^T \boldsymbol{I}_r \boldsymbol{T}_r \tag{3.70}$$

さて，式(3.70)の関係を線形代数の観点からとらえると，2つの実対称行列 $\boldsymbol{I}_r$ と $\tilde{\boldsymbol{I}}_r$ とは互いに相似行列であり，G-$\tilde{\xi}\tilde{\eta}\tilde{\zeta}$ の選び方次第では $\tilde{\boldsymbol{I}}_r$ を対角化できることを示している．以下，このことを簡単に説明しておこう．

まず，次のような実対称行列 $\boldsymbol{I}_r$ に対する標準実固有値問題を考える．

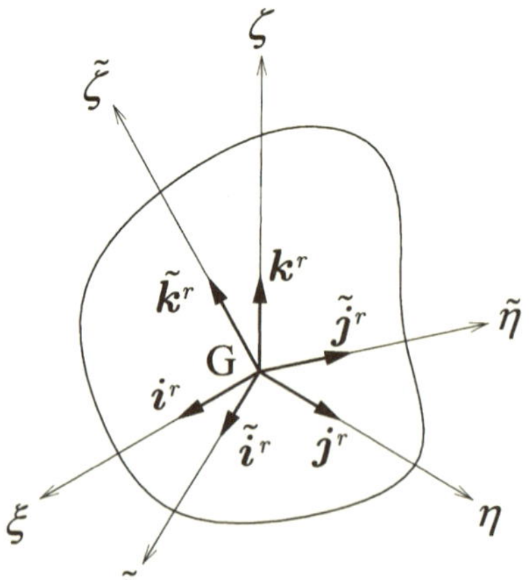

図3.12　慣性主軸

$$[\boldsymbol{I}_r-\lambda\boldsymbol{E}]\boldsymbol{x}=\boldsymbol{0},\quad \boldsymbol{E}=\mathrm{diag}[1,1,1] \ \Rightarrow\ \det[\boldsymbol{I}_r-\lambda\boldsymbol{E}]=0 \tag{3.71}$$

実対称行列の固有値と固有ベクトルはいずれも実数であるので，$\boldsymbol{I}_r$ の3個の実固有値を $I_{\tilde{\xi}}, I_{\tilde{\eta}}, I_{\tilde{\zeta}}$，大きさが1に正規化された実固有ベクトルを $\boldsymbol{x}_{\tilde{\xi}}, \boldsymbol{x}_{\tilde{\eta}}, \boldsymbol{x}_{\tilde{\zeta}}$ とおく．また，実対称行列の実固有ベクトルは互いに直交するので，G-$\xi\eta\zeta$ 座標系からみて互いに直交する $\boldsymbol{x}_{\tilde{\xi}}, \boldsymbol{x}_{\tilde{\eta}}, \boldsymbol{x}_{\tilde{\zeta}}$ の3方向を $\tilde{\xi}$, $\tilde{\eta}$, $\tilde{\zeta}$ 軸とするG-$\tilde{\xi}\tilde{\eta}\tilde{\zeta}$ 座標系を設定する．このとき，$\boldsymbol{x}_{\tilde{\xi}}, \boldsymbol{x}_{\tilde{\eta}}, \boldsymbol{x}_{\tilde{\zeta}}$ は $\tilde{\xi}$, $\tilde{\eta}$, $\tilde{\zeta}$ 軸方向の単位ベクトル $\tilde{\boldsymbol{i}}^r$, $\tilde{\boldsymbol{j}}^r$, $\tilde{\boldsymbol{k}}^r$ をG-$\xi\eta\zeta$ 座標系で成分表示したものであるから，本節のe.項で述べたように，G-$\xi\eta\zeta$ 座標系からG-$\tilde{\xi}\tilde{\eta}\tilde{\zeta}$ 座標系への回転変換行列 $\boldsymbol{T}_r$ は，次式で与えられる．

$$\boldsymbol{T}_r=[\boldsymbol{x}_{\tilde{\xi}}\ \ \boldsymbol{x}_{\tilde{\eta}}\ \ \boldsymbol{x}_{\tilde{\zeta}}] \tag{3.72}$$

また，この $\boldsymbol{T}_r$ によって式(3.70)の座標変換を行うことは，G-$\tilde{\xi}\tilde{\eta}\tilde{\zeta}$ 座標系で慣性テンソル $\tilde{\boldsymbol{I}}_r$ を要素表示することを意味し，結果として $\tilde{\boldsymbol{I}}_r$ は次式のような $\boldsymbol{I}_r$ の3個の実固有値 $I_{\tilde{\xi}}, I_{\tilde{\eta}}, I_{\tilde{\zeta}}$ を対角要素とする対角行列になる．

$$\left.\begin{aligned}&\tilde{\boldsymbol{I}}_r=\mathrm{diag}[I_{\tilde{\xi}}, I_{\tilde{\eta}}, I_{\tilde{\zeta}}]\\&I_{\tilde{\xi}}=\int_V(\tilde{\eta}^2+\tilde{\zeta}^2)dm,\quad I_{\tilde{\eta}}=\int_V(\tilde{\zeta}^2+\tilde{\xi}^2)dm,\quad I_{\tilde{\zeta}}=\int_V(\tilde{\xi}^2+\tilde{\eta}^2)dm\\&I_{\tilde{\xi}\tilde{\eta}}=I_{\tilde{\eta}\tilde{\zeta}}=I_{\tilde{\zeta}\tilde{\xi}}=0\end{aligned}\right\} \tag{3.73}$$

このように，慣性テンソルが対角行列になるような剛体座標系の直交する3軸($\tilde{\xi}$, $\tilde{\eta}$, $\tilde{\zeta}$ 軸)を慣性主軸(principal axes)とよぶ[*注]．また，慣性主軸に関して要素表示したときの3個の慣性モーメント $I_{\tilde{\xi}}, I_{\tilde{\eta}}, I_{\tilde{\zeta}}$ を主慣性モーメント(principal mass moments of inertia)とよぶ．式(3.73)から，主慣性モーメント $I_{\tilde{\xi}}$, $I_{\tilde{\eta}}, I_{\tilde{\zeta}}$ は，いずれも原則として正の実定数になることがわかる．ただし，細長い棒のように，ある主軸回りの剛体の太さが無視できるような場合には，その軸回りの主慣性モーメントは零になる．以下では，座標軸を重心Gを通る慣性主軸に一致させた剛体座標系G-$\tilde{\xi}\tilde{\eta}\tilde{\zeta}$ を剛体主軸座標系とよぶ．

[*注]：どのような形状の剛体であっても，必ず重心Gを通る慣性主軸が存在する．しかも，平行軸の定理で示したように，重心G以外の任意の点Qを原点とする座標系に対して求めた慣性テンソルもまた実対称行列となるので，上記と同様の手続きにより点Qを通る慣性主軸を求めることも可能である．ただし，点Qを通る慣性主軸は重心Gを通る慣性主軸と一般には異なり，両者が互いに平行となるのは，式(3.67)から明らかなように $\bar{\xi}_G$, $\bar{\eta}_G$, $\bar{\zeta}_G$ のうちの少なくとも2つが零でなければならないので，点Qが重心Gを通る慣性主軸上にある場合に限られる．

改めていうまでもなく，任意形状の剛体に対して任意の点を通る慣性主軸を知ることはそれほど容易なことではない．しかしながら，一様で対称な剛体に関しては，一般にその対称軸が重心 G を通る慣性主軸に一致する．このように重心 G を通る慣性主軸があらかじめわかっているような剛体に対しては，まず剛体主軸座標系 G-$\tilde{\xi}\tilde{\eta}\tilde{\zeta}$ で慣性テンソル $\tilde{\boldsymbol{I}}_r$ を計算したのちに，式(3.70)の座標変換則および式(3.67)の平行軸の定理を用いて，必要な座標系の要素表示 $\bar{\boldsymbol{I}}_r$ に変換するのが便利である．その変換則は次式のようにまとめられる．

$$\bar{\boldsymbol{I}}_r = \boldsymbol{T}_r \tilde{\boldsymbol{I}}_r \boldsymbol{T}_r^T + \boldsymbol{G}_r \tag{3.74}$$

なお，座標変換則や平行軸の定理の導出過程から明らかなように，剛体に固定された座標系以外の任意の座標系に対しても，式(3.74)と同様の変換則により慣性テンソルを求めることができる．

〔例題 3.13〕 次の剛体の重心 G を通る慣性主軸に関する慣性テンソル $\tilde{\boldsymbol{I}}_r$ を求めよ．ただし，いずれの剛体も一様で，質量を m とする．

(a) 3 辺の長さが a, b, c の直方体，(b) 半径 a，長さ l の円柱，(c) 半径 a の球

〔解〕 (a) 重心を通り各面に垂直な対称軸 G-$\tilde{\xi}\tilde{\eta}\tilde{\zeta}$ ($\tilde{\xi}, \tilde{\eta}, \tilde{\zeta}$ 軸方向の辺の長さをそれぞれ a, b, c とする)が慣性主軸になる．よって，密度を ρ とすれば，$dm = \rho d\tilde{\xi} d\tilde{\eta} d\tilde{\zeta}$ であるから，

$$I_{\tilde{\zeta}} = \int_V (\tilde{\xi}^2 + \tilde{\eta}^2) dm = \rho \int_{-c/2}^{c/2} \int_{-b/2}^{b/2} \int_{-a/2}^{a/2} (\tilde{\xi}^2 + \tilde{\eta}^2) d\tilde{\xi} d\tilde{\eta} d\tilde{\zeta} = \frac{\rho abc}{12}(a^2 + b^2)$$

$$= \frac{1}{12} m(a^2 + b^2), \quad m = \rho abc$$

となる．また，$I_{\tilde{\xi}}$ と $I_{\tilde{\eta}}$ も同様に求められ，$\tilde{\boldsymbol{I}}_r$ は次のようになる．

$$(\text{直方体}) \quad \tilde{\boldsymbol{I}}_r = m\,\mathrm{diag}\left[\frac{b^2 + c^2}{12}, \frac{c^2 + a^2}{12}, \frac{a^2 + b^2}{12}\right]$$

この結果から，$c \to 0$ とすることによって薄い長方形板の慣性テンソルが，$a \to 0$, $c \to 0$ とすることによって細長い棒の慣性テンソルが求められ，それぞれ次のようになる．

$$(\text{薄い長方形板}) \quad \tilde{\boldsymbol{I}}_r = m\,\mathrm{diag}\left[\frac{b^2}{12}, \frac{a^2}{12}, \frac{a^2 + b^2}{12}\right]$$

$$(\text{細長い棒}) \quad \tilde{\boldsymbol{I}}_r = m\,\mathrm{diag}\left[\frac{b^2}{12}, 0, \frac{b^2}{12}\right]$$

ここに，m はそれぞれ長方形板および棒の質量を表す．

(b) 重心を通る円柱の長手方向に平行な $\tilde{\zeta}$ 軸と，$\tilde{\zeta}$ 軸に垂直な円形断面内の $\tilde{\xi}, \tilde{\eta}$ 軸が慣性主軸になる．明らかに $\tilde{\xi}$ 軸と $\tilde{\eta}$ 軸に関する慣性モーメントは等しい($I_{\tilde{\xi}} = I_{\tilde{\eta}}$)．円柱の慣性テンソルを求めるには，円柱座標($\tilde{r}, \tilde{\theta}, \tilde{\zeta}$)を用いるのが便利である．そ

こで，円柱の密度を ρ として，$\tilde{\xi}=\tilde{r}\cos\tilde{\theta}$，$\tilde{\eta}=\tilde{r}\sin\tilde{\theta}, dm=\rho\tilde{r}d\tilde{r}d\tilde{\theta}d\tilde{\zeta}$ とすれば，$I_{\tilde{\zeta}}$ は次のように求められる．

$$I_{\tilde{\zeta}}=\int_V(\tilde{\xi}^2+\tilde{\eta}^2)dm=\int_{-l/2}^{l/2}\int_0^{2\pi}\int_0^a\tilde{r}^2\rho\tilde{r}d\tilde{r}d\tilde{\theta}d\tilde{\zeta}=\frac{1}{2}\rho\pi a^4 l=\frac{1}{2}ma^2,\quad m=\rho\pi a^2 l$$

また，$I_{\tilde{\xi}}=I_{\tilde{\eta}}$ についても，次のように求められる．

$$I_{\tilde{\xi}}=\int_V(\tilde{\eta}^2+\tilde{\zeta}^2)dm=\int_{-l/2}^{l/2}\int_0^{2\pi}\int_0^a(\tilde{r}^2\cos^2\tilde{\theta}+\tilde{\zeta}^2)\rho\tilde{r}d\tilde{r}d\tilde{\theta}d\tilde{\zeta}$$
$$=\rho\pi a^2 l\left(\frac{1}{4}a^2+\frac{l^2}{12}\right)=m\left(\frac{1}{4}a^2+\frac{l^2}{12}\right)$$

したがって，$\tilde{\boldsymbol{I}}_r$ は次のようになる．

$$(\text{円柱})\quad \tilde{\boldsymbol{I}}_r=m\,\mathrm{diag}\left[\frac{1}{4}a^2+\frac{1}{12}l^2,\frac{1}{4}a^2+\frac{1}{12}l^2,\frac{1}{2}a^2\right]$$

この結果から，$l\to 0$ とすることによって薄い円板の慣性テンソルが次のように求められる．

$$(\text{薄い円板})\quad \tilde{\boldsymbol{I}}_r=m\,\mathrm{diag}\left[\frac{1}{4}a^2,\frac{1}{4}a^2,\frac{1}{2}a^2\right]=\frac{I_p}{2}\mathrm{diag}[1,1,2],\quad I_p=\frac{1}{2}ma^2 \qquad \text{(a)}$$

ここに，m は円板の質量であり，$I_p=ma^2/2$ を円板の極慣性モーメントとよぶ．

(c) 球の場合，重心を通る任意の直交 3 軸が慣性主軸になる．また，明らかに 3 軸に関する慣性モーメントは等しい ($I_{\tilde{\xi}}=I_{\tilde{\eta}}=I_{\tilde{\zeta}}$)．球の慣性テンソルを求めるには，球座標 ($\tilde{r}$, $\tilde{\theta}$, $\tilde{\phi}$) を用いるのが便利である．そこで，球の密度を ρ として，$\tilde{\xi}=\tilde{r}\cos\tilde{\theta}\sin\tilde{\phi}$，$\tilde{\eta}=\tilde{r}\sin\tilde{\theta}\sin\tilde{\phi}$，$\tilde{\zeta}=\tilde{r}\cos\tilde{\phi}$，$dm=\rho\tilde{r}^2\sin\tilde{\phi}d\tilde{r}d\tilde{\theta}d\tilde{\phi}$ とすれば，$I_{\tilde{\zeta}}$ は次のように求められる．

$$I_{\tilde{\zeta}}=\int_V(\tilde{\xi}^2+\tilde{\eta}^2)dm=\int_0^{\pi}\int_0^{2\pi}\int_0^a\tilde{r}^2\sin^2\tilde{\phi}\rho\tilde{r}^2\sin\tilde{\phi}d\tilde{r}d\tilde{\theta}d\tilde{\phi}=\frac{8}{15}\rho\pi a^5$$
$$=\frac{2}{5}ma^2,\quad m=\frac{4}{3}\rho\pi a^3$$

したがって，$\tilde{\boldsymbol{I}}_r$ は次のようになる．

$$(\text{球})\quad \tilde{\boldsymbol{I}}_r=m\,\mathrm{diag}\left[\frac{2}{5}a^2,\frac{2}{5}a^2,\frac{2}{5}a^2\right]$$

〔例題 3.14〕 例題 3.9 の系において，円板の G-$x'y'z'$ 座標系 (O-xyz 座標系の原点を重心 G に平行移動した座標系) に関する慣性テンソル $\boldsymbol{I}_0$ および O-xyz 座標系に関する慣性テンソル $\bar{\boldsymbol{I}}_0$ を求めよ．

〔解〕 G-$\xi\eta\zeta$ 座標系は慣性主軸に一致するので，円板の G-$\xi\eta\zeta$ 座標系に関する慣性テンソル $\boldsymbol{I}_r(=\tilde{\boldsymbol{I}}_r)$ は例題 3.13 の式 (a) で与えられる．また，例題 3.9 の解答で述べたように，O-xyz 座標系 (G-$x'y'z'$ 座標系) から G-$\xi\eta\zeta$ 座標系への回転変換行列 $\boldsymbol{T}$ は式 (3.36) で与えられる．したがって，式 (3.62) の関係を考慮すれば，G-$x'y'z'$ 座標系に関する慣性テンソル $\boldsymbol{I}_0$ は，次のようになる．

$$\boldsymbol{I}_0=\boldsymbol{T}\boldsymbol{I}_r\boldsymbol{T}^T=\frac{I_p}{2}\begin{bmatrix}1+S_\theta{}^2C_\phi{}^2 & S_\theta{}^2S_\phi C_\phi & S_\theta C_\theta C_\phi\\ S_\theta{}^2S_\phi C_\phi & 1+S_\theta{}^2S_\phi{}^2 & S_\theta C_\theta S_\phi\\ S_\theta C_\theta C_\phi & S_\theta C_\theta S_\phi & 1+C_\theta{}^2\end{bmatrix} \quad \text{(a)}$$

また，本節 i. 項で示した平行軸の定理の導出過程と同様の取り扱いにより，$\bar{\boldsymbol{I}}_0=\boldsymbol{I}_0+\boldsymbol{G}_0$ が求められる．さらに，式(3.67)を参考にすれば，$\boldsymbol{r}_{G0}=(lS_\theta C_\phi,\ lS_\theta S_\phi,\ lC_\theta)^T$ であるから $\boldsymbol{G}_0$ は次のようになる．

$$\boldsymbol{G}_0=ml^2\begin{bmatrix}1-S_\theta{}^2C_\phi{}^2 & -S_\theta{}^2S_\phi C_\phi & -S_\theta C_\theta C_\phi\\ -S_\theta{}^2S_\phi C_\phi & 1-S_\theta{}^2S_\phi{}^2 & -S_\theta C_\theta S_\phi\\ -S_\theta C_\theta C_\phi & -S_\theta C_\theta S_\phi & 1-C_\theta{}^2\end{bmatrix}$$

l. 重心座標系で成分表示した剛体の回転に関する運動方程式

剛体の重心回りの回転に関する運動方程式(3.29)を，重心座標系 G-$x'y'z'$ で成分表示すると，次式のようになる．

$$[\dot{\boldsymbol{L}}']_0=\dot{\boldsymbol{L}}_0'=\hat{\boldsymbol{N}}_0' \quad (\because \quad \dot{\boldsymbol{L}}'=\boldsymbol{e}^0[\dot{\boldsymbol{L}}']_0=\boldsymbol{e}^0\dot{\boldsymbol{L}}_0',\quad \hat{\boldsymbol{N}}'=\boldsymbol{e}^0\hat{\boldsymbol{N}}_0') \tag{3.75}$$

ここに，$[\dot{\boldsymbol{L}}_0']$ および $\hat{\boldsymbol{N}}_0'$ は，それぞれ $\boldsymbol{L}'$ の G-$x'y'z'$ 座標系上での時間微分 $\dot{\boldsymbol{L}}'$ および重心 G 回りに作用する外部トルクの総和 $\hat{\boldsymbol{N}}'$ を G-$x'y'z'$ 座標系で成分表示したものである．式(3.45)から，$[\dot{\boldsymbol{L}}']_0$ は $\boldsymbol{L}'$ を G-$x'y'z'$ 座標系で成分表示した $\boldsymbol{L}_0'=\boldsymbol{I}_0\boldsymbol{\omega}_0$ を成分ごとに時間微分した $\dot{\boldsymbol{L}}_0'$ に等しい．また，上記のように $\boldsymbol{T}$, $\boldsymbol{I}_0$ および $\boldsymbol{\omega}_0$ の要素は時間の関数であるから，式(3.62)を考慮すると，$\dot{\boldsymbol{L}}_0'$ は次のように求められる．

$$\dot{\boldsymbol{L}}_0'=\dot{\boldsymbol{I}}_0\boldsymbol{\omega}_0+\boldsymbol{I}_0\dot{\boldsymbol{\omega}}_0=(\dot{\boldsymbol{T}}\tilde{\boldsymbol{I}}_r\boldsymbol{T}^T+\boldsymbol{T}\tilde{\boldsymbol{I}}_r\dot{\boldsymbol{T}}^T)\boldsymbol{\omega}_0+\boldsymbol{I}_0\dot{\boldsymbol{\omega}}_0 \tag{3.76}$$

さらに，$\boldsymbol{\omega}_0$ および $\tilde{\boldsymbol{I}}_r\boldsymbol{T}^T\boldsymbol{\omega}_0$ はそれぞれ G-$x'y'z'$ 座標系および G-$\tilde{\xi}\tilde{\eta}\tilde{\zeta}$ 座標系で成分表示されたベクトルであることに注意して，$\dot{\boldsymbol{T}}^T\boldsymbol{\omega}_0$ および $\dot{\boldsymbol{T}}(\tilde{\boldsymbol{I}}_r\boldsymbol{T}^T\boldsymbol{\omega}_0)$ の項に対してそれぞれ式(3.55)および式(3.56)の関係を適用すると，$\dot{\boldsymbol{L}}_0'$ は次のようになる．

$$\left.\begin{aligned}\dot{\boldsymbol{L}}_0'&=\boldsymbol{T}\boldsymbol{\omega}_r\times(\boldsymbol{T}\tilde{\boldsymbol{I}}_r\boldsymbol{T}^T\boldsymbol{\omega}_0)-\boldsymbol{T}\tilde{\boldsymbol{I}}_r\{\boldsymbol{T}^T(\boldsymbol{\omega}_0\times\boldsymbol{\omega}_0)\}+\boldsymbol{I}_0\dot{\boldsymbol{\omega}}_0\\&=\boldsymbol{I}_0\dot{\boldsymbol{\omega}}_0+\boldsymbol{\omega}_0\times(\boldsymbol{I}_0\boldsymbol{\omega}_0)=\boldsymbol{I}_0\dot{\boldsymbol{\omega}}_0+\boldsymbol{\omega}_0\times\boldsymbol{L}_0'\end{aligned}\right\} \tag{3.77}$$

したがって，式(3.75)は次のように表される．

$$\dot{\boldsymbol{L}}_0'=\boldsymbol{I}_0\dot{\boldsymbol{\omega}}_0+\boldsymbol{\omega}_0\times\boldsymbol{L}_0'=\boldsymbol{I}_0\dot{\boldsymbol{\omega}}_0+\boldsymbol{\omega}_0\times(\boldsymbol{I}_0\boldsymbol{\omega}_0)=\hat{\boldsymbol{N}}_0' \tag{3.78}$$

このように，剛体の重心回りの回転運動に関する方程式を，重心座標系 G-$x'y'z'$ で成分表示すると，慣性テンソル $\boldsymbol{I}_0$ および角速度ベクトル $\boldsymbol{\omega}_0$ の要素がともに時間の関数となるので，取り扱いに注意が必要である．

〔例題 3.15〕 例題 3.9 の系において，題意の運動を実現させるために，支持点 O に反力 $\boldsymbol{F}$ と外部トルク $\boldsymbol{N}$ が与えられている．円板重心の並進と回転に関する運動方程式を G-$x'y'z'$ 座標系上で導出し，$\boldsymbol{F}$ および $\boldsymbol{N}$ を G-$x'y'z'$ 座標系上で成分表示した $\boldsymbol{F}_0$ および $\boldsymbol{N}_0$ を求めよ．

〔解〕 (並進運動) 円板重心 G に作用する外力ベクトルは反力 $\boldsymbol{F}_0$ および重力 $-mg\boldsymbol{k}^0$ の和であり，重心 G の加速度ベクトルは例題 3.12 で求めた $\boldsymbol{\alpha}_{G0}$ である．したがって，円板重心の並進に関する運動方程式から，$\boldsymbol{F}_0$ は次のように求められる．

$$m\boldsymbol{\alpha}_{G0}=\boldsymbol{F}_0-(0,0,mg)^T \quad\Rightarrow\quad \boldsymbol{F}_0=(-ml\omega_1{}^2S_\theta C_\phi,\ -ml\omega_1{}^2S_\theta S_\phi,\ mg)^T \tag{a}$$

(回転運動) 円板重心 G に作用する外部トルク $\hat{\boldsymbol{N}}_0'$ は，反力 $\boldsymbol{F}_0$ のなすモーメント $-\boldsymbol{r}_{G0}\times\boldsymbol{F}_0$ および支持点 O に作用する外部トルク $\boldsymbol{N}_0$ の和で与えられる．したがって，G-$x'y'z'$ 座標系上で成分表示した円板重心の回転に関する運動方程式は，式 (3.78) から次式のようになる．

$$\dot{\boldsymbol{L}}_0'=\boldsymbol{I}_0\dot{\boldsymbol{\omega}}_0+\boldsymbol{\omega}_0\times\boldsymbol{L}_0'=\boldsymbol{N}_0-\boldsymbol{r}_{G0}\times\boldsymbol{F}_0,\quad \boldsymbol{L}_0'=\boldsymbol{I}_0\boldsymbol{\omega}_0$$

上式中の $\boldsymbol{r}_{G0}$ は例題 3.9 式 (a) で，$\boldsymbol{\omega}_0$ は例題 3.10 式 (a) で，$\boldsymbol{I}_0$ は例題 3.14 式 (a) で，$\boldsymbol{F}_0$ は例題 3.15 式 (a) で求められている．これらの関係から，$\boldsymbol{N}_0$ は次のように求められる．

$$\boldsymbol{L}_0'=\boldsymbol{I}_0\boldsymbol{\omega}_0=\frac{I_p}{2}\begin{bmatrix} S_\theta C_\phi(\omega_1C_\theta+2\omega_2)\\ S_\theta S_\phi(\omega_1C_\theta+2\omega_2)\\ (1+C_\theta{}^2)\omega_1+2\omega_2C_\theta\end{bmatrix} \quad\Rightarrow\quad \dot{\boldsymbol{L}}_0'=\frac{I_p}{2}\begin{bmatrix}-S_\theta S_\phi(\omega_1{}^2C_\theta+2\omega_1\omega_2)\\ S_\theta C_\phi(\omega_1{}^2C_\theta+2\omega_1\omega_2)\\ 0\end{bmatrix}$$

$$\boldsymbol{r}_{G0}\times\boldsymbol{F}_0=\begin{bmatrix} mlS_\theta S_\phi(l\omega_1{}^2C_\theta+g)\\ -mlS_\theta C_\phi(l\omega_1{}^2C_\theta+g)\\ 0\end{bmatrix}$$

$$\therefore\quad \boldsymbol{N}_0=\dot{\boldsymbol{L}}_0'+\boldsymbol{r}_{G0}\times\boldsymbol{F}_0=\begin{bmatrix} S_\theta S_\phi\{mgl-I_p\omega_1\omega_2+(ml^2-I_p/2)\omega_1{}^2C_\theta\}\\ -S_\theta C_\phi\{mgl-I_p\omega_1\omega_2+(ml^2-I_p/2)\omega_1{}^2C_\theta\}\\ 0\end{bmatrix} \tag{b}$$

m. 剛体座標系で成分表示した剛体の回転に関する運動方程式

剛体の重心回りの回転運動に関する方程式 (3.29) を，剛体座標系 G-$\xi\eta\zeta$ で成分表示すると，次式のようになる．

$$[\dot{\boldsymbol{L}}']_r=\hat{\boldsymbol{N}}_r' \quad (\because\quad \dot{\boldsymbol{L}}'=\boldsymbol{e}^r[\dot{\boldsymbol{L}}']_r,\quad \hat{\boldsymbol{N}}'=\boldsymbol{e}^r\hat{\boldsymbol{N}}_r') \tag{3.79}$$

ここに，$[\dot{\boldsymbol{L}}']_r$ および $\hat{\boldsymbol{N}}_r'$ は，それぞれ $\boldsymbol{L}'$ の G-$x'y'z'$ 座標系上での時間微分 $\dot{\boldsymbol{L}}'$ および重心 G 回りに作用する外部トルクの総和 $\hat{\boldsymbol{N}}'$ を G-$\xi\eta\zeta$ 座標系で成分表示したものである．また，式 (3.54) の微分公式から，$[\dot{\boldsymbol{L}}']_r$ は次式のように求められる．

$$[\dot{\boldsymbol{L}}']_r = \dot{\boldsymbol{L}}'_r + \boldsymbol{\omega}_r \times \boldsymbol{L}'_r, \quad \boldsymbol{L}'_r = \boldsymbol{I}_r \boldsymbol{\omega}_r \tag{3.80}$$

したがって，式(3.79)は次のように表される．

$$[\dot{\boldsymbol{L}}']_r = \dot{\boldsymbol{L}}'_r + \boldsymbol{\omega}_r \times \boldsymbol{L}'_r = \boldsymbol{I}_r \dot{\boldsymbol{\omega}}_r + \boldsymbol{\omega}_r \times (\boldsymbol{I}_r \boldsymbol{\omega}_r) = \hat{\boldsymbol{N}}'_r \tag{3.81}$$

式(3.78)と式(3.81)とを比較すると，形式的によく一致していることがわかる．しかしながら，式(3.81)において慣性テンソル $\boldsymbol{I}_r$ は時間の関数ではないので，解析の面では式(3.81)の方が有利であることが多い．しかも，剛体座標系 G-$\xi\eta\zeta$ を剛体主軸座標系 G-$\tilde{\xi}\tilde{\eta}\tilde{\zeta}$ に一致させると，慣性テンソル $\tilde{\boldsymbol{I}}_r$ が式(3.73)に示すように対角行列になるので，次式に示すように形式的にはさらに簡単化される．

$$\left.\begin{aligned} I_{\tilde{\xi}}\dot{\omega}_{\tilde{\xi}} - (I_{\tilde{\eta}} - I_{\tilde{\zeta}})\omega_{\tilde{\eta}}\omega_{\tilde{\zeta}} = \hat{N}'_{\tilde{\xi}} \\ I_{\tilde{\eta}}\dot{\omega}_{\tilde{\eta}} - (I_{\tilde{\zeta}} - I_{\tilde{\xi}})\omega_{\tilde{\zeta}}\omega_{\tilde{\xi}} = \hat{N}'_{\tilde{\eta}} \\ I_{\tilde{\zeta}}\dot{\omega}_{\tilde{\zeta}} - (I_{\tilde{\xi}} - I_{\tilde{\eta}})\omega_{\tilde{\xi}}\omega_{\tilde{\eta}} = \hat{N}'_{\tilde{\zeta}} \end{aligned}\right\} \tag{3.82}$$

ここに，$\tilde{\boldsymbol{\omega}}_r = (\omega_{\tilde{\xi}}, \omega_{\tilde{\eta}}, \omega_{\tilde{\zeta}})^T$ および $\hat{\boldsymbol{N}}'_r = (\hat{N}'_{\tilde{\xi}}, \hat{N}'_{\tilde{\eta}}, \hat{N}'_{\tilde{\zeta}})^T$ は，それぞれ $\boldsymbol{\omega}$ および $\hat{\boldsymbol{N}}'$ を剛体主軸座標系 G-$\tilde{\xi}\tilde{\eta}\tilde{\zeta}$ で成分表示したものである．式(3.82)は剛体の重心回りの回転運動を剛体主軸座標系上で記述する最も重要な基礎方程式であり，オイラーの運動方程式(Euler's equations of motion)とよばれる．剛体の一般的な回転運動を考える場合には，オイラーの方程式を利用することが多い．

〔例題 3.16〕 例題3.15と同様に，円板重心の並進と回転に関する運動方程式をG-$\xi\eta\zeta$ 座標系上で導出し，$\boldsymbol{F}$ および $\boldsymbol{N}$ を G-$\xi\eta\zeta$ 座標系上で成分表示した $\boldsymbol{F}_r$ および $\boldsymbol{N}_r$ を求めよ．

〔解〕 (並進運動)円板重心Gに作用する外力ベクトルは反力 $\boldsymbol{F}_r$ および重力 $-mg\boldsymbol{k}^0 = -mg(-S_\theta C_\varphi \boldsymbol{i}^r + S_\theta S_\varphi \boldsymbol{j}^r + C_\theta \boldsymbol{k}^r)$ の和であり，重心Gの加速度ベクトルは例題3.12で求めた $\boldsymbol{\alpha}_{Gr}$ である．したがって，円板重心の並進に関する運動方程式から，$\boldsymbol{F}_r$ は次のように求められる．

$$\left.\begin{aligned} & m\boldsymbol{\alpha}_{Gr} = \boldsymbol{F}_r - mg(-S_\theta C_\varphi, S_\theta S_\varphi, C_\theta)^T \\ & \Rightarrow \quad \boldsymbol{F}_r = \{-mS_\theta C_\varphi(g + l\omega_1{}^2 C_\theta), mS_\theta S_\varphi(g + l\omega_1{}^2 C_\theta), m(gC_\theta - l\omega_1{}^2 S_\theta{}^2)\}^T \end{aligned}\right\} \tag{a}$$

(回転運動) 円板重心Gに作用する外部トルク $\hat{\boldsymbol{N}}'_r$ は，反力 $\boldsymbol{F}_r$ のなすモーメント $-\boldsymbol{r}_{Gr} \times \boldsymbol{F}_r$ および支持点Oに作用する外部トルク $\boldsymbol{N}_r$ の和で与えられる．したがって，G-$\xi\eta\zeta$ 座標系上で成分表示した円板重心の回転に関する運動方程式は，式(3.81)から次式のようになる．

$$\dot{\boldsymbol{L}}'_r + \boldsymbol{\omega}_r \times \boldsymbol{L}'_r = \boldsymbol{N}_r - \boldsymbol{r}_{Gr} \times \boldsymbol{F}_r, \quad \boldsymbol{L}'_r = \boldsymbol{I}_r \boldsymbol{\omega}_r$$

上式中の $\boldsymbol{r}_{Gr}$ は例題3.9式(a)で，$\boldsymbol{\omega}_r$ は例題3.10式(a)で，$\boldsymbol{I}_r$ は例題3.13式(a)で，$\boldsymbol{F}_r$ は例題3.16式(a)で求められている．これらの関係から，$\boldsymbol{N}_r$ は次のように求

められる．

$$\boldsymbol{L}'_r=\boldsymbol{I}_r\boldsymbol{\omega}_r=\frac{I_p}{2}\begin{bmatrix}-\omega_1 S_\theta C_\varphi\\ \omega_1 S_\theta S_\varphi\\ 2(\omega_1 C_\theta+\omega_2)\end{bmatrix}\ \Rightarrow\ \dot{\boldsymbol{L}}'_r+\boldsymbol{\omega}_r\times\boldsymbol{L}'_r=\frac{I_p}{2}\begin{bmatrix}\omega_1 S_\theta S_\varphi(\omega_1 C_\theta+2\omega_2)\\ \omega_1 S_\theta C_\varphi(\omega_1 C_\theta+2\omega_2)\\ 0\end{bmatrix}$$

$$\boldsymbol{r}_{Gr}\times\boldsymbol{F}_r=\begin{bmatrix}-mlS_\theta S_\varphi(l\omega_1{}^2C_\theta+g)\\ -mlS_\theta C_\varphi(l\omega_1{}^2C_\theta+g)\\ 0\end{bmatrix}$$

$$\therefore\quad \boldsymbol{N}_r=\dot{\boldsymbol{L}}'_r+\boldsymbol{\omega}_r\times\boldsymbol{L}'_r+\boldsymbol{r}_{Gr}\times\boldsymbol{F}_r$$

$$=\begin{bmatrix}-S_\theta S_\varphi\{mgl-I_p\omega_1\omega_2+(ml^2-I_p/2)\omega_1{}^2C_\theta\}\\ -S_\theta C_\varphi\{mgl-I_p\omega_1\omega_2+(ml^2-I_p/2)\omega_1{}^2C_\theta\}\\ 0\end{bmatrix}\qquad\text{(a)}$$

例題 3.15 式 (a)，(b)，例題 3.16 (a)，(b) から，$\boldsymbol{F}_0=\boldsymbol{T}\boldsymbol{F}_r$ および $\boldsymbol{N}_0=\boldsymbol{T}\boldsymbol{N}_r$ の関係が成立することを各自確認せよ．

n. 剛体の全運動エネルギー

剛体内の微小質量 dm の運動エネルギーは $dm(\dot{\boldsymbol{r}}\cdot\dot{\boldsymbol{r}})/2$ であり，剛体全体について積分したものを全運動エネルギー T とすれば，$\dot{\boldsymbol{r}}=\dot{\boldsymbol{r}}_G+\dot{\boldsymbol{r}}'$ および $\int_V\dot{\boldsymbol{r}}'dm=\int_V\boldsymbol{\omega}\times\boldsymbol{r}'dm=\boldsymbol{\omega}\times\int_V\boldsymbol{r}'dm=\boldsymbol{0}$ であるから，T は次のように求められる．

$$\left.\begin{aligned}T&=\frac{1}{2}\int_V\dot{\boldsymbol{r}}\cdot\dot{\boldsymbol{r}}dm=\frac{1}{2}\int_V(\dot{\boldsymbol{r}}_G+\dot{\boldsymbol{r}}')\cdot(\dot{\boldsymbol{r}}_G+\dot{\boldsymbol{r}}')dm\\ &=\frac{1}{2}\int_V dm(\dot{\boldsymbol{r}}_G\cdot\dot{\boldsymbol{r}}_G)+\dot{\boldsymbol{r}}_G\cdot\int_V\dot{\boldsymbol{r}}'dm+\frac{1}{2}\int_V\dot{\boldsymbol{r}}'\cdot\dot{\boldsymbol{r}}'dm\\ &=\frac{1}{2}Mv_G{}^2+\frac{1}{2}\int_V\dot{\boldsymbol{r}}'\cdot\dot{\boldsymbol{r}}'dm=T_T+T_R\\ T_T&=\frac{1}{2}Mv_G{}^2,\quad T_R=\frac{1}{2}\int_V\dot{\boldsymbol{r}}'\cdot\dot{\boldsymbol{r}}'dm,\quad M=\int_V dm\\ v_G&=|\dot{\boldsymbol{r}}_G|=\sqrt{\dot{\boldsymbol{r}}_G\cdot\dot{\boldsymbol{r}}_G}\end{aligned}\right\}\qquad(3.83)$$

ここに，T_1 および T_R は，それぞれ剛体重心 G の並進運動に基づく運動エネルギーおよび剛体の重心 G 回りの回転運動に基づく運動エネルギーを表す．式 (3.30)，(3.57) およびスカラー3 重積から，T_R は次のように求められる．

$$\left.\begin{aligned}T_R&=\frac{1}{2}\int_V\boldsymbol{\omega}\cdot(\boldsymbol{r}'\times\dot{\boldsymbol{r}}')dm=\frac{1}{2}\boldsymbol{\omega}\cdot\int_V\boldsymbol{r}'\times(\dot{\boldsymbol{r}}'dm)=\frac{1}{2}\boldsymbol{\omega}\cdot\boldsymbol{L}'\\ &=\frac{1}{2}\boldsymbol{\omega}^T\boldsymbol{L}'=\frac{1}{2}\boldsymbol{\omega}_0^T\boldsymbol{I}_0\boldsymbol{\omega}_0=\frac{1}{2}\boldsymbol{\omega}_r^T\boldsymbol{I}_r\boldsymbol{\omega}_r=\frac{1}{2}\tilde{\boldsymbol{\omega}}_r^T\tilde{\boldsymbol{I}}_r\tilde{\boldsymbol{\omega}}_r\end{aligned}\right\}\qquad(3.84)$$

このように，T_R は成分表示する座標系によらずに一意に定められる．ただし，剛体主軸座標系 G-$\tilde{\xi}\tilde{\eta}\tilde{\zeta}$ の成分表示を用いて計算するのが最も簡単であり，次式のようになる．

$$T_R=\frac{1}{2}\tilde{\boldsymbol{\omega}}_r{}^T\tilde{\boldsymbol{I}}_r\tilde{\boldsymbol{\omega}}_r=\frac{1}{2}(I_{\tilde{\xi}}\omega_{\tilde{\xi}}{}^2+I_{\tilde{\eta}}\omega_{\tilde{\eta}}{}^2+I_{\tilde{\zeta}}\omega_{\tilde{\zeta}}{}^2) \tag{3.85}$$

なお，剛体内では相対運動が起こらないので，内部エネルギーは零である．

〔例題 3.17〕 例題 3.9 の系において，円板の運動エネルギー T を求めよ．

〔解〕 慣性主軸に一致する G-$\xi\eta\zeta$ 座標系で考える．

まず，重心の速度ベクトル $\boldsymbol{v}_{Gr}$ [式 (h)] から，

$$v_G{}^2=\boldsymbol{v}_{Gr}\cdot\boldsymbol{v}_{Gr}=l^2\omega_1{}^2S_\theta{}^2 \quad\Rightarrow\quad T_T=mv_G{}^2/2=ml^2\omega_1{}^2S_\theta{}^2/2$$

また，円板の角速度ベクトル $\boldsymbol{\omega}_r$ [式 (d)] および慣性テンソル $\boldsymbol{I}_r$ [式 (i)] から，

$$T_R=\frac{1}{2}\boldsymbol{\omega}_r^T\boldsymbol{I}_r\boldsymbol{\omega}_r=(I_p/4)\{\omega_1{}^2S_\theta{}^2C_\varphi{}^2+\omega_1{}^2S_\theta{}^2S_\varphi{}^2+2(\omega_1C_\theta+\omega_2)^2\}$$
$$=(I_p/4)\{\omega_1{}^2+2\omega_2{}^2+\omega_1C_\theta(\omega_1C_\theta+4\omega_2)\}$$

となり，$T=T_T+T_R$ で与えられる．

o. 固定軸回りの剛体の運動

図 3.13 に示すように，2 個の単純支持軸受によって空間に固定された軸の回りに回転する質量 M の剛体の運動を考えよう．この剛体の運動は回転軸回りの回転角によって完全に表現できるので，この系は 1 自由度系である．また，その解析には座標軸の 1 つを回転軸に一致させた剛体とともに回転する座標系を用いると便利である．このような座標系を Q-$\bar{\xi}\bar{\eta}\bar{\zeta}$ とし，$\bar{\zeta}$ 軸を回転軸に一致させるものとする．原点 Q は回転軸上に位置するので基準座標系に対して不動である．したがって，Q=O (基準座標系の原点) と考えてよい．また，各座標軸方向の単位ベクトルを $(\boldsymbol{i}^r, \boldsymbol{j}^r, \boldsymbol{k}^r)$ とおくと，$\boldsymbol{k}^r$ は基準座標系に対して一定なベクトルとなる．

回転軸 ($\bar{\zeta}$ 軸) 回りの回転角を ψ とすれば，角速度ベクトル $\boldsymbol{\omega}$ および角加速度ベクトル $\dot{\boldsymbol{\omega}}$ は次のようになる．

$$\boldsymbol{\omega}=\dot{\psi}\boldsymbol{k}^r, \quad \dot{\boldsymbol{\omega}}=\ddot{\psi}\boldsymbol{k}^r \tag{3.86}$$

一方，原点 Q を始点とする剛体の重心 G および剛体内の任意の点 P の位置ベクトルをそれぞれ $\boldsymbol{r}_G$ および $\boldsymbol{r}$ とおくと，これらの点の基準座標系に対する絶対速度ベクトル $\boldsymbol{v}_G$, $\boldsymbol{v}$ および絶対加速度ベクトル $\boldsymbol{a}_G$, $\boldsymbol{a}$ は次式のようになる．

$$\left.\begin{array}{l} \boldsymbol{v}_G=\dot{\boldsymbol{r}}_G=\boldsymbol{\omega}\times\boldsymbol{r}_G, \quad \boldsymbol{a}_G=\ddot{\boldsymbol{r}}_G=\dot{\boldsymbol{\omega}}\times\boldsymbol{r}_G+\boldsymbol{\omega}\times(\boldsymbol{\omega}\times\boldsymbol{r}_G) \\ \boldsymbol{v}=\dot{\boldsymbol{r}}=\boldsymbol{\omega}\times\boldsymbol{r}, \quad \boldsymbol{a}=\ddot{\boldsymbol{r}}=\dot{\boldsymbol{\omega}}\times\boldsymbol{r}+\boldsymbol{\omega}\times(\boldsymbol{\omega}\times\boldsymbol{r}) \end{array}\right\} \tag{3.87}$$

さて，剛体内の $\boldsymbol{r}_i$ の位置に外力 $\boldsymbol{F}_i$ (重心に作用する重力を含む) が，回転軸回りに $\tau\boldsymbol{k}^r$ の駆動トルクが作用しているものとする．さらに，回転軸を空間に固定するために軸受から回転軸に作用する反力を $\boldsymbol{F}_A, \boldsymbol{F}_B$ とする．このとき，剛体の重心 G の並進に関する方程式は，式 (3.27) と同様に次のようになる．

$$M\ddot{\boldsymbol{r}}_G=M\{\dot{\boldsymbol{\omega}}\times\boldsymbol{r}_G+\boldsymbol{\omega}\times(\boldsymbol{\omega}\times\boldsymbol{r}_G)\}=\hat{\boldsymbol{F}}+\boldsymbol{F}_A+\boldsymbol{F}_B, \quad \hat{\boldsymbol{F}}=\sum_i \boldsymbol{F}_i \tag{3.88}$$

一方，剛体の回転運動に関しては，回転軸上に作用する軸受反力 $\boldsymbol{F}_A, \boldsymbol{F}_B$ のモーメントを求めやすい原点 Q 回りの運動について考える．原点 Q を始点とする両軸受 ($\boldsymbol{F}_A, \boldsymbol{F}_B$ の作用点) の位置ベクトルを $\boldsymbol{r}_A=l_A\boldsymbol{k}^r$, $\boldsymbol{r}_B=-l_B\boldsymbol{k}^r$ とすれば，式 (3.12) を導出した過程と同様の手続きを適用することにより，剛体の原点 Q 回りの回転に関する運動方程式が次のように求められる．

$$\dot{\boldsymbol{L}}_Q=\hat{\boldsymbol{N}}_Q+\boldsymbol{r}_A\times\boldsymbol{F}_A+\boldsymbol{r}_B\times\boldsymbol{F}_B+\tau\boldsymbol{k}^r, \quad \hat{\boldsymbol{N}}_Q=\sum_i \boldsymbol{r}_i\times\boldsymbol{F}_i \tag{3.89}$$

ここに，$\boldsymbol{L}_Q$ は剛体の原点 Q に関する角運動量ベクトルであり，次式で与えられる．

$$\boldsymbol{L}_Q=\int_V \boldsymbol{r}\times\boldsymbol{v}dm=\int_V \boldsymbol{r}\times(\boldsymbol{\omega}\times\boldsymbol{r})dm=\int_V \{(\boldsymbol{r}\cdot\boldsymbol{r})\boldsymbol{\omega}-(\boldsymbol{\omega}\cdot\boldsymbol{r})\boldsymbol{r}\}dm \tag{3.90}$$

この $\boldsymbol{L}_Q$ を Q-$\bar{\xi}\bar{\eta}\bar{\zeta}$ 座標系で成分表示したものを $\boldsymbol{L}_{Qr}$ とすれば，式 (3.58) から

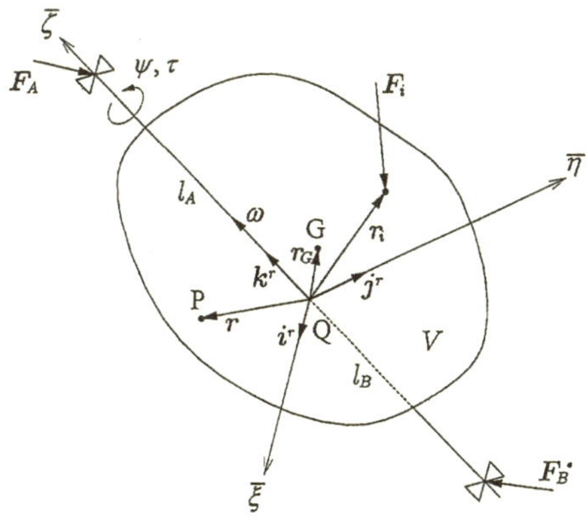

図 3.13 剛体の固定軸回りの回転

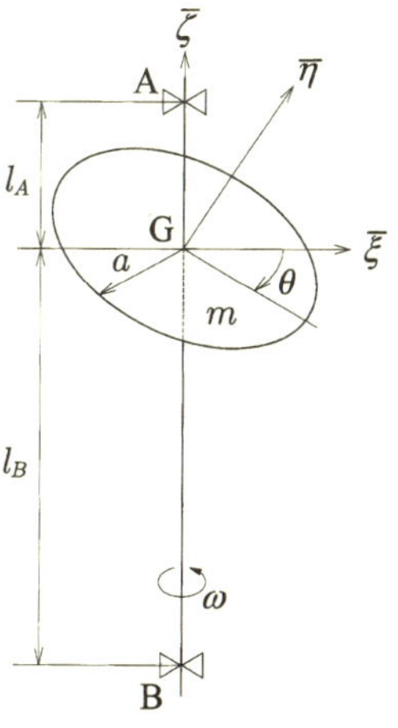

図 3.14 傾いた円板の固定軸回りの回転

式(3.60)までの過程と同様の手続きにより，$\boldsymbol{L}_{Qr}$ は次式のように求められる．

$$\boldsymbol{L}_Q=\boldsymbol{e}^r\overline{\boldsymbol{I}}_r\boldsymbol{\omega}_r=\boldsymbol{e}^r\boldsymbol{L}_{Qr},\quad \boldsymbol{L}_{Qr}=\overline{\boldsymbol{I}}_r\boldsymbol{\omega}_r=(-I_{\bar{\xi}\bar{\zeta}}\dot{\phi},\ -I_{\bar{\eta}\bar{\zeta}}\dot{\phi},\ I_{\bar{\zeta}}\dot{\phi})^T \tag{3.91}$$

ここに，$\overline{\boldsymbol{I}}_r$ は Q-$\bar{\xi}\bar{\eta}\bar{\zeta}$ 座標系で要素表示した慣性テンソルであり，剛体主軸座標系で成分表示した慣性テンソル $\boldsymbol{I}_r$ から，式(3.74)を利用して計算される．また，$\boldsymbol{\omega}_r$ は $\boldsymbol{\omega}$ を Q-$\bar{\xi}\bar{\eta}\bar{\zeta}$ 座標系で成分表示したもので，式(3.86)から $\boldsymbol{\omega}_r=(0, 0, \dot{\phi})^T$ となる．さらに，$\boldsymbol{L}_Q$ の基準座標系に対する時間微分 Q-$\bar{\xi}\bar{\eta}\bar{\zeta}$ を座標系で成分表示した $[\dot{\boldsymbol{L}}_Q]_r$ は，次式のように求められる．

$$[\dot{\boldsymbol{L}}_Q]_r=\dot{\boldsymbol{L}}_{Qr}+\boldsymbol{\omega}_r\times\boldsymbol{L}_{Qr}=\begin{bmatrix}-I_{\bar{\xi}\bar{\zeta}}\ddot{\phi}+I_{\bar{\eta}\bar{\zeta}}\dot{\phi}^2\\-I_{\bar{\eta}\bar{\zeta}}\ddot{\phi}-I_{\bar{\xi}\bar{\zeta}}\dot{\phi}^2\\I_{\bar{\zeta}}\ddot{\phi}\end{bmatrix} \tag{3.92}$$

さて，式(3.88)の $\dot{\boldsymbol{\omega}}\times\boldsymbol{r}_G+\boldsymbol{\omega}\times(\boldsymbol{\omega}\times\boldsymbol{r}_G)$ の $\bar{\zeta}$ 軸方向成分は零となる．さらに，$\boldsymbol{F}_A$ および $\boldsymbol{F}_B$ は回転軸($\bar{\zeta}$ 軸)に作用するので，その原点Q回りのモーメント $\boldsymbol{r}_A\times\boldsymbol{F}_A$ 式および $\boldsymbol{r}_B\times\boldsymbol{F}_B$ の $\bar{\zeta}$ 軸方向成分もまた零となる．したがって，式(3.88)および式(3.89)の $\bar{\zeta}$ 軸方向成分は，それぞれ次式のようになる．

$$\hat{F}_{\bar{\zeta}}+F_{A\bar{\zeta}}+F_{B\bar{\zeta}}=0 \tag{3.93}$$

$$I_{\bar{\zeta}}\ddot{\phi}=\hat{N}_{Q\bar{\zeta}}+\tau \tag{3.94}$$

ここに，$\hat{F}_{\bar{\zeta}}, F_{A\bar{\zeta}}, F_{B\bar{\zeta}}, \hat{N}_{Q\bar{\zeta}}$ はそれぞれ $\hat{\boldsymbol{F}}, \boldsymbol{F}_A, \boldsymbol{F}_B, \hat{\boldsymbol{N}}_Q$ の $\bar{\zeta}$ 軸方向成分を表す．このように，固定軸回りに回転する剛体の運動方程式を座標軸の1つを固定回転軸に一致させた Q-$\bar{\xi}\bar{\eta}\bar{\zeta}$ 座標系で成分表示すると，回転軸方向成分が分離される．これが固定軸回りの剛体の解析に Q-$\bar{\xi}\bar{\eta}\bar{\zeta}$ 座標系を利用する理由の1つである．

式(3.94)には未知の軸受反力が含まれていないので，これを解くことによって ϕ が求められる．さらに，その結果を式(3.88)および(3.89)の $\bar{\xi}$ 軸および $\bar{\eta}$ 軸方向成分に代入することにより，$\boldsymbol{F}_A, \boldsymbol{F}_B$ の $\bar{\xi}$ 軸および $\bar{\eta}$ 軸方向成分が求められる．

〔例題 3.18〕 図3.14に示すように，質量 m，半径 a で厚さの無視できる均質な円板の重心Gが，長さ l_A+l_B で質量の無視できる鉛直な剛体軸に傾き角 θ で取り付けられている．軸が一定角速度 ω で回転するとき，軸受A, Bで回転軸に作用する反力 $\boldsymbol{F}_A$ および $\boldsymbol{F}_B$ を求めよ．

〔解〕 軸の長手方向に $\bar{\zeta}$ 軸を一致させた円板とともに回転する座標系をG-$\bar{\xi}\bar{\eta}\bar{\zeta}$ として，すべての物理量をG-$\bar{\xi}\bar{\eta}\bar{\zeta}$ で成分表示する．また，円板は $\bar{\eta}$ 軸回りに角度 θ だ

け傾けられているものとする．

回転軸上の重心Gは不動であるので，この円板の運動は回転軸回りの回転のみを考えればよい．まず，角速度ベクトルは $\boldsymbol{\omega}_r=(0,0,\omega)^T$，角加速度ベクトルは $\dot{\boldsymbol{\omega}}_r=\mathbf{0}$ となる．また，重心Gを通る慣性主軸に関する円板の慣性テンソル $\boldsymbol{I}_r(=\tilde{I}_r)$ は例題3.13式(a)で与えられるので，G-$\bar{\xi}\bar{\eta}\bar{\zeta}$ 座標系で要素表示した慣性テンソル $\bar{\boldsymbol{I}}_r$ は次式のようになる．

$$\bar{\boldsymbol{I}}_r=\frac{I_p}{2}\begin{bmatrix} C_\theta & 0 & S_\theta \\ 0 & 1 & 0 \\ -S_\theta & 0 & C_\theta \end{bmatrix}\begin{bmatrix} 1 & 0 & 0 \\ 0 & 1 & 0 \\ 0 & 0 & 2 \end{bmatrix}\begin{bmatrix} C_\theta & 0 & -S_\theta \\ 0 & 1 & 0 \\ S_\theta & 0 & C_\theta \end{bmatrix}=\frac{I_p}{2}\begin{bmatrix} 1+S_\theta^2 & 0 & C_\theta S_\theta \\ 0 & 1 & 0 \\ C_\theta S_\theta & 0 & 1+C_\theta^2 \end{bmatrix}$$

したがって，重心Gに関する角運動量ベクトル $\boldsymbol{L}_r$ および $[\dot{\boldsymbol{L}}]_r$ は次式で与えられる．

$$\boldsymbol{L}_r=\bar{\boldsymbol{I}}_r\boldsymbol{\omega}_r=\frac{I_p\omega}{2}\begin{bmatrix} C_\theta S_\theta \\ 0 \\ 1+C_\theta^2 \end{bmatrix},\quad [\dot{\boldsymbol{L}}]_r=\boldsymbol{\omega}_r\times\boldsymbol{L}_r=\frac{I_p\omega^2}{2}\begin{bmatrix} 0 \\ C_\theta S_\theta \\ 0 \end{bmatrix}\quad (\because\quad \dot{\boldsymbol{L}}_r=\mathbf{0})$$

軸受A, Bの位置ベクトルは $\boldsymbol{r}_{Ar}=(0,0,l_A)^T$，$\boldsymbol{r}_{Br}=(0,0,-l_B)^T$ であり，$\boldsymbol{F}_{Ar}=(F_{A\bar{\xi}}, F_{A\bar{\eta}}, F_{A\bar{\zeta}})^T$，$\boldsymbol{F}_{Br}=(F_{B\bar{\xi}}, F_{B\bar{\eta}}, F_{B\bar{\zeta}})^T$ とすれば，円板の回転に関する運動方程式から次式を得る．

$$[\dot{\boldsymbol{L}}]_r=\boldsymbol{r}_{Ar}\times\boldsymbol{F}_{Ar}+\boldsymbol{r}_{Br}+\boldsymbol{F}_{Br}=\begin{bmatrix} -l_AF_{A\bar{\eta}}+l_BF_{B\bar{\eta}} \\ l_AF_{A\bar{\xi}}-l_BF_{B\bar{\xi}} \\ 0 \end{bmatrix}=\frac{I_p\omega^2}{2}\begin{bmatrix} 0 \\ C_\theta S_\theta \\ 0 \end{bmatrix}\tag{a}$$

一方，重力と反力の総和はつりあっているので，

$$(0,0,-mg)^T+\boldsymbol{F}_{Ar}+\boldsymbol{F}_{Br}=\mathbf{0}$$

$$\Rightarrow\quad F_{A\bar{\xi}}+F_{B\bar{\xi}}=F_{A\bar{\eta}}+F_{B\bar{\eta}}=0,\quad F_{A\bar{\zeta}}+F_{B\bar{\zeta}}=mg\tag{b}$$

したがって，式(o), (p)から反力ベクトルのG-$\bar{\xi}\bar{\eta}\bar{\zeta}$ 成分が次のように求められる．

$$F_{A\bar{\xi}}=-F_{B\bar{\xi}}=I_p\omega^2C_\theta S_\theta/2(l_A+l_B),\quad F_{A\bar{\eta}}=F_{B\bar{\eta}}=0,\quad F_{A\bar{\zeta}}+F_{B\bar{\zeta}}=mg$$

このように，慣性主軸以外の軸回りに剛体を回転させると，慣性乗積の影響で軸受に反力が発生する．これを動的不つりあいとよぶ．

p. 対称剛体の運動

主慣性モーメントのうちの2個が等しいような対称剛体の運動を考える際には，空間に固定された座標系や剛体に固定された座標系とは異なる特別な座標系を利用すると便利なことが多い．たとえば，例題3.9の系は対称剛体であり，しかも空間に固定された $z(=z_1)$ 軸回りの回転運動を含んでいるので，O-$x_1y_1z_1$ 座標系またはO-$x_2y_2z_2$ 座標系で運動方程式を表すのが好都合である．このような座標系を用いるとどのような利点があるのかを知るために，ここではすべての物

理量および運動方程式を O-$x_2y_2z_2$ 座標系で成分表示してみよう．ただし，議論に一般性をもたせるために，重心を原点とする剛体主軸座標系で表した剛体の慣性テンソルを $\boldsymbol{I}_r=\mathrm{diag}[I_\xi, I_\xi, I_\zeta]$ とする．

まず，O-xyz 座標系に対して O-$x_2y_2z_2$ 座標系を回転させる角速度ベクトルは $\boldsymbol{\omega}_{z2}=(-\omega_1 S_\theta, 0, \omega_1 C_\theta)^T$ である．したがって，円板の角速度ベクトル $\boldsymbol{\omega}_2$ および角加速度ベクトル $[\dot{\boldsymbol{\omega}}]_2$ は，次式のようになる．

$$\left.\begin{array}{l}\boldsymbol{\omega}_2=(-\omega_1 S_\theta, 0, \omega_1 C_\theta+\omega_2)^T \quad (\because \dot{\boldsymbol{\omega}}_2=[d^*\boldsymbol{\omega}/dt]_2=\boldsymbol{0})\\ [\dot{\boldsymbol{\omega}}]_2=\dot{\boldsymbol{\omega}}_2+\boldsymbol{\omega}_{z2}\times\boldsymbol{\omega}_2=\boldsymbol{\omega}_{z2}\times\boldsymbol{\omega}_2=(0, \omega_1\omega_2 S_\theta, 0)^T\end{array}\right\} \tag{3.95}$$

次に，円板の重心 G の位置ベクトル $\boldsymbol{r}_{G2}$，基準座標系に対する絶対速度ベクトル $\boldsymbol{v}_{G2}$ および絶対加速度ベクトル $\boldsymbol{\alpha}_{G2}$ は，それぞれ次式のようになる．

$$\left.\begin{array}{l}\boldsymbol{r}_{G2}=(0, 0, l)^T \quad (\because \dot{\boldsymbol{r}}_{G2}=[d^*\boldsymbol{r}_G/dt]_2=\boldsymbol{0})\\ \boldsymbol{v}_{G2}=\dot{\boldsymbol{r}}_{G2}+\boldsymbol{\omega}_{z2}\times\boldsymbol{r}_{G2}=\boldsymbol{\omega}_{z2}\times\boldsymbol{r}_{G2}=(0, l\omega_1 S_\theta, 0)^T\\ \qquad (\because \dot{\boldsymbol{v}}_{G2}=[d^*\boldsymbol{v}_G/dt]_2=\boldsymbol{0})\\ \boldsymbol{\alpha}_{G2}=\dot{\boldsymbol{v}}_{G2}+\boldsymbol{\omega}_{z2}\times\boldsymbol{v}_{G2}=\boldsymbol{\omega}_{z2}\times\boldsymbol{v}_{G2}=(-l\omega_1^2 S_\theta C_\theta, 0, -l\omega_1^2 S_\theta^2)^T\end{array}\right\} \tag{3.96}$$

さらに，O-$x_2y_2z_2$ 座標系に関する円板の慣性テンソル $\boldsymbol{I}_2$ は次のように求められる．

$$\left.\begin{array}{l}\boldsymbol{I}_2=\boldsymbol{T}_\phi\boldsymbol{I}_r\boldsymbol{T}_\phi^T+\boldsymbol{G}_2=\mathrm{diag}[I_\xi+ml^2, I_\xi+ml^2, I_\zeta]\\ \boldsymbol{G}_2=\mathrm{diag}[ml^2, ml^2, 0]\end{array}\right\} \tag{3.97}$$

したがって，支持点 O に関する円板の角運動量ベクトル $\boldsymbol{L}_2$ は次式となる．

$$\begin{array}{l}\boldsymbol{L}_2=\boldsymbol{I}_2\boldsymbol{\omega}_2=\{-(I_\xi+ml^2)\omega_1 S_\theta, 0, I_\zeta(\omega_1 C_\theta+\omega_2)\}^T\\ \qquad (\because \dot{\boldsymbol{L}}_2=[d^*\boldsymbol{L}/dt]_2=\boldsymbol{0})\end{array} \tag{3.98}$$

以上により，支持点 O に作用する反力を $\boldsymbol{F}_2$ とすれば，円板重心の並進に関する運動方程式から，$\boldsymbol{F}_2$ は次のように求められる．

$$\left.\begin{array}{l}m\boldsymbol{\alpha}_{G2}=\boldsymbol{F}_2+mg(S_\theta, 0, -C_\theta)^T\\ \quad\Rightarrow\quad \boldsymbol{F}_2=(-ml\omega_1^2 S_\theta C_\theta-mgS_\theta, 0, -ml\omega_1^2 S_\theta^2+mgC_\theta)^T\end{array}\right\} \tag{3.99}$$

さらに，O-$x_1y_1z_1$ 座標系で成分表示した反力を $\boldsymbol{F}_1$ とすると，

$$\boldsymbol{F}_1=\boldsymbol{T}_\theta\boldsymbol{F}_2=(-ml\omega_1^2 S_\theta, 0, mg)^T \tag{3.100}$$

一方，支持点 O に作用する外部トルクを $\boldsymbol{N}_2$ とすれば，支持点 O 回りの回転に関する運動方程式から，$\boldsymbol{N}_2$ は次のように求められる．

$$\left.\begin{aligned}[\dot{\boldsymbol{L}}]_2&=\dot{\boldsymbol{L}}_2+\boldsymbol{\omega}_{z2}\times\boldsymbol{L}_2=\boldsymbol{\omega}_{z2}\times\boldsymbol{L}_2=\boldsymbol{N}_2+\boldsymbol{r}_{G2}\times mg(S_\theta,0,-C_\theta)^T\\ \Rightarrow\quad \boldsymbol{N}_2&=\boldsymbol{\omega}_{z2}\times\boldsymbol{L}_2-\boldsymbol{r}_{G2}\times mg(S_\theta,0,-C_\theta)^T\\ &=[0,\{\omega_1^2(I_\zeta-I_\xi-ml^2)C_\theta+\omega_1\omega_2I_\zeta-mgl\}S_\theta,0]^T\end{aligned}\right\}\quad(3.101)$$

このように，O-$x_1y_1z_1$ 座標系または O-$x_2y_2z_2$ 座標系で成分表示すると，運動方程式を記述するのに必要な物理量が一定値となり，計算が容易になることが多い．これがこのような座標系を用いる第1の利点である．さらに，上記のような運動を実現するために必要な反力と外部トルクの物理的意味も明確に理解できる．すなわち，支持点Oに作用する反力 $\boldsymbol{F}_1$ は，円板の重力に対する反力 $mg\boldsymbol{k}^1$ と回転座標系 O-$x_1y_1z_1$ で重心に現れる遠心力に対する反力 $-ml\omega_1^2S_\theta\boldsymbol{i}^1$ の合力であることがわかる．一方，支持点Oに作用する外部トルク $\boldsymbol{N}_2$ は，重力のなす支持点O回りのモーメントに対抗するトルク $-mglS_\theta\boldsymbol{j}^2$ と大きさが一定の角運動量ベクトル $\boldsymbol{L}_2$ を $\boldsymbol{\omega}_{z2}$ で回転させるために必要なトルク $\boldsymbol{\omega}_{z2}\times\boldsymbol{L}_2=\{\omega_1^2(I_\zeta-I_\xi-ml^2)C_\theta+\omega_1\omega_2I_\zeta\}S_\theta\boldsymbol{j}^2$ とからなっており，これらはいずれも $y_2(=y_1)$ 軸回りに作用する．なお，固定軸回りに一定角速度 ω_1 で回転する座標系で表現すると反力や外部トルクが一定ベクトルになるということは，静止座標系で見れば角速度 ω_1 で回転するベクトル，すなわち，角速度 ω_1 で周期的に変動する力およびトルクになるということであり，これがこの系に振動を生じさせる原因となる．

〔例題 3.19〕 上記の系を摩擦力および外部トルクの作用しない支持点Oの回りに回転しているコマとみなしたとき，定常的な回転運動が生じる条件を求めよ．

〔解〕 O-$x_2y_2z_2$ 座標系で考える．外部トルクが作用しないので $\boldsymbol{N}_2=\boldsymbol{0}$．したがって，式(3.101)から ω_1 と ω_2 との間の関係が次のように求められる．

$$\omega_1^2(I_\xi-I_\zeta+ml^2)C_\theta-\omega_1\omega_2I_\zeta+mgl=0$$

上式を ω_1 について解くと，

$$\omega_1=\frac{I_\zeta\omega_2\pm\sqrt{I_\zeta^2\omega_2^2-4mgl(I_\xi-I_\zeta+ml^2)C_\theta}}{2(I_\xi-I_\zeta+ml^2)C_\theta}\qquad\text{(a)}$$

となる．すなわち，コマが鉛直軸から θ だけ傾いた状態を保ちながら角速度 ω_2 で自転するとき，式(a)で与えられる角速度 ω_1 で鉛直軸の回りを公転する．このような公転運動は，重力のなす支持点Oの回りのモーメント（y_2 軸回り）によって引き起こされるものであり，自由歳差運動(free precession)とよばれる．また，明らかに $0\le\theta\le\pi/2$ であるから $0\le C_\theta\le1$ であり，足の長さ l が比較的長ければ $I_\xi-I_\zeta+ml^2>0$ となると考えてよい．したがって，自由歳差運動が発生するためには式(q)の根号内が負であってはいけないので，ω_2 は少なくとも次の条件を満足しなければならない．

$$\omega_2^2\ge\frac{4mgl(I_\xi-I_\zeta+ml^2)}{I_\zeta^2}$$

q. ジャイロ効果

上の p. 項で議論したような運動が生じているとき，作用・反作用の法則によって支持点の軸受には力 $-\boldsymbol{F}_2$ およびトルク $-\boldsymbol{N}_2$ が作用する．このうち，$\boldsymbol{N}_{g2}=-\boldsymbol{\omega}_{z2}\times\boldsymbol{L}_2$ はある軸回りに回転している剛体をそれとは異なる非平行な軸回りに回転させようとしたときに剛体から支持部の軸受に作用するトルクであり，ジャイロモーメント (gyro moment) とよばれる．ジャイロモーメントは $\boldsymbol{\omega}_{z2}$ と $\boldsymbol{L}_2$ とがつくる平面に垂直な軸（上の p. 項の場合は y_2 軸）回りに作用する．

このジャイロモーメントの効果を，図 3.15 に示すような $\theta=90^\circ$ のときを例にとって考えてみよう．上記の結果は，水平な対称軸（z_2 軸）回りに角速度 $\omega_2\boldsymbol{k}^2$ で回転している対称剛体を手に持って，鉛直軸（x_2 軸；今の場合，下向きが正）回りにさらに角速度 $-\omega_1\boldsymbol{i}^2$ で回転させようとすると，この剛体が起き上がろうとする y_2 軸回りのトルク $-\omega_1\omega_2I_\xi\,\boldsymbol{j}^2$ を手が感じるということを示している．この効果は直感的にはなかなか理解しづらいが，要は角運動量ベクトルの向きを変化させるには角運動量ベクトルの先端が移動する向きのトルクを加える必要があり，支持軸受にはその反作用としてジャイロモーメントが作用するということである．逆に言うと，対称剛体が対称軸回りに回転している場合には，外部からトルクが加えられない限りその状態を安定に保つということを意味している．このような性質はジャイロ剛性 (gyro stiffness) とよばれ，人工衛星の姿勢制御のためのスピン安定化法（人工衛星を自転させることによってジャイロ剛性をもたせ，軌道上の姿勢を一定に保つ方法）などさまざまな目的で利用されている．

〔例題 3.20〕 重心回りの自由な回転運動は許すが，重心は静止空間に固定されているような対称剛体（このような装置をジャイロスタットとよぶ）の運動について議論せよ．ただし，剛体には重力と重心での拘束力しか作用しないものとする．

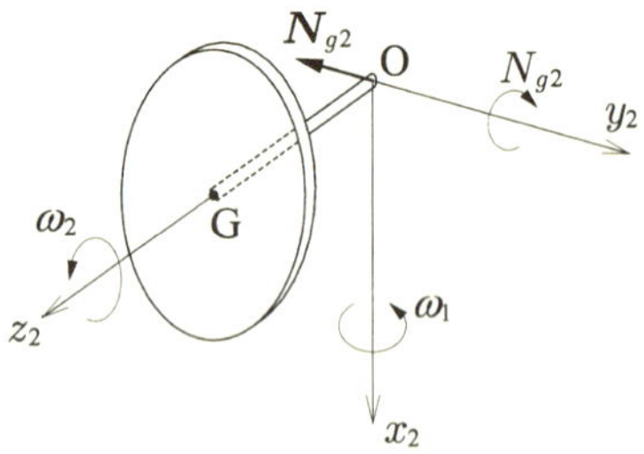

図 3.15　ジャイロ効果

〔**解**〕 重心Gを原点とし，重心を通る慣性主軸を座標軸とする剛体主軸座標系G-$\tilde{\xi}\tilde{\eta}\tilde{\zeta}$ で考える．また，対称軸を $\tilde{\zeta}$ 軸にとり，$I_{\tilde{\xi}}=I_{\tilde{\eta}}\,(<I_{\tilde{\zeta}})$ としてG-$\tilde{\xi}\tilde{\eta}\tilde{\zeta}$ 座標系で要素表示した対称剛体の慣性テンソルを $\tilde{\boldsymbol{I}}_r=\mathrm{diag}[I_{\tilde{\xi}}, I_{\tilde{\xi}}, I_{\tilde{\zeta}}]$ とする．各座標軸回りの角速度を $(\omega_{\tilde{\xi}}, \omega_{\tilde{\eta}}, \omega_{\tilde{\zeta}})$ とすれば，この系の重心回りの回転に関する運動方程式は，重心回りには外部トルクが作用しないのでオイラーの方程式(3.82)で右辺を零とおき，$I_{\tilde{\xi}}=I_{\tilde{\eta}}$ とした式で与えられる．すなわち，

$$\left.\begin{aligned} &I_{\tilde{\xi}}\dot{\omega}_{\tilde{\xi}}-(I_{\tilde{\xi}}-I_{\tilde{\zeta}})\omega_{\tilde{\eta}}\omega_{\tilde{\zeta}}=0 \\ &I_{\tilde{\xi}}\dot{\omega}_{\tilde{\eta}}-(I_{\tilde{\zeta}}-I_{\tilde{\xi}})\omega_{\tilde{\zeta}}\omega_{\tilde{\xi}}=0 \\ &I_{\tilde{\zeta}}\dot{\omega}_{\tilde{\zeta}}=0 \end{aligned}\right\} \tag{a}$$

式(a)の第3式を $\omega_{\tilde{\zeta}}$ について解くと，$\omega_{\tilde{\zeta}}=\Omega$ (一定) となる．さらに，この結果を考慮して式(a)の第1式を時間に関して微分し，得られた式に対して式(a)の第2式を代入すると，

$$\ddot{\omega}_{\tilde{\xi}}+\alpha^2\omega_{\tilde{\xi}}=0, \quad \alpha=(I_{\tilde{\zeta}}-I_{\tilde{\xi}})\Omega/I_{\tilde{\xi}}$$

を得る．上式より $\omega_{\tilde{\xi}}$ の一般解は，次式で与えられる．

$$\omega_{\tilde{\xi}}=A\cos(\alpha t+\beta)$$

この結果を式(a)の第2式に代入することにより，$\omega_{\tilde{\eta}}$ の一般解が次のように求められる．

$$\dot{\omega}_{\tilde{\eta}}=A\alpha\cos(\alpha t+\beta) \quad \Rightarrow \quad \omega_{\tilde{\eta}}=A\sin(\alpha t+\beta)+B$$

ここに，A, B, α, β は積分定数であるが，上記の $\omega_{\tilde{\xi}}$ と $\omega_{\tilde{\eta}}$ を式(a)の第1式に代入すると $B=0$ となる．したがって，式(a)の一般解は次のようになる．

$$\omega_{\tilde{\xi}}=A\cos(\alpha t+\beta), \quad \omega_{\tilde{\eta}}=A\sin(\alpha t+\beta), \quad \omega_{\tilde{\zeta}}=\Omega \quad (\text{一定})$$

さて，初期条件を $\omega_{\tilde{\xi}}=\omega_{\tilde{\eta}}=0$ とすれば $A=0$ となるので，対称軸($\tilde{\zeta}$ 軸)にのみ初期角速度 Ω を与えると，剛体はいつまでもその姿勢を保ちながら回転し続ける．一方，初期条件が $\omega_{\tilde{\xi}}\neq0$, $\omega_{\tilde{\eta}}\neq0$ であれば，初期条件によって決まるような重心を通る静止軸の回りを $\tilde{\zeta}$ 軸が角速度 α で旋回する．このような運動を章動(neutation)とよぶ．

3.3 剛体系の力学の基礎

a. 剛体系とは何か

互いの相対運動を可能とする結合要素によって複数の剛体を連結し，全体として目的にかなう運動を実現するようにしたものを剛体系(system of rigid bodies)とよぶ．より一般に，構成要素に弾性体をも含めるときには多体系(multibody system)とよばれる．機械系に現れる剛体系では，連結要素として1軸回りの回転運動のみを可能とする回転関節(revolute joint)と1軸方向の並進運動のみを可能とする直動関節(prismatic joint)がおもに用いられる．

剛体系の運動方程式の導出方法には，本章のこれまでの考え方にそってニュートン・オイラーの運動方程式を求める方法と，解析力学的にラグランジュの運動方程式を求める方法とがある．本節では，剛体の力学の理解をより深めるために，n 個の剛体を回転関節によって基礎から1個ずつ直列に結合した系を対象としてニュートン・オイラーの運動方程式を導出する．ただし，簡単のため減衰の影響はすべて無視し，直動関節は取り扱わない．以下では，変位(位置)，速度および加速度に関する物理量を総称して状態量とよぶ．なお，この系の自由度 f は，基礎を含めると $n+1$ 個の剛体が n 個の拘束対偶(自由度1の対偶)で結合されたものなので，$f=6(n+1-1)-5n=n$ である．

b. 座標系の設定

剛体系内の基礎から数えて i 番目の剛体を剛体 i $(i=1, 2, \cdots, n)$ とよび，基礎を便宜的に剛体0とよぶ．剛体系の運動を記述する際には，空間に固定された系全体に対する基準座標系のほかに，各剛体に固定された剛体座標系を用いるのが便利である．基準座標系を O_0-$x_0y_0z_0$，剛体 i に固定された剛体座標系を O_i-$x_iy_iz_i$ とし，以下ではそれぞれ Σ_0 および Σ_i で表す．Σ_0 は z_0 軸を鉛直軸に一致させ，上向きを正とする．また，Σ_i の原点 O_i は剛体 $i-1$ と剛体 i とを連結する回転関節の回転軸上に設定し，z_i 軸を回転軸に一致させる．ただし，Σ_1 の原点 O_1 は不動であり，Σ_{n+1} の原点 O_{n+1} は剛体 n の先端を表すものとする．さらに，各座標軸方向の単位ベクトルを $(\boldsymbol{i}^i, \boldsymbol{j}^i, \boldsymbol{k}^i)$ とし，式(3.31)と同様にそれらをひとまとめにした形式的な行ベクトルを $\boldsymbol{e}^i=\{\boldsymbol{i}^i\ \boldsymbol{j}^i\ \boldsymbol{k}^i\}$ とする．このとき，Σ_{i-1} から Σ_i への回転変換行列を $\boldsymbol{T}_{i-1}^i$ とすれば，次式が成立する．

$$\left.\begin{aligned}
&\boldsymbol{e}^i=\boldsymbol{e}^{i-1}\boldsymbol{T}_{i-1}^i\\
&\quad\Rightarrow\quad \boldsymbol{e}^{i-1}=\boldsymbol{e}^i(\boldsymbol{T}_{i-1}^i)^{-1}=\boldsymbol{e}^i(\boldsymbol{T}_{i-1}^i)^T=\boldsymbol{e}^i\boldsymbol{T}_i^{i-1},\quad \boldsymbol{T}_i^{i-1}=(\boldsymbol{T}_{i-1}^i)^T\\
&\boldsymbol{e}^i=\boldsymbol{e}^{i-2}\boldsymbol{T}_{i-2}^{i-1}\boldsymbol{T}_{i-1}^i=\boldsymbol{e}^0\boldsymbol{T}_0^1\cdots\boldsymbol{T}_{i-2}^{i-1}\boldsymbol{T}_{i-1}^i=\boldsymbol{e}^0\boldsymbol{T}_0^i\\
&\quad\Rightarrow\quad \boldsymbol{T}_0^i=\boldsymbol{T}_0^1\cdots\boldsymbol{T}_{i-2}^{i-1}\boldsymbol{T}_{i-1}^i
\end{aligned}\right\}\qquad(3.102)$$

以下の議論では，剛体 i に関する物理量には上添字“i”を付し，Σ_i で成分表示されたベクトル量には下添字“i”を付す．したがって，$\boldsymbol{a}_{i-1}^i$ は剛体 i に関する物理量の任意のベクトル $\boldsymbol{a}^i$ が Σ_{i-1} で成分表示されたものであることを示す．また，各座標系での成分表示間の変換則は次式で与えられる．

$$\left.\begin{aligned} &\boldsymbol{e}^i\boldsymbol{a}_i^i=\boldsymbol{e}^{i-1}\boldsymbol{T}_{i-1}^i\boldsymbol{a}_i^i=\boldsymbol{e}^{i-1}\boldsymbol{a}_{i-1}^i \quad\Rightarrow\quad \boldsymbol{a}_{i-1}^i=\boldsymbol{T}_{i-1}^i\boldsymbol{a}_i^i,\quad \boldsymbol{a}_i^i=\boldsymbol{T}_i^{i-1}\boldsymbol{a}_{i-1}^i \\ &\boldsymbol{e}^i\boldsymbol{a}_i^i=\boldsymbol{e}^0\boldsymbol{T}_0^i\boldsymbol{a}_i^i=\boldsymbol{e}^0\boldsymbol{a}_0^i \quad\Rightarrow\quad \boldsymbol{a}_0^i=\boldsymbol{T}_0^i\boldsymbol{a}_i^i,\quad \boldsymbol{a}_i^i=\boldsymbol{T}_i^0\boldsymbol{a}_0^i \end{aligned}\right\} \tag{3.103}$$

c. 剛体 i の状態量ベクトルの導出

図 3.16 に示すように，剛体 i が剛体 $i-1$ に対して z_i 軸回りに角速度 $\dot{\theta}^i$ および角加速度 $\ddot{\theta}^i$ で回転しているものとする．このとき，Σ_0 に対する剛体 $i-1$ の角速度ベクトル $\boldsymbol{\omega}^{i-1}$ および角加速度ベクトル $\dot{\boldsymbol{\omega}}^{i-1}$ から，同じく Σ_0 に対する剛体 i の角速度ベクトル $\boldsymbol{\omega}^i$ および角加速度ベクトル $\dot{\boldsymbol{\omega}}^i$ が，それぞれ次のように求められる．

$$\boldsymbol{\omega}^i=\boldsymbol{\omega}^{i-1}+\dot{\theta}^i\boldsymbol{k}^i \quad\Rightarrow\quad \boldsymbol{\omega}_i^i=\boldsymbol{T}_i^{i-1}\boldsymbol{\omega}_{i-1}^{i-1}+\dot{\boldsymbol{\theta}}_i^i,\quad \dot{\boldsymbol{\theta}}_i^i=(0,0,\dot{\theta}^i)^T \tag{3.104}$$

$$\left.\begin{aligned} &\dot{\boldsymbol{\omega}}^i=\dot{\boldsymbol{\omega}}^{i-1}+\ddot{\theta}^i\boldsymbol{k}^i+\boldsymbol{\omega}^{i-1}\times\dot{\theta}^i\boldsymbol{k}^i \\ &\quad\Rightarrow\quad \dot{\boldsymbol{\omega}}_i^i=\boldsymbol{T}_i^{i-1}\dot{\boldsymbol{\omega}}_{i-1}^{i-1}+\ddot{\boldsymbol{\theta}}_i^i+\boldsymbol{\omega}_i^{i-1}\times\dot{\boldsymbol{\theta}}_i^i,\quad \ddot{\boldsymbol{\theta}}_i^i=(0,0,\ddot{\theta}^i)^T \end{aligned}\right\} \tag{3.105}$$

ただし，$\boldsymbol{\omega}^0=\boldsymbol{0}$ および $\dot{\boldsymbol{\omega}}^0=\boldsymbol{0}$ である．また，d^*/dt を Σ_i に対する時間微分とすれば，$\dot{\boldsymbol{\omega}}^i=d^*\boldsymbol{\omega}^i/dt+\boldsymbol{\omega}^i\times\boldsymbol{\omega}^i=d^*\boldsymbol{\omega}^i/dt$ であるから，$[\dot{\boldsymbol{\omega}}^i]_i=[d^*\boldsymbol{\omega}^i/dt]_i=\dot{\boldsymbol{\omega}}_i^i$ が成立する．なお，$\dot{\boldsymbol{\omega}}^i$ の第 3 項の $\boldsymbol{\omega}^{i-1}\times\dot{\theta}^i\boldsymbol{k}^i$ は，$\dot{\boldsymbol{k}}^i=\boldsymbol{\omega}^i\times\boldsymbol{k}^i=(\boldsymbol{\omega}^{i-1}+\dot{\theta}^i\boldsymbol{k}^i)\times\boldsymbol{k}^i=\boldsymbol{\omega}^{i-1}\times\boldsymbol{k}^i$（$\boldsymbol{k}^i$ は Σ_0 に対して $\boldsymbol{\omega}^i$ で回転していることに注意）に由来するものである．

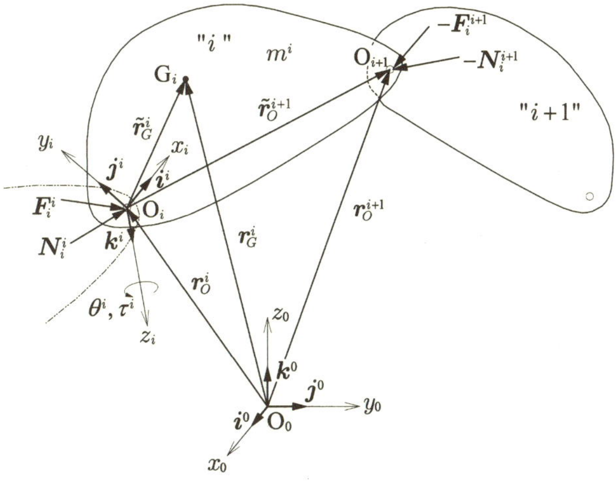

図 3.16 直列型剛体系

次に，O_i を原点とする剛体 i の重心 G_i の位置ベクトルを $\tilde{\boldsymbol{r}}_G^i$，同じく Σ_{i+1} の原点 O_{i+1} の位置ベクトルを $\tilde{\boldsymbol{r}}_O^{i+1}$ とする．このとき，O_0 を原点とする Σ_i の原点 O_i の位置ベクトル $\boldsymbol{r}_O^i$ から，同じく O_0 を原点とする重心 G_i および原点 O_{i+1} の位置ベクトル $\boldsymbol{r}_G^i$ および $\boldsymbol{r}_O^{i+1}$ は，それぞれ次のように求められる．

$$\left.\begin{aligned}\boldsymbol{r}_G^i&=\boldsymbol{r}_O^i+\tilde{\boldsymbol{r}}_G^i \quad\Rightarrow\quad \boldsymbol{r}_{Gi}^i=\boldsymbol{T}_i^{i-1}\boldsymbol{r}_{Oi-1}^i+\tilde{\boldsymbol{r}}_{Gi}^i\\ \boldsymbol{r}_O^{i+1}&=\boldsymbol{r}_O^i+\tilde{\boldsymbol{r}}_O^{i+1} \quad\Rightarrow\quad \boldsymbol{r}_{Oi}^{i+1}=\boldsymbol{T}_i^{i-1}\boldsymbol{r}_{Oi-1}^i+\tilde{\boldsymbol{r}}_{Oi}^{i+1}\end{aligned}\right\} \tag{3.106}$$

ただし，$\boldsymbol{r}_O^0=\boldsymbol{0}$ である．

さて，$\tilde{\boldsymbol{r}}_G^i$ および $\tilde{\boldsymbol{r}}_O^{i+1}$ を Σ_i で成分表示した $\tilde{\boldsymbol{r}}_{Gi}^i$および $\tilde{\boldsymbol{r}}_{Oi}^{i+1}$ はいずれも定数ベクトルとなるので，Σ_i に対する時間微分 $[d^*\tilde{\boldsymbol{r}}_G^i/dt]_i=\dot{\tilde{\boldsymbol{r}}}_{Gi}^i$および $[d^*\tilde{\boldsymbol{r}}_O^{i+1}/dt]_i=\dot{\tilde{\boldsymbol{r}}}_{Oi}^{i+1}$ はともに零ベクトルとなる．さらに，$\tilde{\boldsymbol{r}}_G^i$ および $\tilde{\boldsymbol{r}}_O^{i+1}$ は Σ_0 に対して角速度ベクトル $\boldsymbol{\omega}^i$ で回転している（よって，$\dot{\tilde{\boldsymbol{r}}}_G^i=\boldsymbol{\omega}^i\times\tilde{\boldsymbol{r}}_G^i$, $\dot{\tilde{\boldsymbol{r}}}_O^{i+1}=\boldsymbol{\omega}^i\times\tilde{\boldsymbol{r}}_O^{i+1}$）ので，重心 G_i および原点 O_{i+1} の Σ_0 に対する速度ベクトル $\boldsymbol{v}_G^i$, $\boldsymbol{v}_O^{i+1}$ および加速度ベクトル $\boldsymbol{\alpha}_G^i$, $\boldsymbol{\alpha}_O^{i+1}$ は，

$$\left.\begin{aligned}\boldsymbol{v}_G^i&=\dot{\boldsymbol{r}}_G^i=\boldsymbol{v}_O^i+\boldsymbol{\omega}^i\times\tilde{\boldsymbol{r}}_G^i \quad\Rightarrow\quad \boldsymbol{v}_{Gi}^i=\boldsymbol{T}_i^{i-1}\boldsymbol{v}_{Oi-1}^i+\boldsymbol{\omega}_i^i\times\tilde{\boldsymbol{r}}_{Gi}^i\\ \boldsymbol{v}_O^{i+1}&=\dot{\boldsymbol{r}}_O^{i+1}=\boldsymbol{v}_O^i+\boldsymbol{\omega}^i\times\tilde{\boldsymbol{r}}_O^{i+1} \quad\Rightarrow\quad \boldsymbol{v}_{Oi}^{i+1}=\boldsymbol{T}_i^{i-1}\boldsymbol{v}_{Oi-1}^i+\boldsymbol{\omega}_i^i\times\tilde{\boldsymbol{r}}_{Oi}^{i+1}\end{aligned}\right\} \tag{3.107}$$

$$\left.\begin{aligned}&\boldsymbol{\alpha}_G^i=\dot{\boldsymbol{v}}_G^i=\boldsymbol{\alpha}_O^i+\dot{\boldsymbol{\omega}}^i\times\tilde{\boldsymbol{r}}_G{}^i+\boldsymbol{\omega}^i\times(\boldsymbol{\omega}^i\times\tilde{\boldsymbol{r}}_G{}^i)\\ &\quad\Rightarrow\quad \boldsymbol{\alpha}_{Gi}^i=\boldsymbol{T}_i^{i-1}\boldsymbol{\alpha}_{Oi-1}^i+\dot{\boldsymbol{\omega}}_i^i\times\tilde{\boldsymbol{r}}_{Gi}^i+\boldsymbol{\omega}_i^i\times(\boldsymbol{\omega}_i^i\times\tilde{\boldsymbol{r}}_{Gi}^i)\\ &\boldsymbol{\alpha}_O^{i+1}=\dot{\boldsymbol{v}}_O^{i+1}=\boldsymbol{\alpha}_O^i+\dot{\boldsymbol{\omega}}^i\times\tilde{\boldsymbol{r}}_O^{i+1}+\boldsymbol{\omega}^i\times(\boldsymbol{\omega}^i\times\tilde{\boldsymbol{r}}_O^{i+1})\\ &\quad\Rightarrow\quad \boldsymbol{\alpha}_{Oi}^{i+1}=\boldsymbol{T}_i^{i-1}\boldsymbol{\alpha}_{Oi-1}^i+\dot{\boldsymbol{\omega}}_i^i\times\tilde{\boldsymbol{r}}_{Oi}^{i+1}+\boldsymbol{\omega}_i^i\times(\boldsymbol{\omega}_i^i\times\tilde{\boldsymbol{r}}_{Oi}^{i+1})\end{aligned}\right\} \tag{3.108}$$

となる．ただし，$\boldsymbol{v}_O^0=\boldsymbol{v}_O^1=\boldsymbol{0}$ および $\boldsymbol{\alpha}_O^0=\boldsymbol{\alpha}_O^1=\boldsymbol{0}$ である．このように，$i=1$ から n にかけて，各剛体の状態量ベクトルを漸化的に導出することができる．

d. ヤコビ行列

上記のように，図 3.16 の剛体系の自由度は n であるので，その運動は $\theta^1, \theta^2, \cdots, \theta^n$ の n 個の関節角変位で完全に記述できる．したがって，これらをまとめた n 次元ベクトルを

$$\boldsymbol{\Theta}=(\theta^1, \theta^2, \cdots, \theta^n)^T \tag{3.109}$$

とすれば，系内の状態量ベクトルは $\boldsymbol{\Theta}$, $\dot{\boldsymbol{\Theta}}$ および $\ddot{\boldsymbol{\Theta}}$ によって表すことができる．とくに，Σ_0 に対する剛体 i の角速度ベクトル $\boldsymbol{\omega}^i$ および原点 O_{i+1} の速度ベクトル $\boldsymbol{v}_O{}^{i+1}$ と関節速度 $\dot{\boldsymbol{\Theta}}$ との間の関係は，式 (3.104)，(3.107) から次のようになる．

$$\left.\begin{aligned}
&\boldsymbol{\omega}^1=\dot{\theta}^1\boldsymbol{k}^1=[\boldsymbol{k}^1\ \ \mathbf{0}\cdots\mathbf{0}]\dot{\boldsymbol{\Theta}}\\
&\boldsymbol{\omega}^2=\dot{\theta}^1\boldsymbol{k}^1+\dot{\theta}^2\boldsymbol{k}^2=[\boldsymbol{k}^1\ \ \boldsymbol{k}^2\ \ \mathbf{0}\cdots\mathbf{0}]\dot{\boldsymbol{\Theta}}\\
&\quad\vdots\\
&\boldsymbol{\omega}^i=\dot{\theta}^1\boldsymbol{k}^1+\cdots+\dot{\theta}^i\boldsymbol{k}^i=[\boldsymbol{k}^1\cdots\ \boldsymbol{k}^i\ \ \mathbf{0}\cdots\mathbf{0}]\dot{\boldsymbol{\Theta}}
\end{aligned}\right\}\tag{3.110}$$

$$\left.\begin{aligned}
&\boldsymbol{v}_O^2=\boldsymbol{\omega}^1\times\tilde{\boldsymbol{r}}_O^2=\dot{\theta}^1\boldsymbol{k}^1\times\tilde{\boldsymbol{r}}_O^2=[\boldsymbol{k}^1\times\tilde{\boldsymbol{r}}_O^2\ \ \mathbf{0}\cdots\mathbf{0}]\dot{\boldsymbol{\Theta}}\\
&\quad=[\boldsymbol{k}^1\times(\boldsymbol{r}_O^2-\boldsymbol{r}_O^1)\ \ \mathbf{0}\cdots\mathbf{0}]\dot{\boldsymbol{\Theta}}\\
&\boldsymbol{v}_O^3=\boldsymbol{v}_O^2+\boldsymbol{\omega}^2\times\tilde{\boldsymbol{r}}_O^3=\dot{\theta}^1\boldsymbol{k}^1\times\tilde{\boldsymbol{r}}_O^2+(\dot{\theta}^1\boldsymbol{k}^1+\dot{\theta}^2\boldsymbol{k}^2)\times\tilde{\boldsymbol{r}}_O^3\\
&\quad=[\boldsymbol{k}^1\times(\tilde{\boldsymbol{r}}_O^2+\tilde{\boldsymbol{r}}_O^3)\ \ \boldsymbol{k}^2\times\tilde{\boldsymbol{r}}_O^3\ \ \mathbf{0}\cdots\mathbf{0}]\dot{\boldsymbol{\Theta}}\\
&\quad=[\boldsymbol{k}^1\times(\boldsymbol{r}_O^3-\boldsymbol{r}_O^1)\ \ \boldsymbol{k}^2\times(\boldsymbol{r}_O^3-\boldsymbol{r}_O^2)\ \ \mathbf{0}\cdots\mathbf{0}]\dot{\boldsymbol{\Theta}}\\
&\quad\vdots\\
&\boldsymbol{v}_O^{i+1}=[\boldsymbol{k}^1\times(\boldsymbol{r}_O^{i+1}-\boldsymbol{r}_O^1)\ \cdots\ \boldsymbol{k}^i\times(\boldsymbol{r}_O^{i+1}-\boldsymbol{r}_O^i)\ \ \mathbf{0}\cdots\mathbf{0}]\dot{\boldsymbol{\Theta}}
\end{aligned}\right\}\tag{3.111}$$

したがって，式(3.110)と式(3.111)は次のようにまとめられる．

$$\begin{bmatrix}\boldsymbol{v}_O^{i+1}\\ \boldsymbol{\omega}^i\end{bmatrix}=\boldsymbol{J}^i(\boldsymbol{\Theta})\dot{\boldsymbol{\Theta}},\quad \boldsymbol{J}^i(\boldsymbol{\Theta})=\begin{bmatrix}\boldsymbol{k}^1\times(\boldsymbol{r}_O^{i+1}-\boldsymbol{r}_O^1) & \cdots & \boldsymbol{k}^i\times(\boldsymbol{r}_O^{i+1}-\boldsymbol{r}_O^i) & \mathbf{0}\cdots\mathbf{0}\\ \boldsymbol{k}^1 & \cdots & \boldsymbol{k}^i & \mathbf{0}\cdots\mathbf{0}\end{bmatrix}\tag{3.112}$$

この $\boldsymbol{J}^i(\boldsymbol{\Theta})$ をヤコビ行列(Jacobian matrix)とよぶ．これを具体的な座標系で要素表示するには，すべての物理量をその座標系で成分表示すればよい．

ヤコビ行列は，Δt の微小時間内での点 O_{i+1} の微小変位 $\Delta\boldsymbol{r}_O^{i+1}\approx\boldsymbol{v}_O^{i+1}\Delta t$ および Σ_i の微小回転角 $\Delta\boldsymbol{\phi}\approx\boldsymbol{\omega}^i\Delta t$ と回転関節の微小回転角 $\Delta\boldsymbol{\Theta}\approx\dot{\boldsymbol{\Theta}}\Delta t$ との間の関係を表すものであり，たとえばロボット工学においては，剛体系(マニピュレータ)の先端 O_{n+1} の指定された微小変位 $\Delta\boldsymbol{r}_O^{n+1}$ および Σ_n の微小回転角 $\Delta\boldsymbol{\phi}^n$ を実現するような微小回転角 $\Delta\boldsymbol{\Theta}$ を計算する際に用いられる．とくに，$\boldsymbol{J}^n(\boldsymbol{\Theta})$ が正則のときには，式(3.112)で $i=n$ とおいた式から次式が近似的に成立する．

$$\left.\begin{aligned}
&\Delta\boldsymbol{\Theta}=[\boldsymbol{J}^n(\boldsymbol{\Theta})]^{-1}\begin{bmatrix}\Delta\boldsymbol{r}_O^{n+1}\\ \Delta\boldsymbol{\phi}^n\end{bmatrix}\\
&\boldsymbol{J}^n(\boldsymbol{\Theta})=\begin{bmatrix}\boldsymbol{k}^1\times(\boldsymbol{r}_O^{n+1}-\boldsymbol{r}_O^1) & \cdots & \boldsymbol{k}^n\times(\boldsymbol{r}_O^{n+1}-\boldsymbol{r}_O^n)\\ \boldsymbol{k}^1 & \cdots & \boldsymbol{k}^n\end{bmatrix}
\end{aligned}\right\}\tag{3.113}$$

微小時間ごとに得られた上記の結果を利用して，マニピュレータ先端の目標軌道を実現することができる．この方法を分解速度法とよぶ．なお，$\boldsymbol{J}^n(\boldsymbol{\Theta})$ が正則でないときには一般化逆行列の知識が必要になる．

e. 剛体 i の運動方程式

図 3.16 の剛体系が，原点 O_i の回転関節において回転軸 (z_i 軸) 回りに付加された駆動トルク τ^i によって運動している場合を考える．剛体 i の質量を m^i，Σ_i で要素表示された重心 G_i に関する慣性テンソルを $\boldsymbol{I}^i_{Gi}$ とする．また，原点の回転関節 O_i において剛体 $i-1$ から剛体 i に作用する力およびトルクを $\boldsymbol{F}^i_i$ および $\boldsymbol{N}^i_i$，原点 O_{i+1} の回転関節において剛体 $i+1$ から剛体 i に作用する力およびトルクを $-\boldsymbol{F}^{i+1}_i=-\boldsymbol{T}^{i+1}_i\boldsymbol{F}^{i+1}_{i+1}$ および $-\boldsymbol{N}^{i+1}_i=-\boldsymbol{T}^{i+1}_i\boldsymbol{N}^{i+1}_{i+1}$ とおく．ただし，剛体 n に関しては，$-\boldsymbol{F}^{n+1}_n=\boldsymbol{f}^e_n$ および $-\boldsymbol{N}^{n+1}_n=\boldsymbol{n}^e_n$ は剛体 i の先端に作用する外力 $\boldsymbol{f}^e_n$ および外部トルク $\boldsymbol{n}^e_n$ を表すものとし，その他の剛体には重力以外の外力や外部トルクは作用しないものと仮定する．

このとき，剛体 i の重心 G_i の並進に関する運動方程式を Σ_i で成分表示すると，

$$m^i\boldsymbol{\alpha}^i_{Gi}=\boldsymbol{F}^i_i-\boldsymbol{T}^{i+1}_i\boldsymbol{F}^{i+1}_{i+1}-m^i\boldsymbol{g}_i,\quad \boldsymbol{g}_i=\boldsymbol{T}^{i-1}_i\boldsymbol{g}_{i-1} \tag{3.114}$$

となる．ここに，$\boldsymbol{g}_i$ は重力ベクトルであり，$\boldsymbol{g}_0=(0, 0, g)^T$ から順次求められる．

一方，剛体 i の重心 G_i 回りの角運動量は $\boldsymbol{L}^i_{Gi}=\boldsymbol{I}^i_{Gi}\boldsymbol{\omega}^i_i$ であり，Σ_i が $\boldsymbol{\omega}^i_i$ で回転していることから，剛体 i の重心 G_i 回りの回転に関する運動方程式を Σ_i で成分表示すると次式となる．

$$\left.\begin{aligned}[\dot{\boldsymbol{L}}^i_G]_i&=\boldsymbol{I}^i_{Gi}\dot{\boldsymbol{\omega}}^i_i+\boldsymbol{\omega}^i_i\times(\boldsymbol{I}^i_{Gi}\boldsymbol{\omega}^i_i)\\&=\boldsymbol{N}^i_i-\boldsymbol{T}^{i+1}_i\boldsymbol{N}^{i+1}_{i+1}-\tilde{\boldsymbol{r}}^i_{Gi}\times\boldsymbol{F}^i_i-(\tilde{\boldsymbol{r}}^{i+1}_{0i}-\tilde{\boldsymbol{r}}^i_{Gi})\times(\boldsymbol{T}^{i+1}_i\boldsymbol{F}^{i+1}_{i+1})\end{aligned}\right\} \tag{3.115}$$

また，原点 O_i の回転関節において回転軸 (z_i 軸) 回りに付加されている駆動トルクを τ^i とすれば，τ^i は $\boldsymbol{N}^i_i$ の z_i 軸成分に一致する．したがって，

$$\left.\begin{aligned}\tau^i=\{&\boldsymbol{I}^i_{Gi}\dot{\boldsymbol{\omega}}^i_i+\boldsymbol{\omega}^i_i\times(\boldsymbol{I}^i_{Gi}\boldsymbol{\omega}^i_i)+\boldsymbol{T}^{i+1}_i\boldsymbol{N}^{i+1}_{i+1}+\tilde{\boldsymbol{r}}^i_{Gi}\times\boldsymbol{F}^i_i\\&+(\tilde{\boldsymbol{r}}^{i+1}_{0i}-\tilde{\boldsymbol{r}}^i_{Gi})\times(\boldsymbol{T}^{i+1}_i\boldsymbol{F}^{i+1}_{i+1})\}\cdot\boldsymbol{k}^i_i\end{aligned}\right\} \tag{3.116}$$

式 (3.116) は $i=1, 2, \cdots, n$ に関して n 本の方程式から構成されている．さらに，式 (3.116) に式 (3.102)~(3.108) および式 (3.114) の関係を代入すると，原理的には次のような $\boldsymbol{\Theta}$ に関する方程式に書きなおすことができる (例題 3.21 の式 (s) を参照のこと)．

$$\boldsymbol{M}(\boldsymbol{\Theta})\ddot{\boldsymbol{\Theta}}+\boldsymbol{V}(\boldsymbol{\Theta}, \dot{\boldsymbol{\Theta}})+\boldsymbol{G}(\boldsymbol{\Theta})g=\boldsymbol{T},\quad \boldsymbol{T}=(\tau^1, \tau^2, \cdots, \tau^n)^T \tag{3.117}$$

式 (3.117) をニュートン・オイラーの運動方程式とよぶ．式 (3.117) の第 1 項は慣性項，第 2 項は遠心力とコリオリ力に関する項，第 3 項は重力項である．$\boldsymbol{M}(\boldsymbol{\Theta})$ は慣性行列 (inertia matrix) とよばれ，一般に $n\times n$ の正則な対称行列になる．

式(3.117)は $\theta^1, \theta^2, \cdots, \theta^n$ に関する n 本の方程式である．したがって，駆動トルク τ^i が与えられたときの剛体系の運動(状態量ベクトル)を求める順動力学問題の解，あるいは逆に指定された剛体系の運動を実現するために必要な駆動トルク τ^i を求める逆動力学問題の解が式(3.117)から求められる．さらに，その結果を式(3.105)～(3.108)，(3.114)，(3.115)に代入することによって，各剛体の状態量ベクトルや関節に作用する力やトルクが求められる．ただし，複雑な系に対してその手続きを純解析的に実行するのは困難であり，数値的な取り扱いが不可避になる．

〔例題 3.21〕 図 3.17 に示す剛体系($n=2$)のヤコビ行列と運動方程式を求めよ．ただし，剛体 $i\,(=1,2)$ に固定された座標系 Σ_i はともに重心に関する慣性主軸に平行で，Σ_i で要素表示された重心 G_i に関する慣性テンソルを $\boldsymbol{I}^i_{Gi}=\mathrm{diag}[I^i_x, I^i_y, I^i_z]$ とする．また，原点 O_0 と原点 O_1 は一致しており，$z_1(=x_0)$ 軸と z_2 軸は平行で，重心 G_1 および原点 O_2 は x_1 軸上に，重心 G_2 は x_2 軸上に存在するものとする．τ^i は z_i 軸回りに作用する駆動トルクである．

〔解〕 この系の運動は z_1 軸と z_2 軸回りの回転角 θ^1 および θ^2 によって完全に記述できるので，この系は 2 自由度系である．したがって，駆動トルク τ^i と回転角 θ^i との間の関係を表す 2 本の運動方程式を求めることが課題となる．これを，上記の手順に従って求めよう．

まず，各座標系間の回転変換行列は次のようになる．

$$\boldsymbol{T}_0{}^1=(\boldsymbol{T}_1{}^0)^T=\begin{bmatrix} 0 & 0 & 1 \\ C_{\theta^1} & -S_{\theta^1} & 0 \\ S_{\theta^1} & C_{\theta^1} & 0 \end{bmatrix},\quad \boldsymbol{T}_1{}^2=(\boldsymbol{T}_2{}^1)^T=\begin{bmatrix} C_{\theta^2} & -S_{\theta^2} & 0 \\ S_{\theta^2} & C_{\theta^2} & 0 \\ 0 & 0 & 1 \end{bmatrix}$$

次に，$\boldsymbol{\omega}^0_0=\boldsymbol{0}$，$\dot{\boldsymbol{\theta}}^1_1=(0,0,\dot{\theta}^1)^T$，$\dot{\boldsymbol{\theta}}^2_2=(0,0,\dot{\theta}^2)^T$，$\dot{\boldsymbol{\omega}}^0_0=\boldsymbol{0}$，$\ddot{\boldsymbol{\theta}}^1_1=(0,0,\ddot{\theta}^1)^T$，$\ddot{\boldsymbol{\theta}}^2_2=(0,0,\ddot{\theta}^2)^T$ であることを考慮すると，Σ_0 に対する剛体 i の角速度ベクトル $\boldsymbol{\omega}^i_i$ および角加速度ベクトル $\dot{\boldsymbol{\omega}}^i_i$ が，それぞれ次のように求められる．

$$\left.\begin{aligned} &\boldsymbol{\omega}^1_1=\dot{\boldsymbol{\theta}}^1_1=(0,0,\dot{\theta}^1)^T,\quad \boldsymbol{\omega}^2_2=\boldsymbol{T}^1_2\boldsymbol{\omega}^1_1+\dot{\boldsymbol{\theta}}^2_2=(0,0,\dot{\theta}^1+\dot{\theta}^2)^T \\ &\dot{\boldsymbol{\omega}}^1_1=\ddot{\boldsymbol{\theta}}^1_1=(0,0,\ddot{\theta}^1)^T,\quad \dot{\boldsymbol{\omega}}^2_2=\boldsymbol{T}^1_2\dot{\boldsymbol{\omega}}^1_1+\ddot{\boldsymbol{\theta}}^2_2+\boldsymbol{T}^1_2\boldsymbol{\omega}^1_1\times\dot{\boldsymbol{\theta}}^2_2=(0,0,\ddot{\theta}^1+\ddot{\theta}^2)^T \end{aligned}\right\}$$

さらに，$\boldsymbol{r}^0_{00}=\boldsymbol{0}$，$\boldsymbol{v}^1_{01}=\boldsymbol{0}$，$\boldsymbol{\alpha}^1_{01}=\boldsymbol{0}$，$\tilde{\boldsymbol{r}}^1_{G1}=(s^1,0,0)^T$，$\tilde{\boldsymbol{r}}^2_{01}=(l^1,0,0)^T$，$\tilde{\boldsymbol{r}}^2_{G2}=(s^2,0,0)^T$，$\tilde{\boldsymbol{r}}^3_{02}=(l^2,0,0)^T$ であるから，重心 G_i および原点 O_i の Σ_0 に対する速度ベクトルおよび加速度ベクトルは次のようになる．

$$\left.\begin{aligned} &\boldsymbol{v}^1_{G1}=\boldsymbol{\omega}^1_1\times\tilde{\boldsymbol{r}}^1_{G1}=(0,s^1\dot{\theta}^1,0)^T,\quad \boldsymbol{v}^2_{01}=\boldsymbol{\omega}^1_1\times\tilde{\boldsymbol{r}}^2_{01}=(0,l^1\dot{\theta}^1,0)^T \\ &\boldsymbol{v}^2_{G2}=\boldsymbol{T}^1_2\boldsymbol{v}^2_{01}+\boldsymbol{\omega}^2_2\times\tilde{\boldsymbol{r}}^2_{G2}=(l^1\dot{\theta}^1S_{\theta^2},\,l^1\dot{\theta}^1C_{\theta^2}+s^2\dot{\theta}^2,\,0)^T \\ &\boldsymbol{v}^3_{02}=\boldsymbol{T}^1_2\boldsymbol{v}^2_{01}+\boldsymbol{\omega}^2_2\times\tilde{\boldsymbol{r}}^3_{02}=(l^1\dot{\theta}^1S_{\theta^2},\,l^1\dot{\theta}^1C_{\theta^2}+l^2\dot{\theta}^2,\,0)^T \end{aligned}\right\}$$

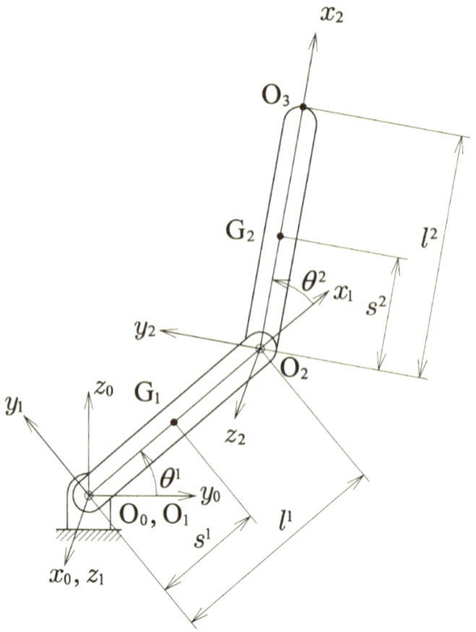

図 3.17　自由度 2 の剛体系

$$
\left.
\begin{aligned}
\boldsymbol{\alpha}_{G1}^1 &= \dot{\boldsymbol{\omega}}_1^1 \times \tilde{\boldsymbol{r}}_{G1}^1 + \boldsymbol{\omega}_1^1 \times (\boldsymbol{\omega}_1^1 \times \tilde{\boldsymbol{r}}_{G1}^1) = \{-s^1(\dot{\theta}^1)^2,\ s^1\ddot{\theta}^1,\ 0\}^T \\
\boldsymbol{\alpha}_{O1}^2 &= \dot{\boldsymbol{\omega}}_1^1 \times \tilde{\boldsymbol{r}}_{O1}^2 + \boldsymbol{\omega}_1^1 \times (\boldsymbol{\omega}_1^1 \times \tilde{\boldsymbol{r}}_{O1}^2) = \{-l^1(\dot{\theta}^1)^2,\ l^1\ddot{\theta}^1,\ 0\}^T \\
\boldsymbol{\alpha}_{G2}^2 &= \boldsymbol{T}_2^1 \boldsymbol{\alpha}_{O1}^2 + \dot{\boldsymbol{\omega}}_2^2 \times \tilde{\boldsymbol{r}}_{G2}^2 + \boldsymbol{\omega}_2^2 \times (\boldsymbol{\omega}_2^2 \times \tilde{\boldsymbol{r}}_{G2}^2) \\
&= \{-l^1(\dot{\theta}^1)^2 C_{\theta^2} + l^1\ddot{\theta}^1 S_{\theta^2} - s^2(\dot{\theta}^1+\dot{\theta}^2)^2,\ \ l^1(\dot{\theta}^1)^2 S_{\theta^2} + l^1\ddot{\theta}^1 C_{\theta^2} \\
&\qquad + s^2(\ddot{\theta}^1+\ddot{\theta}^2),\ 0\}^T \\
\boldsymbol{\alpha}_{O2}^2 &= \boldsymbol{T}_2^1 \boldsymbol{\alpha}_{O1}^2 + \dot{\boldsymbol{\omega}}_2^2 \times \tilde{\boldsymbol{r}}_{O2}^2 + \boldsymbol{\omega}_2^2 \times (\boldsymbol{\omega}_2^2 \times \tilde{\boldsymbol{r}}_{O2}^2) \\
&= \{-l^1(\dot{\theta}^1)^2 C_{\theta^2} + l^1\ddot{\theta}^1 S_{\theta^2} - l^2(\dot{\theta}^1+\dot{\theta}^2)^2,\ \ l^1(\dot{\theta}^1)^2 S_{\theta^2} + l^1\ddot{\theta}^1 C_{\theta^2} \\
&\qquad + l^2(\ddot{\theta}^1+\ddot{\theta}^2),\ 0\}^T
\end{aligned}
\right\}
$$

以上により，ヤコビ行列は次のようになる．

$$
\begin{bmatrix} \boldsymbol{v}_{O2}^3 \\ \boldsymbol{\omega}_2^2 \end{bmatrix} = \boldsymbol{J}^n(\theta^1, \theta^2) \begin{bmatrix} \dot{\theta}^1 \\ \dot{\theta}^2 \end{bmatrix} \quad \Rightarrow \quad \boldsymbol{J}^n(\theta^1, \theta^2) = \begin{bmatrix} l^1 S_{\theta^2} & l^1 C_{\theta^2} & 0 & 0 & 0 & 1 \\ 0 & l^2 & 0 & 0 & 0 & 1 \end{bmatrix}^T
$$

また，剛体 i の並進に関する運動方程式を Σ_i で成分表示すると次式となる．

$$
m^2 \boldsymbol{\alpha}_{G2}^2 = \boldsymbol{F}_2{}^2 - m^2 \boldsymbol{T}_2{}^1 \boldsymbol{T}_1{}^0 \boldsymbol{g}_0
$$

$$
\Rightarrow \quad \boldsymbol{F}_2{}^2 = m^2 \begin{bmatrix} -l^1(\dot{\theta}^1)^2 C_{\theta^2} + l^1\ddot{\theta}^1 S_{\theta^2} - s^2(\dot{\theta}^1+\dot{\theta}^2)^2 + g S_{\theta^1+\theta^2} \\ l^1(\dot{\theta}^1)^2 S_{\theta^2} + l^1\ddot{\theta}^1 C_{\theta^2} + s^2(\ddot{\theta}^1+\ddot{\theta}^2) + g C_{\theta^1+\theta^2} \\ 0 \end{bmatrix}
$$

$$
m^1 \boldsymbol{\alpha}_{G1}^1 = \boldsymbol{F}_1{}^1 - \boldsymbol{T}_1{}^2 \boldsymbol{F}_2{}^2 - m^1 \boldsymbol{T}_1{}^0 \boldsymbol{g}_0
$$

$$\Rightarrow \ \boldsymbol{F}_1{}^1 = m^1\begin{bmatrix} -s^1(\dot{\theta}^1)^2 + gS_{\theta^1} \\ s^1\ddot{\theta}^1 + gC_{\theta^1} \\ 0 \end{bmatrix} + m^2\begin{bmatrix} -l^1(\dot{\theta}^1)^2 - s^2(\dot{\theta}^1+\dot{\theta}^2)^2 C_{\theta^2} - s^2(\ddot{\theta}^1+\ddot{\theta}^2)S_{\theta^2} + gS_{\theta^1} \\ l^1\ddot{\theta}^1 - s^2(\dot{\theta}^1+\dot{\theta}^2)^2 S_{\theta^2} + s^2(\ddot{\theta}^1+\ddot{\theta}^2)C_{\theta^2} + gC_{\theta^1} \\ 0 \end{bmatrix}$$

一方，剛体 i の重心 G_i 回りの回転に関する運動方程式を Σ_i で成分表示すると次式となる．

$$\boldsymbol{I}_{G2}^2\dot{\boldsymbol{\omega}}_2^2 + \boldsymbol{\omega}_2^2 \times (\boldsymbol{I}_{G2}^2\boldsymbol{\omega}_2^2) = \boldsymbol{N}_2{}^2 - \tilde{\boldsymbol{r}}_{G2}^2 \times \boldsymbol{F}_2{}^2$$

$$\Rightarrow \ \boldsymbol{N}_2{}^2 = \begin{bmatrix} 0 \\ 0 \\ \{I_z^2 + m^2(s^2)^2\}(\ddot{\theta}^1+\ddot{\theta}^2) + m^2s^2\{l^1(\dot{\theta}^1)^2 S_{\theta^2} + l^1\ddot{\theta}^1 C_{\theta^2} + gC_{\theta^1+\theta^2}\} \end{bmatrix}$$

$$\boldsymbol{I}_{G1}^1\dot{\boldsymbol{\omega}}_1^1 + \boldsymbol{\omega}_1^1 \times (\boldsymbol{I}_{G1}^1\boldsymbol{\omega}_1^1) = \boldsymbol{N}_1{}^1 - \boldsymbol{T}_1{}^2\boldsymbol{N}_2{}^2 - \tilde{\boldsymbol{r}}_{G1}^1 \times \boldsymbol{F}_1{}^1 - (\tilde{\boldsymbol{r}}_{O1}^2 - \tilde{\boldsymbol{r}}_{G1}^1) \times (\boldsymbol{T}_1{}^2\boldsymbol{F}_2{}^2)$$

$$\Rightarrow \ \boldsymbol{N}_1{}^1 = \begin{bmatrix} 0 \\ 0 \\ \{I_z^1 + m^1(s^1)^2 + m^2(l^1)^2\}\ddot{\theta}^1 + \{I_z^2 + m^2(s^2)^2\}(\ddot{\theta}^1+\ddot{\theta}^2) \\ \quad + m^2s^2l^1\{(2\ddot{\theta}^1+\ddot{\theta}^2)C_{\theta^2} - \dot{\theta}^2(2\dot{\theta}^1+\dot{\theta}^2)S_{\theta^2}\} \\ \quad + g\{(m^1s^1 + m^2l^1)C_{\theta^1} + m^2s^2C_{\theta^1+\theta^2}\} \end{bmatrix}$$

この $\boldsymbol{N}_i{}^i$ の z_i 軸成分が駆動トルク τ^i に等しいので，

$$\left.\begin{aligned} &\{I_z^1 + m^1(s^1)^2 + m^2(l^1)^2\}\ddot{\theta}^1 + \{I_z^2 + m^2(s^2)^2\}(\ddot{\theta}^1+\ddot{\theta}^2) + m^2s^2l^1\{(2\ddot{\theta}^1+\ddot{\theta}^2)C_{\theta^2} \\ &\quad - \dot{\theta}^2(2\dot{\theta}^1+\dot{\theta}^2)S_{\theta^2}\} + g\{(m^1s^1 + m^2l^1)C_{\theta^1} + m^2s^2C_{\theta^1+\theta^2}\} = \tau^1 \\ &\{I_z^2 + m^2(s^2)^2\}(\ddot{\theta}^1+\ddot{\theta}^2) + m^2s^2\{l^1(\dot{\theta}^1)^2 S_{\theta^2} + l^1\ddot{\theta}^1 C_{\theta^2} + gC_{\theta^1+\theta^2}\} = \tau^2 \end{aligned}\right\}$$

さらに，式(3.117)の形式に整理すると，次式のようになる．

$$\begin{bmatrix} M_{11} & M_{12} \\ M_{21} & M_{22} \end{bmatrix}\begin{bmatrix} \ddot{\theta}^1 \\ \ddot{\theta}^2 \end{bmatrix} + \begin{bmatrix} V_1 \\ V_2 \end{bmatrix} + \begin{bmatrix} G_1 \\ G_2 \end{bmatrix} = \begin{bmatrix} \tau^1 \\ \tau^2 \end{bmatrix} \tag{s}$$

ここに，

$$\left.\begin{aligned} &M_{11} = I_z^1 + m^1(s^1)^2 + I_z^2 + m^2\{(l^1)^2 + (s^2)^2 + 2l^1s^2C_{\theta^2}\} \\ &M_{12} = M_{21} = I_z^2 + m^2\{(s^2)^2 + l^1s^2C_{\theta^2}\}, \quad M_{22} = I_z^2 + m^2(s^2)^2 \\ &V_1 = -m^2l^1s^2\dot{\theta}^2(2\dot{\theta}^1+\dot{\theta}^2)S_{\theta^2}, \quad V_2 = m^2l^1s^2(\dot{\theta}^1)^2S_{\theta^2} \\ &G_1 = m^1gs^1C_{\theta^1} + m^2g(l^1C_{\theta^1} + s^2C_{\theta^1+\theta^2}), \quad G_2 = m^2gs^2C_{\theta^1+\theta^2} \end{aligned}\right\}$$

これが求めるべき2自由度系としての運動方程式である．

演 習 問 題

3.1 A particle of mass m on frictionless and horizontal plane is connected to a particle of mass M by an inextensible string of length l which passes through a small hole at point O, as shown in Fig. 3.18. The particle of mass m moves on the plane and the second particle moves only along a vertical line through O for the initial conditions of $r(0)=r_0$, $\dot{r}(0)=0$ and $\dot{\theta}(0)=\omega_0$. Assuming $M/m=2$ and $r_0\omega_0^2/g=16/3$, find the maximum value of r and the minimum tension T in string during the ensuing motion.

3.2 Find the inertia tensor of a homogeneous cube of mass m and edge length a with respect to a coordinate system O-$\bar{\xi}\bar{\eta}\bar{\zeta}$ as shown in Fig. 3.19.

3.3 A thin uniform bar of mass m and length l is connected by a pin joint at one end to a vertical shaft which rotates at a constant angular velocity ω as shown in Fig. 3.20. Write the equation of motion for the system with respect to a coordinate system O-$\bar{\xi}\bar{\eta}\bar{\zeta}$ by using the angle θ. Assuming $\theta\approx 0$, find the position of stable equilibrium.

3.4 図3.21に示すように，水平な床の上に垂直に立てられた半径 r，質量 m で厚さの無視できる均質な円板が，その重心Gを通る長さ l で質量の無視できる剛性軸を

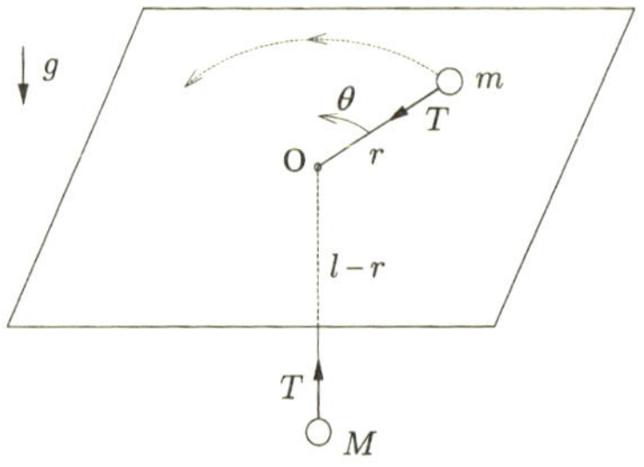

Fig. 3.18 Motion of 2 particles

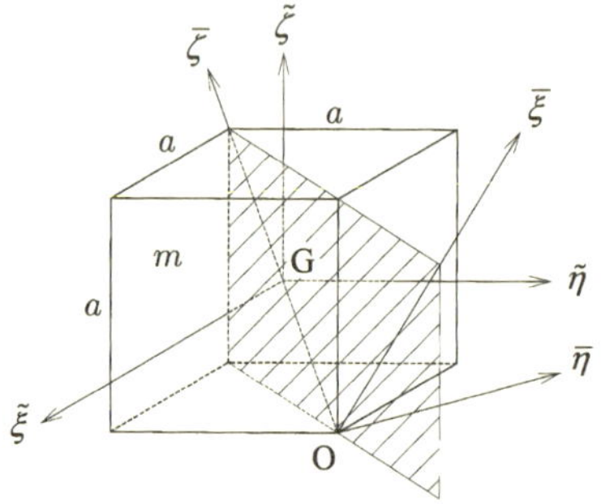

Fig. 3.19 Inertia tensor of homogeneous cube

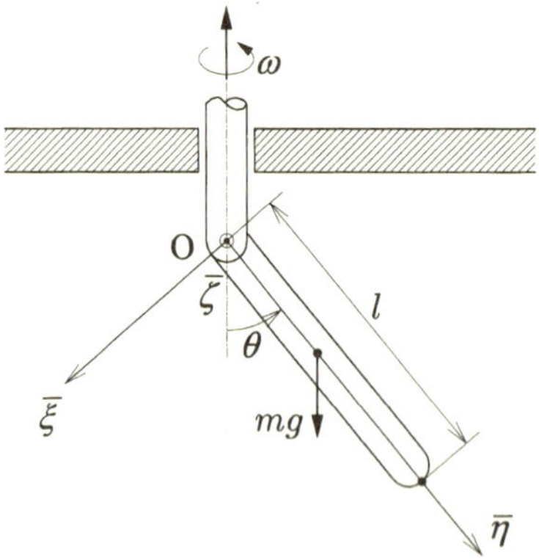

Fig. 3.20 Rotation of uniform bar

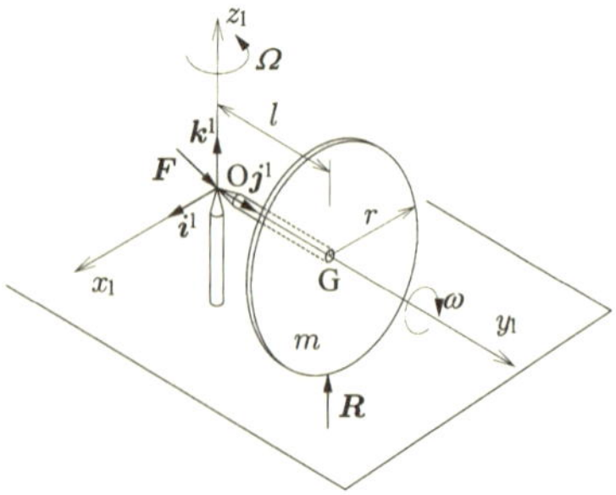

図3.21 水平面上をころがる円板

介して点Oに取り付けられている．剛性軸は点Oの回りを自由かつなめらかに回転できるようになっており，鉛直軸の回りを一定の角速度 Ω で回転している．また，円板と床との間にすべりはないものとする．このとき，次の物理量などを，鉛直上向きを z_1 軸，剛性軸方向を y_1 軸とする O-$x_1y_1z_1$ 座標系で成分表示せよ．ただし，座標軸方向の単位ベクトルを $\boldsymbol{i}^1, \boldsymbol{j}^1, \boldsymbol{k}^1$ とする．

(1) O-$x_1y_1z_1$ 座標系の回転角速度 Ω_1 および円板の角速度ベクトル $\boldsymbol{\omega}_1$

(2) 点Oを基準とする円板の重心Gの位置ベクトル $\boldsymbol{r}_1$，および重心Gの絶対速度ベクトル $\boldsymbol{v}_1$ および絶対加速度ベクトル $\boldsymbol{\alpha}_1$

(3) 重心Gに関する円板の角運動量ベクトル $\boldsymbol{L}_1$

(4) 円板の並進運動と回転運動に関する運動方程式

(5) 床から円板に働く抗力 $\boldsymbol{R}_1$ および点Oに発生すべき反力 $\boldsymbol{F}_1$

3.5 図3.22に示す剛体系($n=2$)の運動方程式を求めよ．ただし，剛体 $i(=1, 2)$ に固定された座標系 Σ_i はともに重心に関する慣性主軸に平行で，Σ_i で要素表示された重心 G_i に関する慣性テンソルを $\boldsymbol{I}_{Gi}^{i} = \mathrm{diag}[I_x^i, I_y^i, I_z^i]$ とする．また，原点 O_0 と原点 O_1 は一致しており，x_1 軸と z_2 軸は平行で，重心 G_1 および原点 O_2 は z_1 軸上に，重心 G_2 は x_2 軸上に存在するものとする．τ^i は z_i 軸回りに作用する駆動トルクである．

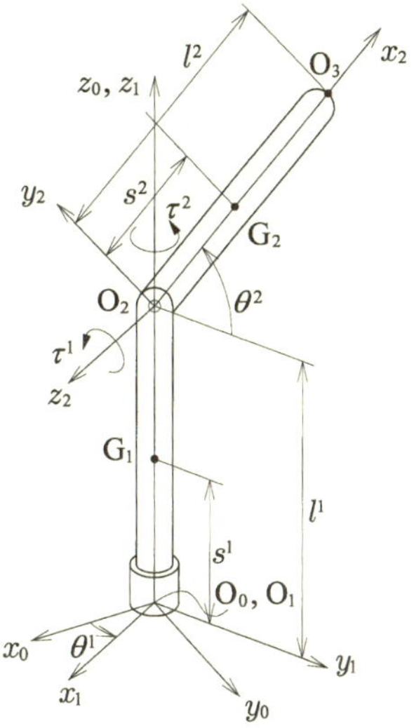

図3.22 自由度2の剛体系

Tea Time

「解析学の権化」オイラー

機械力学の基礎である古典力学(ニュートン力学)は，1687年に第1版が刊行されたニュートンの『自然哲学の数学的原理』，通称『プリンキピア』に起源をもつとされている．また，この『プリンキピア』は，経験に基礎をおきつつ自然現象を論理的に理解しようとする近代自然科学の最初の(そしておそらくは現在までのところ最大の)成果ともみなされている．しかしながら，この『プリンキピア』の中に，現在の我々がニュートン力学と考えている内容がそのまま展開されているわけではない．確かに力学の原理自体はほぼすべてが含まれているといえなくもないが，『プリンキピア』の論述形式は高度に幾何学的で，一般的な問題への適用という観点からすれば無力に近い．幾何学の素養に乏しい現代の我々からすれば，ほとんど内容が理解できないか，理解できたとしても個別の問題ごとに示されるニュートンの非常に巧妙な解法に恐れ入るほかないのが実情である．したがって，力学を一定レベル以上の資質のある人間に理解可能なものにし，一般的な問題に適用可能なものにするには，力学を代数的・解析的に書き改め，教育可能なものに作り直すことが不可避であった．この作業はニュートンの死後ほぼ 100 年をかけて多くの天才達の努力によって達成されたが，なかでも決定的な役割を果たしたのがオイラーである．

オイラーは 1707 年にスイスのバーゼルで生まれた．父親はカルヴァン派の牧師であり，オイラーもまた牧師になることを期待されて 1720 年バーゼル大学に入学した．ところが，我々にとっては幸運なことに，オイラーの数学的才能が当時教授であったヨハン・ベルヌーイの目にとまり，その説得の甲斐もあって数学者としての生涯を歩むことになった．時あたかも啓蒙主義の時代である．

オイラーはヨハン・ベルヌーイの息子ダニエル・ベルヌーイの斡旋で，1727 年にロシアのペテルブルグ・科学アカデミーのポストを得た．その後，1741 年プロシアのフリードリッヒ大王の招聘で新しくできたベルリン・科学アカデミーに移り，さらにエカテリーナ 2 世の懇請を受けて 1766 年にペテルブルグ・科学アカデミーに戻った．ベルリン・科学アカデミーのオイラーの後任はラグランジュであった．

1783 年 76 歳で亡くなるまでの間，1738 年に右眼の視力を，さらにのちには左眼の視力をも失うという悲劇に襲われながらも，オイラーは倦まず弛まず研究を続け，今日知られているだけで 850 編以上といわれる膨大な量の著作や論文を残した．その研究対象は当時知られていた数学や物理のほぼ全領域に及び，それぞれ非常に大きな成果を得ただけでなく，「彼が手を加えたものは必ずやその美しさを増す」とさえいわれた．また，同じく解析学の達人であるラプラスは「オイラーを読みたまえ，彼こそ我らすべての師なのだから」と述べたと伝えられている．

オイラーの功績には，力学関係の主要なものに絞っただけでも，次のようなものがある．(1) 質点の概念を明確化したこと，(2) 空間の一様性と結びつけて「慣性」の概念（静止と等速直線運動の物理的同一性）を明確化したこと，(3) 運動の第 2 法則を $m\ddot{x}=F$ という解析的な運動方程式の形式で初めて与えたこと，(4) 広がりのある物体（固体や液体）に対しても内部の微小な要素を考えると運動方程式が適用されることを主張し，運動方程式を質点・剛体・弾性体・流体のすべてにわたる力学の基本原理として初めて位置付け，質点力学・剛体力学・弾性体力学・流体力学を単一の基礎の上に建設することを可能にしたこと，等々．特に本章で述べた剛体力学は，その内容のほとんどすべてがオイラーの手によるものである．さらには，変分法についても深く研究し，ラグランジュによる解析力学への道を切り拓いたことも特筆されるべきだろう．このようにみてくると，現在我々がニュートン力学として理解している内容は，実際にはオイラーおよびラグランジュによって書き改められたニュートン力学とよばれるのが妥当なようにすら思われる．

オイラーは，全盲になってからも亡くなるその日までずっと研究を続けた．その間の主要な功績のひとつに「月の運動」に関する研究があるが，その非常に複雑な計算をすべて頭の中(暗算)だけでやってのけたという．まことに「解析学の権化」とよばれるにふさわしい．いやはや何とも凄い人ではある．

（この稿は，山本義隆『重力と力学的世界』現代数学社，山本義隆『古典力学の形成』日本評論社，広重徹『物理学史Ⅰ』培風館などを参考にした）

4. 解析力学の基礎事項

ニュートンの第二法則が物体の運動方程式を導出する基本ではあるが，複雑な力学系にそれを適用するとき，次のような欠点がある．(1) 力や加速度など，大きさと向きをもつベクトルを用いて力学系の運動方程式を導出することは間違いをおかしやすい．(2) 系に拘束力が含まれる場合，拘束力を解析のはじめから考慮せねばならない．しかし，拘束力は運動が決まってはじめて決定されるものであるため，解析が複雑となる．

これらの問題点の大部分を解決したのが解析力学的手法であるラグランジュの運動方程式 (Lagrange's equation of motion) である．ここでは，質点系を解析の対象として，その概略を述べる．剛体は質点系の特別な場合であるので，以下の解析法は剛体を含む系にも適用できる．

4.1 拘束条件と自由度

床に置かれた物体は床から垂直抗力を受ける．この抗力は物体が床と接触しているという拘束を維持するための力である．一方，機械は決まった運動を繰り返し，有効な仕事を行う．そのため，機械の構成部品は床の上の物体と同様に必ず拘束を受ける．今，N 個の質点からなる質点系で，各質点が拘束を受ける場合を考える．図 4.1 に示す静止直交座標系 O-xyz 上で，位置ベクトル $\boldsymbol{r}_i$ の第 i $(=1, \cdots, N)$ 番目の質点が外力・内力のみならず拘束力を受けて運動している．拘束条件を次のように合わせて $p(<3N)$ 個の独立な関数で表される場合を考える．

$$h_j(\boldsymbol{r}_1, \boldsymbol{r}_2, \cdots, \boldsymbol{r}_N)=0 \quad \text{または，} \quad h_j(\boldsymbol{r}_1, \boldsymbol{r}_2, \cdots, \boldsymbol{r}_N, t)=0 \tag{4.1}$$

ここに，$j=1, \cdots, p$．式 (4.1) で表される拘束条件にともなって，質点 i には外

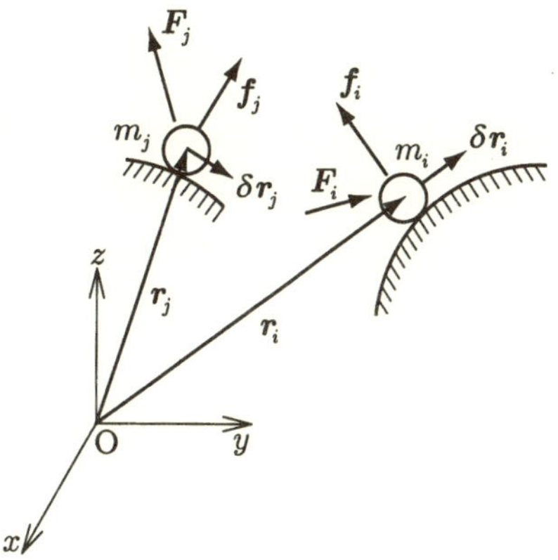

図 4.1 質点系の拘束

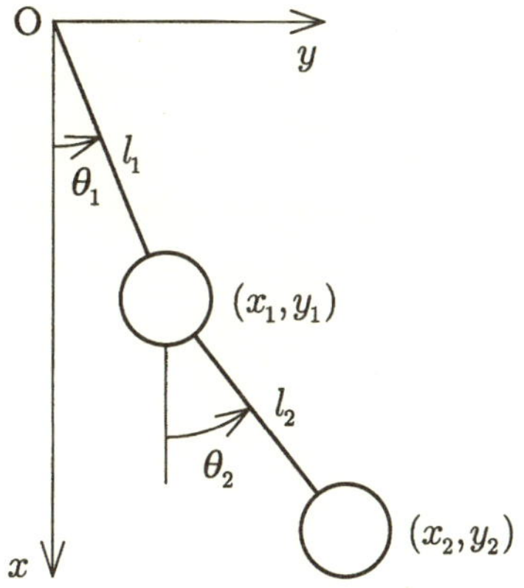

図 4.2 二重振り子

力と内力(これらの合力を $\boldsymbol{F}_i$ とする)のほかに拘束力 $\boldsymbol{f}_i$ が作用する．このように拘束条件が位置ベクトルと時間のみを含む等式で表される系をホロノーム系(holonomic system)といい，式(4.1)に示すように時間 t を陽に含まない系と含む系とがある．本章では，説明をホロノーム系に限定する．

任意の時刻における力学系の位置，姿勢を表すために必要な変数の最小数を自由度(degree of freedom)とよぶ．拘束のない1つの質点の自由度は3である．N 個の質点系に式(4.1)で表される独立な拘束条件が合わせて p 個あれば，それだけ自由度が減少し，質点系の自由度は $n=3N-p$ となる．このような力学系を n 自由度系，$n\geq 2$ の力学系を総称して多自由度系(multi-degree-of-freedom system)とよぶ．一般に，質点系に含まれる個々の質点の運動を表すには，自由度の数だけの運動方程式が必要である．

〔例題 4.1〕 図 4.2 に示すように，鉛直面(xy 平面)内で振動する二重振り子がある．この自由度を求めよ．

〔解〕 振り子の支点を原点 O とする静止直交座標系 O-xy を設定すると，質点の位置は (x_1, y_1) と (x_2, y_2) の4つの座標で表される．ここで糸は伸びないと仮定すると，$x_1^2+y_1^2=l_1^2$ および $(x_2-x_1)^2+(y_2-y_1)^2=l_2^2$ の独立な2つの条件があるので，4−2=2 自由度系である．

4.2 仮想仕事の原理

与えられた拘束条件を必ず満たす変位の中で，各質点の任意の微小な変位を仮想変位（virtual displacement）とよび，位置ベクトル $\boldsymbol{r}_i$ にある質点の仮想変位を $\delta\boldsymbol{r}_i$ で表す．質点が運動するときの仮想変位は，各時刻ごとに拘束条件を満足するように仮想的に考えた微小変位と定める．したがって，仮想変位は微小時間内に実際に生じる変位とは異なる．また，質点に作用する力はこの微小な仮想変位によっては変化しないとする．

今，質点系が拘束力 $\boldsymbol{f}_i$ とそれを除いた外力および内力の合力 $\boldsymbol{F}_i$ の作用のもとで静的平衡状態にあるとしよう．そのとき，次式が成り立つ．

$$\boldsymbol{F}_i+\boldsymbol{f}_i=\boldsymbol{0} \tag{4.2}$$

ここに，$i=1,\cdots,N$．静的平衡点にある質点の位置ベクトルを $\boldsymbol{r}_i$，この点からの仮想変位を $\delta\boldsymbol{r}_i$ とする．質点系に作用する力 $\boldsymbol{F}_i+\boldsymbol{f}_i$ がこの仮想変位によってなす仕事の総和を仮想仕事（virtual work）という．仮想仕事 δW は次式で表される．

$$\delta W=\sum_{i=1}^{n}(\boldsymbol{F}_i+\boldsymbol{f}_i)\cdot\delta\boldsymbol{r}_i=0 \tag{4.3}$$

したがって，静的平衡状態にある質点系の仮想仕事は 0 となる．また，次の条件を満たす拘束をなめらかな拘束とよぶ．

$$\sum_{i=1}^{n}\boldsymbol{f}_i\cdot\delta\boldsymbol{r}_i=0 \tag{4.4}$$

このように，なめらかな拘束のときには拘束力は仮想仕事をしない．

拘束力には垂直抗力と摩擦力がある．今，ある曲線にそって運動する質点を考える．もしも，摩擦力がなければ，質点の運動に対して拘束力は運動方向と垂直な垂直抗力のみとなる．仮想変位は拘束条件を満たさねばならないので，運動方向に垂直な成分はもたない．したがって，拘束力による仮想仕事は 0 となり，なめらかな拘束となる．このように，なめらかな拘束の 1 つは摩擦が存在しない場合である．その他，伸びない糸にかかる張力のように拘束力の方向に変位できない系もなめらかな拘束を有することになる．系がなめらかな拘束を有するとき，式 (4.3) は次式となる．

$$\sum_{i=1}^{N}\boldsymbol{F}_i\cdot\delta\boldsymbol{r}_i=0 \tag{4.5}$$

式 (4.5) は質点系が静的平衡点から拘束条件の下で任意の仮想変位を行うときに外力のなす仮想仕事は 0 であることを述べている．これを仮想仕事の原理（principle of virtual work）という．仮想仕事の原理を表す式 (4.5) からなめらかな拘束があるときの静的平衡状態が直接求められる．なぜならば，質点系がなめらかな拘束を受ける場合には，式(4.5)には拘束力 $\boldsymbol{f}_i$ がまったく現れないからである．逆に言えば，仮想仕事の原理からは拘束力を求めることはできない．一方，式(4.2)から静的平衡点を求める場合には，たとえなめらかな拘束であっても，この未知の拘束力を仮定して解析せねばならない．このように仮想仕事の原理は元来，静力学の平衡問題を取り扱ったものである．

〔例題 4.2〕 図 4.3 に示すように，質量 m，半径 r の一様な半円柱をなめらかな床の上に平面を上に向けて置く．この半円柱の直径面で切った面と外周の交点にいくらの質量の質点を取り付けると直径面が水平となす角度が 45° となるか．ここに，半円柱の重心の位置は中心 O から $4r/3\pi$ の位置である．

〔解〕 直径面が水平となす角度を θ，取り付ける質量を M とする．外力は半円柱の重力と質点の重力だけである．半円柱の中心 O を原点として，下方に y 軸をとる．半円柱の重心の y 座標を y_G，質点を取り付ける位置の y 座標を y_M とする．

$$y_G=(4r/3\pi)\cos\theta,\quad y_M=r\sin\theta$$

$$\delta y_G=-(4r/3\pi)\sin\theta\cdot\delta\theta,\quad \delta y_M=r\cos\theta\cdot\delta\theta^*$$

仮想仕事の原理から，

$$\delta W=mg\delta y_G+Mg\delta y_M=-mg(4r/3\pi)\sin\theta\cdot\delta\theta+Mgr\cos\theta\cdot\delta\theta=0$$

よって，任意の仮想変位 $\delta\theta$ に対して成り立つためには，$\tan\theta=3M\pi/4m=1$

$$\Rightarrow\quad M=4m/3\pi$$

［*注］ 座標 x, y, z と時間 t の関数である $f(x, y, z, t)$ のある時刻における変化分(変分) δf は，

$$\delta f(x, y, z, t)=f(x+\delta x, y+\delta y, z+\delta z, t)-f(x,y, z, t)$$
$$=\frac{\partial f}{\partial x}\delta x+\frac{\partial f}{\partial y}\delta y+\frac{\partial f}{\partial z}\delta z$$

たとえば，$y_M=r\sin\theta$ のとき，$\delta y_M=\dfrac{\partial(r\sin\theta)}{\partial\theta}\delta\theta=r\cos\theta\cdot\delta\theta$ となる．

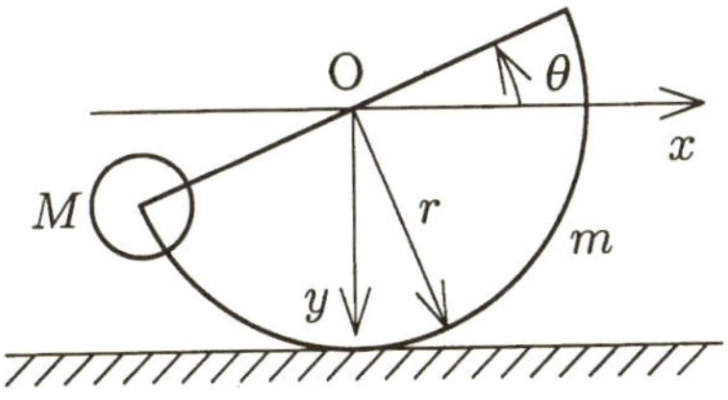

図 4.3　静的平衡状態

4.3　ダランベールの原理

質点系の質点 i にニュートンの第二法則を適用すると，運動方程式は，

$$m_i\ddot{\boldsymbol{r}}_i=\boldsymbol{F}_i+\boldsymbol{f}_i \tag{4.6}$$

となる．ここに，$i=1,\cdots,N$ である．上式を次のように変形する．

$$\boldsymbol{F}_i+\boldsymbol{f}_i+(-m_1\ddot{\boldsymbol{r}}_i)=\boldsymbol{0} \tag{4.7}$$

左辺の項 $(-m_i\ddot{\boldsymbol{r}}_i)$ は質点 i とともに並進運動する移動座標系から質点の運動を見たときに現れる慣性力である．よって，上式は運動中に作用する外力および拘束力とみかけの力である慣性力が常に (動的に) つりあっていることを意味する．これをダランベールの原理 (d'Alembert's principle) という．ダランベールの原理の意義は，次の 2 点にある．

(1)　質点が加速度運動することに基づく慣性力を考慮することによって，動力学の問題を静力学の平衡問題に帰着させることができる．

(2)　したがって，仮想仕事の原理が動力学の問題に拡張して適用できる．

今，ダランベールの原理を使って式 (4.7) に仮想仕事の原理を適用しよう．

$$\sum_{i=1}^{N}(\boldsymbol{F}_i+\boldsymbol{f}_i-m_i\ddot{\boldsymbol{r}}_i)\cdot\delta\boldsymbol{r}_i=0 \tag{4.8}$$

なめらかな拘束を仮定すると，式 (4.4) が成り立つので，上式は次式となる．

$$\sum_{i=1}^{N}\boldsymbol{F}_i\cdot\delta\boldsymbol{r}_i=\sum_{i=1}^{N}m_i\ddot{\boldsymbol{r}}_i\cdot\delta\boldsymbol{r}_i \tag{4.9}$$

〔例題 4.3〕　図 4.4 に示すように，水平と α の角をなす粗い斜面上に質量 m，半径 a の円柱が置かれている．すべりはないものとして，円柱の並進加速度を求めよ．

〔解〕　円柱はすべらずにころがるので，仮想仕事の原理を適用する際，円柱と斜面の間の拘束力は考慮する必要はなく，外力としては重力のみである．円柱の重心の斜面下向きの仮想変位を δx，重心回りの回転の仮想角変位を $\delta\theta$ とする．$\delta x=a\delta\theta$ および $\ddot{x}$

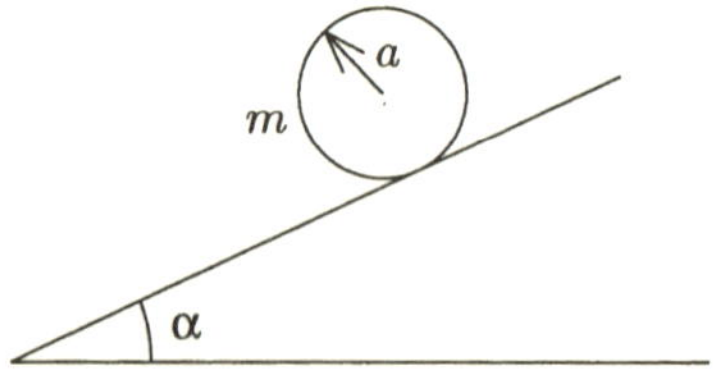

図 4.4　ころがり運動

$=a\ddot{\theta}$ が成り立つ．円柱の重心回りの慣性モーメントは，$J=ma^2/2$ である．ダランベールの原理および仮想仕事の原理から，$(mg\sin\alpha-m\ddot{x})\delta x+(-J\ddot{\theta})\delta\theta=(mg\sin\alpha-3m\ddot{x}/2)\delta x=0$ が成り立つ．したがって，任意の仮想変位 δx に対してこの式が成り立つ条件から，加速度は，$\ddot{x}=2g\sin\alpha/3$.

4.4 一般化座標

拘束条件を満たす仮想変位 $\delta\boldsymbol{r}_i$ を直交座標系で表すとかえって複雑となることが多い．しかし，ホロノーム系に対しては，与えられた問題に最適な座標を用いて系の自由度に等しい数の変数で，しかも恒等的に拘束条件を満足するような変数を用いて，系の位置や姿勢を一義的に記述することができる．自由度の数に等しい，この n 個の変数を一般化座標 (generalized coordinate) といい，ここではそれを $q_i(i=1,\cdots,n)$ で表す．そのとき，一般化座標に関する仮想変位 $\delta q_1,\cdots,\delta q_n$ はお互いに独立となる．

一般化座標は長さの次元をもつ変数とは限らず，角度であってもよい．また，一般化座標の選び方も幾通りもありうるので，与えられた問題に最適な一般化座標を選択することが肝要である．

〔例題 4.4〕 図 4.2 の二重振り子の系は 2 自由度であった．この系の一般化座標を選定せよ．

〔解〕 糸はたるまないとき，図 4.2 の θ_1,θ_2 を一般化座標として選ぶことができる．この選定によって，質点の拘束条件を意識する必要はなくなる．

4.5 ラグランジュの運動方程式

一般化座標を用いて式 (4.9) を書き表してみよう．各質点の変位 $\boldsymbol{r}_i$ は次のような自由度の数に等しい n 個の独立な一般化座標 $q_j(j=1,\cdots,n)$ と時間 t で表せる．

$$\boldsymbol{r}_i=\boldsymbol{r}_i(q_1,\cdots,q_n,t) \tag{4.10}$$

一般化座標 q_j の仮想変位を δq_j とすると，ある時刻 t における仮想変位 $\delta\boldsymbol{r}_i$ は，

$$\delta\boldsymbol{r}_i=\boldsymbol{r}_i(q_1+\delta q_1,\cdots,q_n+\delta q_n,t)-\boldsymbol{r}_i(q_1,\cdots,q_n,t)=\sum_{j=1}^{n}\frac{\partial\boldsymbol{r}_i}{\partial q_j}\delta q_j \tag{4.11}$$

で表せるので，式 (4.9) の左辺は，次のように変形できる．

$$\sum_{i=1}^{N}\boldsymbol{F}_i\cdot\delta\boldsymbol{r}_i=\sum_{i=1}^{N}\sum_{j=1}^{n}\boldsymbol{F}_i\cdot\frac{\partial\boldsymbol{r}_i}{\partial q_j}\delta q_j=\sum_{j=1}^{n}Q_j\delta q_j \tag{4.12}$$

ここに，

$$Q_j=\sum_{i=1}^{N}\boldsymbol{F}_i\cdot\frac{\partial \boldsymbol{r}_i}{\partial q_j} \tag{4.13}$$

Q_j を一般化座標 q_j に対応した一般化力 (generalized force) とよぶ．一般化力 Q_j は外力 $\boldsymbol{F}_i$ の一般化座標 q_j 方向成分の総和である．

また，質点 i の速度ベクトルは，

$$\dot{\boldsymbol{r}}_i=\sum_{j=1}^{n}\frac{\partial \boldsymbol{r}_i}{\partial q_j}\dot{q}_j+\frac{\partial \boldsymbol{r}_i}{\partial t} \tag{4.14}$$

上式から以下の関係が求められる．

$$\frac{\partial \dot{\boldsymbol{r}}_i}{\partial \dot{q}_j}=\frac{\partial \boldsymbol{r}_i}{\partial q_j},\quad \frac{\partial \dot{\boldsymbol{r}}_i}{\partial q_j}=\frac{d}{dt}\left(\frac{\partial \boldsymbol{r}_i}{\partial q_j}\right) \tag{4.15}$$

これらを式 (4.9) の右辺に代入し，若干面倒な計算を行うと，次式を得る．

$$\begin{aligned}\sum_{i=1}^{N}m_i\ddot{\boldsymbol{r}}_i\cdot\delta\boldsymbol{r}_i&=\sum_{i=1}^{N}\sum_{j=1}^{n}m_i\ddot{\boldsymbol{r}}_i\cdot\frac{\partial \boldsymbol{r}_i}{\partial q_j}\delta q_j\\&=\sum_{j=1}^{n}\left[\sum_{i=1}^{N}m_i\left\{\frac{d}{dt}\left(\boldsymbol{r}_i\cdot\frac{\partial \boldsymbol{r}_i}{\partial q_j}\right)-\boldsymbol{r}_i\cdot\frac{d}{dt}\left(\frac{\partial \boldsymbol{r}_i}{\partial q_j}\right)\right\}\right]\delta q_j\\&=\sum_{j=1}^{n}\left\{\frac{d}{dt}\left(\frac{\partial T}{\partial \dot{q}_j}\right)-\frac{\partial T}{\partial q_j}\right\}\delta q_j\end{aligned} \tag{4.16}$$

ここに，$T=T(q_1,\cdots,q_n,\dot{q}_1,\cdots,\dot{q}_n,t)$ は質点系の運動エネルギーの総和であり，次式で与えられる．

$$T=\sum_{i=1}^{N}\frac{1}{2}m_i\dot{\boldsymbol{r}}_i\cdot\dot{\boldsymbol{r}}_i=\sum_{i=1}^{N}\frac{1}{2}m_iv_i^2\quad ここに，\ v_i=|\dot{\boldsymbol{r}}_i| \tag{4.17}$$

式 (4.12)，(4.16) を式 (4.9) に代入すると，$\delta q_j(j=1,\cdots,n)$ はお互いに独立であるので，任意の δq_j に対して次式を得る．

$$\frac{d}{dt}\left(\frac{\partial T}{\partial \dot{q}_j}\right)-\frac{\partial T}{\partial q_j}=Q_j,\quad j=1,\cdots,n \tag{4.18}$$

上式が式 (4.9) を一般化座標で表したものであり，ニュートンの第二法則を一般化座標で表したものに相当する．これをラグランジュの運動方程式とよぶ．運動エネルギーと一般化力とを一般化座標を用いて表すことができれば，式 (4.18) は一般化座標の数，すなわち，自由度の数に等しい常微分方程式の形の運動方程式となる．

外力 $\boldsymbol{F}_i$ は保存力 $\boldsymbol{F}_i^c$ と非保存力 $\boldsymbol{F}_i^{nc}$ に大別できる．外力 $\boldsymbol{F}_i$ に対応した一般化力 Q_j を保存力 Q_j^c と非保存力 Q_j^{nc} に分けて考えよう．

$$Q_j = Q_j^c + Q_j^{nc} \tag{4.19}$$

非保存力の代表は摩擦力および独立変数 t のみの関数である外力である．

一般化力による仮想仕事は，次式で表せる．

$$\delta W = \sum_{j=1}^{n} (Q_j^c \delta q_j + Q_j^{nc} \delta q_j) = \delta W_c + \delta W_{nc} \tag{4.20 a}$$

ここに，

$$\delta W_c = \sum_{j=1}^{n} Q_j^c \delta q_j, \quad \delta W_{nc} = \sum_{j=1}^{n} Q_j^{nc} \delta q_j \tag{4.20 b}$$

保存力 Q_j^c はポテンシャルから導かれる．ポテンシャルを $U(q_1, \cdots, q_n, t)$ とおくと，

$$\delta W_c = -\delta U, \quad \delta U = \sum_{j=1}^{n} \frac{\partial U}{\partial q_j} \delta q_j \quad \Rightarrow \quad Q_j^c = -\frac{\partial U}{\partial q_j} \tag{4.21}$$

式 (4.19)，(4.21) を式 (4.18) に代入すると，式 (4.18) とは異なった形式ではあるが，運動方程式を導出するのに最も便利な次のラグランジュの方程式が得られる．

$$\frac{d}{dt}\left(\frac{\partial L}{\partial \dot{q}_j}\right) - \frac{\partial L}{\partial q_j} = Q_j^{nc}, \quad j = 1, \cdots, n \tag{4.22}$$

ここに，L はラグランジュ関数 (Lagrangian) とよばれ，次式で定義される．

$$L = T - U \tag{4.23}$$

ラグランジュの運動方程式には，以下のような利点がある．

(1)　運動エネルギーやポテンシャルエネルギーおよび仮想仕事などのスカラー量を用いて運動方程式を導出するので，複雑な力学系でも間違いをおかしにくい．

(2)　ラグランジュの方程式はなめらかな拘束による拘束力を含まない．力学系になめらかな拘束がある場合には，その拘束力を考慮する必要はない．

ラグランジュの運動方程式の導出手順を以下に示す．

(1)　対象系の自由度 n を定め，その数に等しいお互いに独立な一般化座標 q_j を設定する．

(2)　静止直交座標系で表された質点の位置ベクトル $\boldsymbol{r}_i$ を一般化座標 q_j で表す．

(3)　運動エネルギー T を $q_j, \dot{q}_j, t$ で，ポテンシャルエネルギー U を q_j, t で表す．

(4)　系に作用する非保存力 $\boldsymbol{F}_i^{nc}$ に対応する一般化力 Q_j^{nc} を仮想仕事の原理

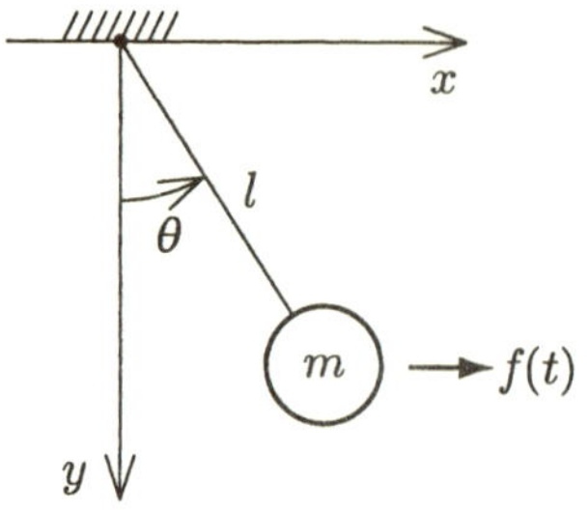

図 4.5　単振り子

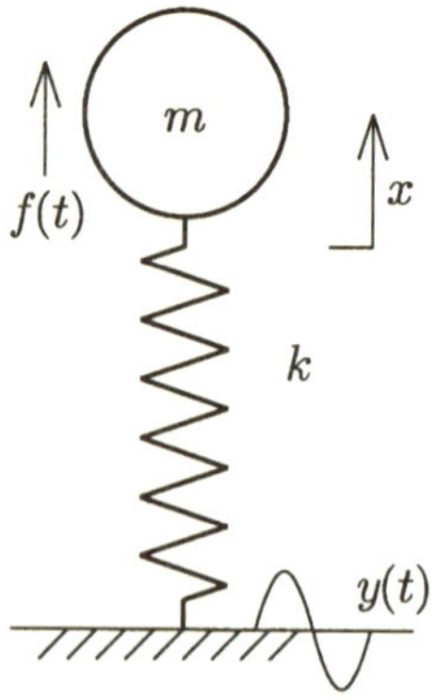

図 4.6　1 自由度系

$\delta W_{nc}=\sum_{i=1}^{N}\boldsymbol{F}_i^{nc}\cdot\delta\boldsymbol{r}_i=\sum_{j=1}^{n}Q_j^{nc}\delta q_j$ の関係から求める．

(5)　式 (4.22) に T, U および Q_j^{nc} を代入してラグランジュの運動方程式を得る．

〔例題 4.5〕　図 4.5 に示すように，長さ l のたるまない糸の先端に質量 m の質点が取り付けられた単振り子の質点に水平方向の外力 $f(t)$ が作用するときの運動方程式を求めよ．

〔解〕　糸はたるまないので，拘束力である張力は仕事をしない．よって，ラグランジュの方程式を適用する場合には，この拘束力は考慮する必要はない．振り子の支持点を原点とする静止座標系 O-xy を設定し，質点の位置を (x, y) とおく．この系の自由度は 1 であるから，一般化座標として鉛直軸と糸との角度 θ をとる．(x, y) を一般化座標で表すと，

$$x=l\sin\theta,\quad y=l\cos\theta,\quad \dot{x}=l\cos\theta,\quad \dot{y}=-l\sin\theta$$

$$\delta x=l\delta\theta\cos\theta,\quad \delta y=-l\delta\theta\sin\theta$$

運動エネルギー $T=m(\dot{x}^2+y^2)/2=ml^2\dot{\theta}^2$

（i）ラグランジュの方程式 (4.18) を用いた場合：

外力は重力 mg と強制力 $f(t)$ があり，前者は保存力，後者は非保存力である．これらの外力による仮想仕事から一般化力を求める．

$$\delta W=mg\delta y+f(t)\delta x=[-mgl\sin\theta+f(t)l\cos\theta]\delta\theta=Q_\theta\delta\theta$$

$$\Rightarrow\quad \text{一般化力}\quad Q_\theta=-mgl\sin\theta+f(t)l\cos\theta$$

運動エネルギー T および一般化力 Q_θ が一般化座標 θ で表されたので，式 (4.18) に代入して計算する．$\dfrac{\partial T}{\partial\theta}=2ml^2\dot{\theta}$, $\dfrac{d}{dt}\left(\dfrac{\partial T}{\partial\theta}\right)=2ml^2\ddot{\theta}$, $\dfrac{\partial T}{\partial\theta}=0$ だから，運動方程式は，

$$ml^2\ddot{\theta}+mgl\sin\theta=f(t)l\cos\theta$$

角変位 θ が微小であるとき，$\sin\theta\approx\theta$, $\cos\theta\approx1$ としてよいから，線形化された運動方程式は，$ml^2\ddot{\theta}+mgl\theta=f(t)l$ となる．

（ii） ラグランジュの方程式(4.22)を用いた場合：

重力は保存力だから，ポテンシャルエネルギーをもつ．$U=mgl(1-\cos\theta)$

外力による仮想仕事：$\delta W=f(t)\delta x=f(t)l\cos\theta\cdot\delta\theta=Q_\theta^{nc}\delta\theta \quad\rightarrow\quad Q_\theta^{nc}=f(t)l\cos\theta$

これらを式(4.22)に代入すると，上記（i）と同じ方程式を得る．

〔例題 4.6〕 図 4.6 に示すように，床が垂直方向に $y=a\cos\omega t$ で正弦的に運動している．この床の上に質量 m，ばね定数 k の振動系が取り付けられている．質点には外力 $f(t)$ が垂直方向に作用している．質点の運動方程式を求めよ．

〔解〕 質点の絶対変位を x とすると，

運動エネルギー $T=\frac{1}{2}m\dot{x}^2$，ポテンシャルエネルギー $U=\frac{1}{2}k(x-y)^2$

外力の仮想仕事 $\delta W=f(t)\delta x=Q_x^{nc}\delta x$

よって，ラグランジュの方程式(4.22)から，$m\ddot{x}+k(x-y)=f(t)$ を得る．

演習問題

4.1 図 4.7 のように，質量 m_1, m_2 の質点が質量の無視できる長さ $3L$ の弦で等間隔につるされている．弦の張力 T は一定である．質点の平衡位置を仮想仕事の原理を用いて求めよ．

4.2 図 4.5 に示す振り子の運動方程式を仮想仕事の原理とダランベールの原理から求めよ．

4.3 図 4.8 に示すように，半径 a，質量 m の円柱コロの回転軸がばね定数 k のばねで支持されている．コロは水平床の上をすべることなくころがる．ラグランジュの運動方程式を求めよ．

4.4 図 4.9 のように，半径 r のなめらかな円環上に質量 m の質点が拘束されている．

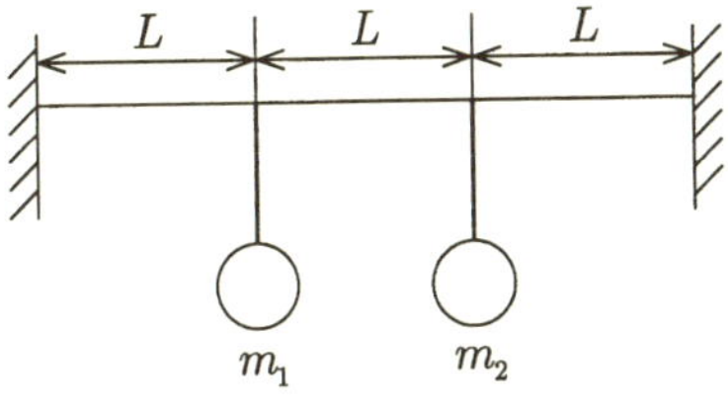

図 4.7 質点の平衡位置

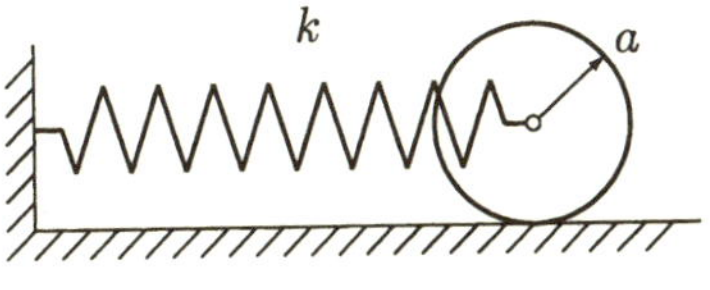

図 4.8 ころがり振動系

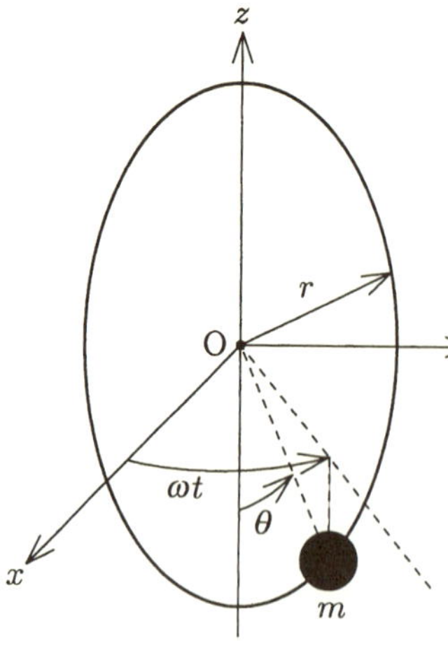

図 4.9　円環上の質点の運動

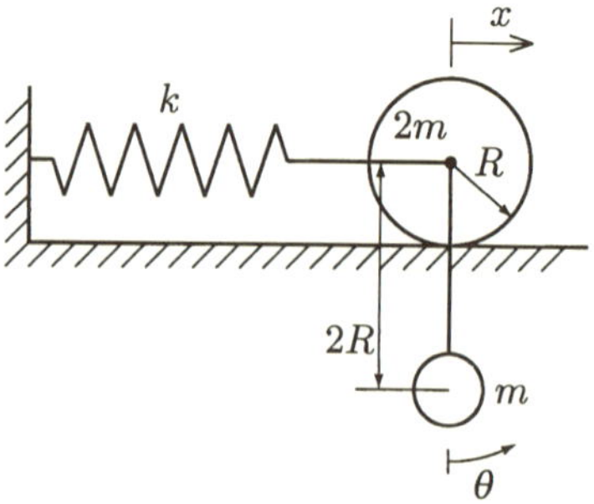

図 4.10　円板と振り子の運動

円環の直径の1つを鉛直軸に合わせ，鉛直軸回りに円環を一定角速度 ω で回転させたときの質点のラグランジュの運動方程式を求めよ．ただし，O-xyz は円環の中心を原点とし，鉛直軸を z 軸とする静止座標系である．

4.5　図 4.10 に示すように，ばね定数 k のばねに取り付けられた半径 R，質量 $2m$ の円板が水平面上をすべらずにころがる．円板の中心に長さ $2R$ の質量の無視できる剛体棒と質量 m の質点からなる振り子が取り付けられている．以下の問いに答えよ．

(1)　静的平衡状態をゼロとして一般化座標を円板の中心の水平方向変位 x と振り子の振れ角 θ とする．このとき，系の運動エネルギーの総和 T とポテンシャルエネルギーの総和 U を求めよ．

(2)　ラグランジュの運動方程式を求め，x と θ を微小として線形化した方程式を求めよ．

Tea Time

ラグランジュ (1736-1813) Joseph Louis Lagrange

ダランベール，オイラー，ラグランジュおよびラプラスはほぼ同時代の数学者である．フランス出身のラグランジュは 16 歳でトリノ王立砲学校の教官となり，19 歳でオイラーに変分法の問題を取り扱う一般解析学的方法についての論文を送った．また，ラグランジュはダランベールのお気に入りで終生の友でもあった．

1788 年の著書「解析力学」は第 1 部「静力学」と第 2 部「動力学」に分かれる．「解析力学」では，力学の理論とそれに関連する諸問題の解法とを一般的な公式に帰着させ，その公式を単に発展させるだけで問題の解決に必要なすべての運動方程式が与えられるようにするというニュートン力学とはまったく異なった課題を取り上げたのである．すなわち，「解析力学」は図を使って幾何学的・機械論的に行うのではなく，すべてを規則的で画一的に進められる代数的・解析的に論じることを目標としていた．ラグランジュによって力学はむしろ解析学の 1 つの分科となることができたのである．すべての物理現象には，論理的に説明できないものはありえないし，物理学における方法は厳密な論理の上に築かれたものであり，直観に頼ることのないものであるというのが彼の主張である．その結果，ダランベールの原理の助けを借りて仮想仕事の原理を出発点として，剛体と流体の力学を樹立した．運動を取り扱うときにも，力学系の個々の運動を調べるのではなく，一般化座標を導入して，統一的な運動方程式をつくり，これを土台として解析学の力で解いたのである．このように，ニュートンの「プリンキピア」の後，約 100 年たってラグランジュの「解析力学」とラプラスの「天体力学」によって理論的力学，いわゆる古典力学の大系が完成したのである．歴史的には，「プリンキピア」出版の翌年にイギリスでは名誉革命がおこり，「解析力学」の出版の翌年にはフランス革命が勃発している．

ラグランジュは科学アカデミーの物理数学分科会の会長を 20 年間務め，まわりの数学者からもフリードリッヒ大王からも好意をもって迎えられたのである．また，度量衡制度改革委員会の委員長として「メートル法」の制定はラグランジュの指導力に負うところが多いといわれている．

5. 機械の振動

大部分の機械は金属材料を用いて作られており，この金属材料は慣性質量の分布を表す密度と剛性を表すヤング率で力学的特性を表現できる．機械に運動を与えると，剛体として理想的に運動をすると同時に，前述の質量と剛性が存在するため，機械の構成部材には加わる力により微小な繰り返し運動，つまり振動を生じる．ここではこの振動の現象を理解するため，機械を最も単純化した1個の慣性と剛性から構成した1自由度の振動を取り上げ，振動の特徴を説明する．

5.1 調 和 振 動

a. 振　　動

物理量がある状態を中心として繰り返す現象を振動 (vibration) とよび，振動の中で一定時間を隔てて繰り返す周期運動を周期振動，非周期振動を不規則振動という．周期振動のうち，運動が時間の正弦関数で表現される振動を調和振動 (harmonic vibration) あるいは単振動 (simple vibration) という．したがって，調和振動する変位は次式で表すことができ，図5.1となる．

$$\text{変位：}x = a\cos(\omega t + \phi) \tag{5.1 a}$$

ここで，a (m, μm) を振幅，ω (rad/s) を角振動数，ϕ (rad) を位相角 (位相進み角) という．また $f=\omega/2\pi$ (Hz, 1/s) を振動数 (1秒当たりの周期運動の回数)，$T=2\pi/\omega$ (s) を周期 (周期運動1回の時間) とよぶ．変位を時間微分すると速度となり，さらに速度を時間微分すると加速度となる．

$$\text{速度：}\quad \dot{x} = -a\omega\sin(\omega t + \phi) = a\omega\cos\left(\omega t + \phi + \frac{\pi}{2}\right) \tag{5.1 b}$$

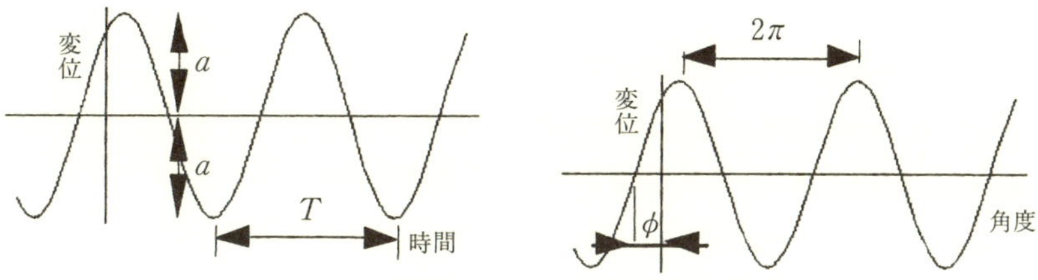

図 5.1 調和振動 $x=a\sin(\omega t+\phi)$ の波形

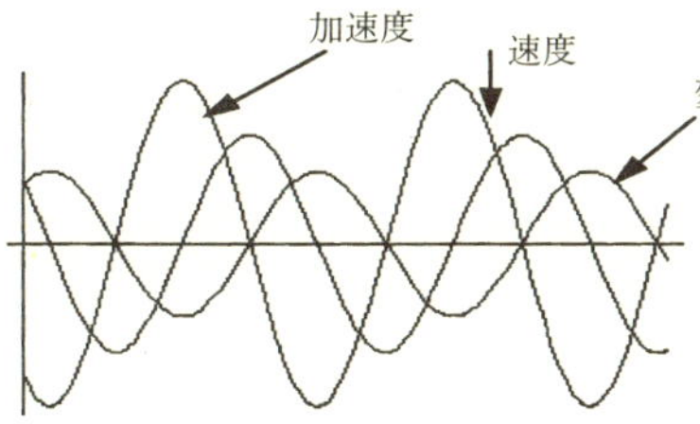

図 5.2 調和振動の変位，速度，加速度

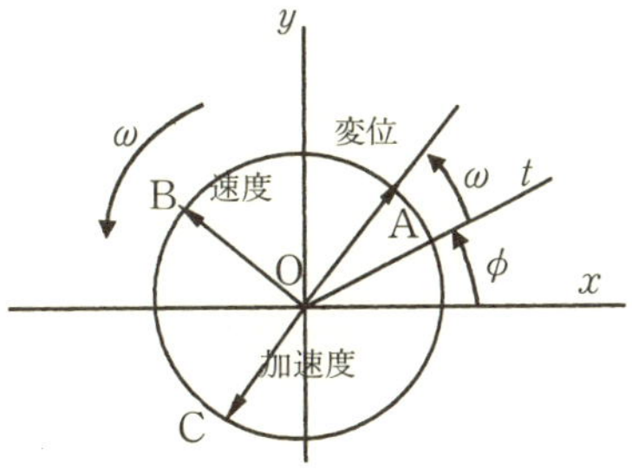

図 5.3 振動のベクトル表示

$$\text{加速度：}\quad \ddot{x}=-a\omega^2\cos(\omega t+\phi)=a\omega^2\cos(\omega t+\phi+\pi) \qquad (5.1\,\mathrm{c})$$

これらの量を図 5.2 に図示する．速度振幅は変位振幅の ω 倍，加速度振幅は速度振幅の ω 倍となり，速度の位相は変位の位相より 90° 進み，加速度の位相は速度の位相より 90° 進んでいる．したがって，加速度と変位は逆相（位相差が π）となる．

b. ベクトル表示と複素数表示

図 5.3 のような，直交座標系 O-xy で表した平面の原点 O を中心として半径 a の等速度円運動している質点 m の運動について観察する．時刻 t での質点の変位ベクトルを $\overrightarrow{\mathrm{OA}}$ とおくと，質点の運動 (x, y) は

$$x=a\cos(\omega t+\phi),\quad y=a\sin(\omega t+\phi) \qquad (5.2)$$

と記述できる．これはベクトル $\overrightarrow{\mathrm{OA}}$ の等速円運動の x 軸と y 軸への投影でもある．質点の速度ベクトルは，$\overrightarrow{\mathrm{OA}}$ から回転方向（反時計方向）に $\pi/2$ だけ回転したベクトル $\overrightarrow{\mathrm{OB}}$ である．同様に，質点の加速度ベクトルは，$\overrightarrow{\mathrm{OB}}$ から回転方向に $\pi/2$ だけ回転したベクトル $\overrightarrow{\mathrm{OC}}$ で表せ，変位ベクトル $\overrightarrow{\mathrm{OA}}$ と反対の向きのベク

トルとなっている．質点の速度振動，加速度振動もまたこれらのベクトルの x 軸あるいは y 軸への投影となる．

つぎに，x 軸を実数軸，y 軸を虚数軸とした複素平面上で質点の回転運動を記述しよう．回転ベクトル $\overrightarrow{\mathrm{OA}}$ を複素数で表した複素変位 z は次式となる．

$$z = x + iy = a[\cos(\omega t + \phi) + i\sin(\omega t + \phi)] = ae^{i(\omega t + \phi)} = Ae^{i\omega t} \qquad (5.3)$$

ここで，$A = ae^{i\phi}$ は複素振幅であり，(実数) 変位 x, y は

$$x = \mathrm{Re}\,[ae^{i(\omega t + \phi)}], \quad y = \mathrm{Im}\,[ae^{i(\omega t + \phi)}] \qquad (5.4)$$

となる．

5.2　線形1自由度系

力学系の運動を1つの変数だけで完全に記述できる系を1自由度系 (single-degree-of-freedom system) とよぶ．またその運動を記述する運動方程式がこの (従属) 変数と独立変数である時間に関する微分の1次結合で表現できる系を線形系 (linear sysytm) とよぶ．線形1自由度系の最も簡単な例は，重力場において鉛直方向に伸縮するコイルばねにつるされた質点の鉛直方向運動であろう．図5.4において，質量 m の質点をばねの下端に取り付けると，重力 mg がばねに作用して，δ_{st} だけ伸びる．この静的平衡点から質点を引き伸ばした後自由にしたとき，平衡点から質点が鉛直方向に x だけ変位したとする．この系にニュートンの第二法則を適用すると，

$$m\frac{d^2x}{dt^2} = mg - k(\delta_{st} + x) \qquad (5.5)$$

δ_{st} は重力とばね復元力のつりあい点であるので，$mg - k\delta_s = 0$．したがって，こ

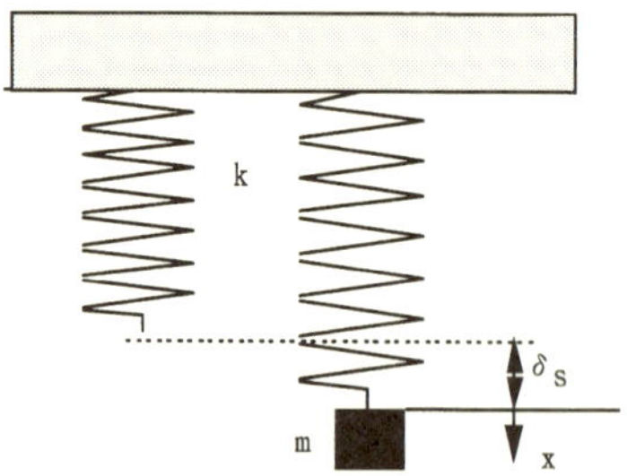

図5.4　1自由度の振動系

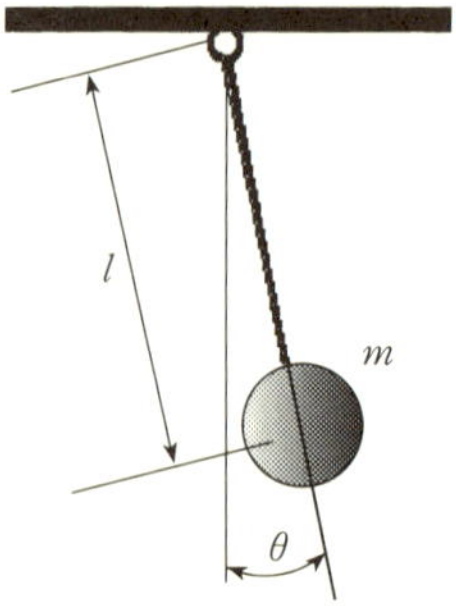

図5.5　単振り子

の式を代入すると

$$m\ddot{x}+kx=0 \tag{5.6}$$

このように，1自由度系においては質点の運動は1つの変数を用いて記述できるのである．しかし現実の機械システムは複雑で，その運動が多数の従属変数を有する連立常微分方程式で記述される多自由度系あるいは時間と空間を独立変数とする偏微分方程式で記述される分布定数系と考えられる．この複雑な構造物の振動はモード解析手法を利用すれば，固有振動の線形結合として表現ができ，比較的容易に解くことができる．モード解析の詳細な説明は，専門書に譲るとして，現実の機械システムの振動を理解するためには1自由度系の振動をよく理解することが大切である．

〔例題 5.1〕 図5.5に示す微小揺動振動する単振り子の運動方程式を導け．

〔解〕 運動エネルギーは $T=\frac{1}{2}m(l\dot{\theta})^2$，ポテンシャルエネルギーは $U=-mgl\cos\theta$．

$$\frac{\partial T}{\partial\dot{\theta}}=ml\dot{\theta},\quad \frac{d}{dt}\left(\frac{\partial T}{\partial\dot{\theta}}\right)=ml\ddot{\theta},\quad \frac{\partial U}{\partial\theta}=mgl\sin\theta$$

よって，ラグランジュ方程式は

$$ml\ddot{\theta}+mgl\sin\theta=0,\quad \theta\ll1\text{ なので，}\ ml\ddot{\theta}+mgl\theta=0$$

〔Example 5.2〕 A slender ring with mass m is supported by a pin. Determine the equation of motion. (see Fig. 5. 6.)

〔Solution〕 The moment of inertia of the ring around the center is mr^2. The kinetic energy of the ring is $T=\frac{1}{2}m(r\dot{\theta})^2+\frac{1}{2}mr^2\dot{\theta}^2=mr^2\dot{\theta}^2$ and the potential energy of the ring is $U=-mgr\cos\theta$ when the swing angle of the ring is θ. Introducing the Lagrange's equation of motion, we get $2mr^2\ddot{\theta}+mgr\sin\theta=0$.

〔例題 5.3〕 5gの錘を下げた浮き（円形断面，木製，比重0.35，長さ10cm，半径5

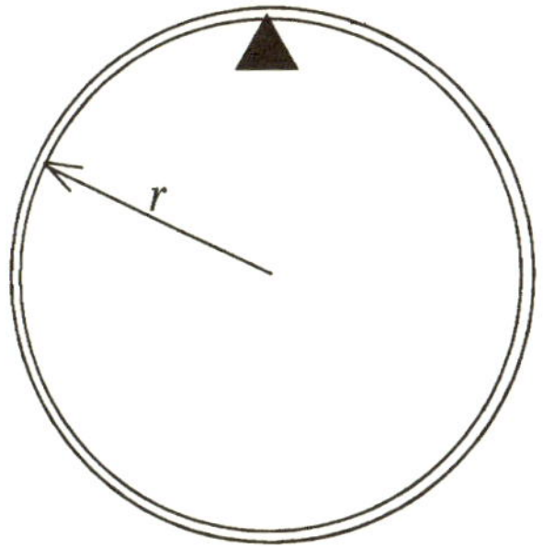

Fig. 5. 6 a ring supported by a pin

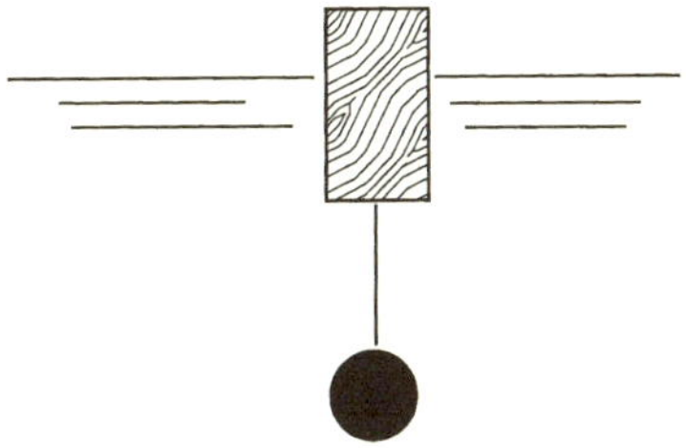

図 5.7 錘をつり下げた浮き

mm) が水面近くに浮いて鉛直方向に微小振動している．この系の運動方程式を導け (図 5.7 参照)

〔解〕 浮きの断面積は $A=7.85\times10^{-5}$ m^2．平衡位置から x (m) 浮きが上がるときに浮きが受ける浮力の減少は $7.69\times10^{-4}\,x$ N．錘と浮きの合計質量は $m=7.74$ g．したがって，運動方程式は $7.74\times10^{-3}\,\ddot{x}=-7.69\times10^{-4}\,x \quad \therefore \quad \ddot{x}+0.099x=0$.

5.3 自 由 振 動

a. 非減衰自由振動

質量 m が定数 k のばねで支持され，外力や速度に比例した力 (減衰力) が作用しない線形 1 自由度系の振動方程式 (5.6) の解を求めよう．$\omega_n{}^2=k/m$ とおくと，式 (5.5) は

$$\ddot{x}+\omega_n{}^2=0 \tag{5.7}$$

この解を $x=Ce^{st}$ と仮定して，上式に代入すると特性方程式 (characteristic equation) と特性根 (characteristic root) が次のように求められる．

$$s^2+\omega_n{}^2=0 \qquad \therefore \quad s=\pm i\omega_n \tag{5.8}$$

したがって，この方程式の一般解は，

$$x=C_1e^{i\omega_nt}+C_2e^{-i\omega_nt} \tag{5.9 a}$$

あるいは，オイラーの公式 ($e^{i\beta}=\cos\beta+i\sin\beta$) を用いれば，

$$x=A\cos\omega_nt+B\sin\omega_nt=C\cos(\omega_nt+\phi) \tag{5.9 b}$$

と変形できる．ここで，C_1, C_2, A, B, C, ϕ は積分定数であり，初期条件から決定される．この振動は，振幅 $C=\sqrt{A^2+B^2}$，位相角 $\phi=\tan^{-1}(-B/A)$，角振動数 ω_n の調和振動となる．外力が作用しない場合，この振動の角振動数は初期条件とは無関係に，系のばねと質量だけで決まるので，この調和振動を自由振動あるいは固有振動とよび，この角振動数を (非減衰) 固有角振動数とよぶ．

〔例題 5.4〕 図 5.3 において，質点に作用する重力でばねが δ_{st} だけたわむ．この場合の固有振動数を求めよ．

〔解〕 $\omega_n=\sqrt{\dfrac{k}{m}}=\sqrt{\dfrac{k}{mg}g}=\sqrt{\dfrac{g}{\delta_{st}}}=\sqrt{\dfrac{\text{重力加速度}}{\text{たわみ量}}}$

つまり，この固有角振動数は重力加速度とたわみ量から簡単に計算できる．

〔例題 5.5〕 円盤とねじり棒から構成されたねじり振動系の固有角振動数を求めよ．(図 5.8 参照)

〔解〕 ねじり棒のねじりばね定数は，$k=GI_p/l$，$I_p=\pi d^4/32$．ねじり振動の運動方程式は，$J\ddot{\theta}+k\theta=0$．よって，固有角振動数は $\omega_n=\sqrt{GI_p/lJ}$.

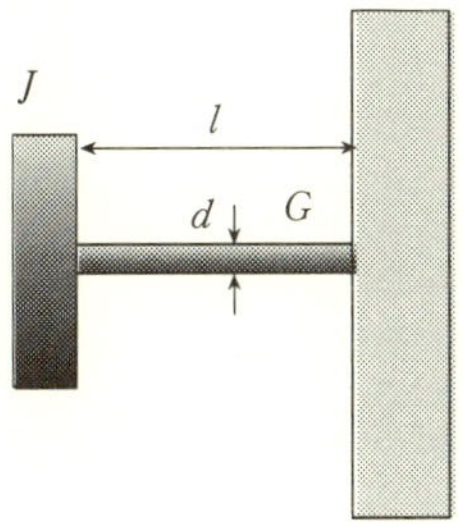

図 5.8 円盤とねじり棒

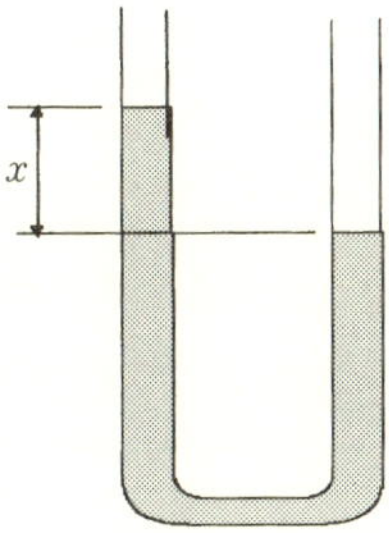

Fig. 5.9 The mass of the mercury in the U-tube manometer

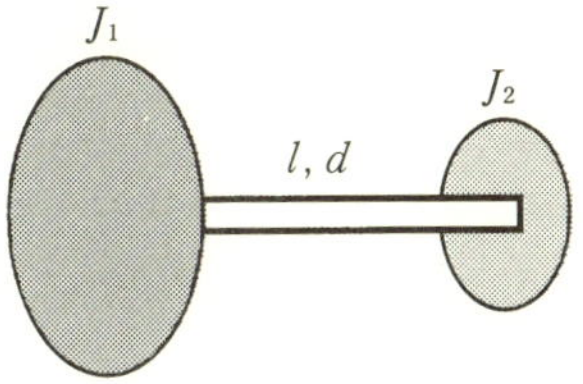

図 5.10 2つの円盤とねじり棒の系

〔Example 5.6〕 Determine a natural frequency of vibration of the surfaces of liquid mercury poured into a U-tube manometer, where length of mercury is l. (Fig. 5.9)

〔Solution〕 Replacing the rise from the equilibrium point with x, the gravitational force acting on the mercury is $-\rho gAx$. The mass of the mercury in the U-tube manometer is ρgAl. Mean displacement of mercury is $x/2$. Accordingly the equation of motion is $\rho Al\ddot{x}/2+\rho Agx=0$. Then, the natural frequency is $\omega_n=\sqrt{2g/l}$.

〔例題 5.7〕 2円盤と軸のねじり振動系の固有角振動数を求めよ．(図 5.10)

〔解〕 J_1, J_2 の角変位を θ_1, θ_2 とおく．ねじり棒のばね定数は $k=GJ_p/l$, $J_p=\pi d^4/32$. 円盤の運動方程式は,

$$J_1\ddot{\theta}_1+k(\theta_1-\theta_2)=0 \quad \Rightarrow \quad \ddot{\theta}_1+\frac{k}{J_1}(\theta_1-\theta_2)=0 \tag{a}$$

$$J_2\ddot{\theta}_2+k(\theta_2-\theta_1)=0 \quad \Rightarrow \quad \ddot{\theta}_2+\frac{k}{J_2}(\theta_2-\theta_1)=0 \tag{b}$$

$\Theta=\theta_1-\theta_2$ とおき, (a)−(b) を行うと,

$$\ddot{\Theta}+k\left(\frac{1}{J_1}+\frac{1}{J_2}\right)\Theta=0 \quad \therefore \quad \omega_n=\sqrt{\frac{k(J_1+J_2)}{J_1J_2}} \tag{c}$$

b. 減衰自由振動

非減衰自由振動は一旦その系にエネルギーが与えられると振幅と振動数を一定

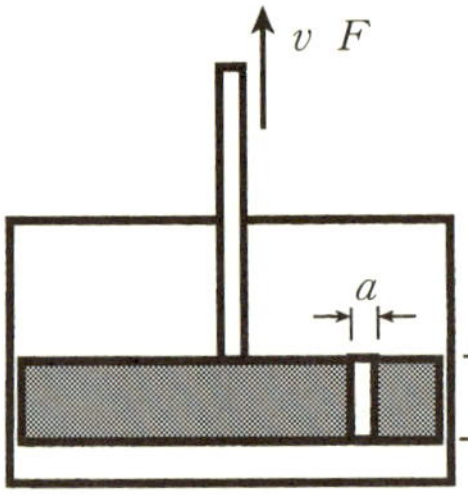

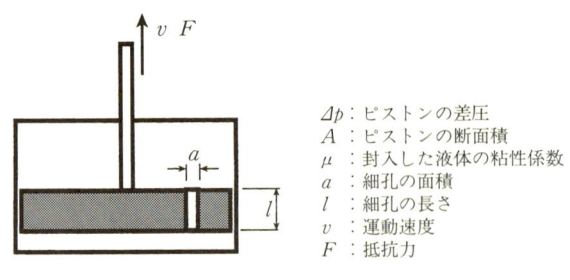

図 5.11　ダッシュポット

に保ったまま永久に振動しつづける．しかし，現実の振動の振幅は時間とともに減少（減衰）する．この減衰作用は機械を構成する材料自体や締め付け面間のすべりや周囲の流体からの摩擦などによりエネルギーが奪われることにより起こる．液体の粘性を利用したダッシュポットは積極的に減衰作用を与える機械部品である．ダッシュポットの一例を図 5.11 に示す．このダッシュポットは液体を密閉したシリンダ内に細孔をあけたピストンを有し，シリンダ内でこのピストンが相対運動すると，その相対速度に比例した粘性抵抗力が発生することを応用した部品である．図 5.11 において，相対速度 v を生じると流量 $Q=Av$ の流量が細孔を流れる．そのときピストン両側の差圧はポアゼーユの法則から，

$$\Delta P=\frac{8\pi\mu l}{a^2}Q \qquad \therefore \quad \Delta P=\frac{8\pi\mu l}{a^2}Av \tag{5.10}$$

このときの反力，すなわち粘性抵抗力 F は次式になるので，シリンダとピストン間の相対速度と粘性抵抗力が比例することになり，後で説明するような振動を減衰させる効果をもつ．

$$F=-\Delta PA=-8\pi\mu l\frac{A^2}{a^2}v=-cv \quad \therefore \quad c=8\pi\mu l\frac{A^2}{a^2} \tag{5.11}$$

この場合の比例定数 c を（粘性）減衰係数（(viscous) damping coefficient）という．図 5.12 に示す質点とばねの系にダッシュポットを追加した 1 自由度振動系の運動方程式は

$$m\ddot{x}+c\dot{x}+kx=0 \tag{5.12}$$

この解を $x=x_0e^{st}$ と仮定してこの運動方程式に代入すると，特性方程式を次のように求めることができる．

$$ms^2+cs+k=0 \tag{5.13}$$

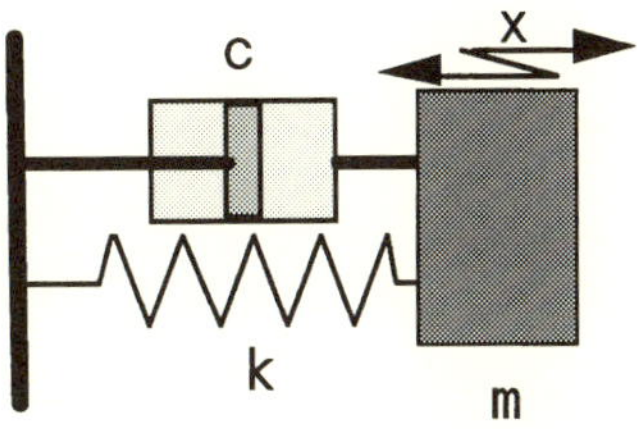

図 5.12　減衰のある 1 自由度振動系

この特性方程式から，この式の特性根は

$$s=-\frac{c}{2m}\pm\sqrt{\left(\frac{c}{2m}\right)^2-\frac{k}{m}} \tag{5.14}$$

$\omega_n=\sqrt{k/m}$，$c_c=2\sqrt{km}=2m\omega_n$，$\zeta=c/c_c=c/2m\omega_n$ とおくと，

$$s=(-\zeta\pm\sqrt{\zeta^2-1})\omega_n \tag{5.15}$$

特性根は ζ の大小により，負の実数をもつ複素数，負の実数，正の実数をもつ複素数，正の実数に分類される．式(5.12)で表した振動を以下の5つのケースに分けて考察しよう．1) $0<\zeta<1$（特性根が負の実数をもつ複素数），2) $\zeta=1$（負の実数），3) $\zeta>1$（負の実数），4) $-1<\zeta<0$（正の実数をもつ複素数），5) $\zeta\leq-1$（正の実数）

(1)　$0<\zeta<1$　　この場合，$\omega_d=\sqrt{1-\zeta^2}\,\omega_n$ とおくと

$$s=-\zeta\omega_n\pm i\omega_d \tag{5.16 a}$$

$$\begin{aligned}\therefore\quad x(t)&=Ae^{s_1t}+Be^{s_2t}=e^{-\zeta\omega_nt}(Ae^{i\omega_dt}+Be^{-i\omega_dt})\\&=e^{-\zeta\omega_nt}\{(A+B)\cos\omega_dt+i(A-B)\sin\omega_dt\}\\&=e^{-\zeta\omega_nt}(C\cos\omega_dt+D\sin\omega_dt)=X_0\cos(\omega_dt+\phi)\end{aligned} \tag{5.16 b}$$

$$A+B=C,\quad i(A-B)=D,\quad X_0=e^{-\zeta\omega_nt}\sqrt{C^2+D^2},\quad \phi=\tan^{-1}\frac{-C}{D} \tag{5.16 c}$$

となり，その振幅 $e^{-\zeta\omega_nt}\sqrt{C^2+D^2}$ が指数関数的に減少する減衰振動解を得る．この減衰振動の角振動数は ω_d で，これを減衰固有角振動数(damped natural angular frequency)，この場合の減衰を不足減衰(under damping)とよぶ．

ここで，A，B は複素共役の関係になっていることが必要であり，積分定数 A, B あるいは C, D は初期条件から決定することができる．

〔**例題 5.8**〕 図 5.12 の振動系に，次の初期条件が与えられたときの減衰自由振動を求めよ．

初期条件：$x=0,\ \dot{x}=a\omega_d$

〔解〕 $t=0$：$x=0$ から，$C=0$，また $t=0$：$\dot{x}=a\omega_d$ から $D=a$．
したがって，減衰自由振動は次の式で与えられる．

$$x=ae^{-\zeta\omega_n t}\sin\omega_d t$$

例題5.8の初期条件を与えた1自由度系において，減衰比 ζ をパラメータとしてこの減衰自由振動の波形を図5.13に示す．減衰比が大きいほど振動の減衰は早いことがわかる．また，式(5.16)から自由振動の振幅は $\sqrt{C^2+D^2}\,e^{-\zeta\omega_n t}$ で与えられるので，ζ が大きいほど振幅の減少速度が速いこともわかる．さらに，振動系の減衰を評価する量として，隣り合う振幅比 x_n/x_{n+1} を用いることができ，この比の自然対数を対数減衰率(logarithmic decrement)とよび，次式で与えられる．

$$\delta=\ln(x_n/x_{n+1})=\ln\left(e^{-\zeta\omega_n t}/e^{-\zeta\omega_n\left(t+\frac{2\pi}{\omega_d}\right)}\right)=\ln\left(e^{\frac{2\pi\zeta\omega_n}{\omega_d}}\right)=\frac{2\pi\zeta}{\sqrt{1+\zeta^2}} \qquad (5.17)$$

この δ と ζ の関係式から，対数減衰率の計測は実験的に ζ を求める有力な方法となる．また，大部分の機械システムでは ζ が0.1以下であるので，$\delta\approx2\pi\zeta$，$\omega_d\approx\omega_n$ とみなせる．

(2) **$\zeta=1$**　　この場合，特性方程式の解は重根 $-\omega_n$ となる．式(5.12)の解として $e^{-\omega_n t}$ と異なる基本解を見つけるため，その解を $x=F(t)e^{-\omega_n t}$ とおき，元の運動方程式に代入すると，結局，$d^2F/dt^2=0$ の微分方程式を得る．この式を満足する関数として，$F(t)=t$ を採用すると，式(5.12)の一般解は次式となる．

$$x=e^{-\omega_n t}(A+Bt) \qquad (5.18)$$

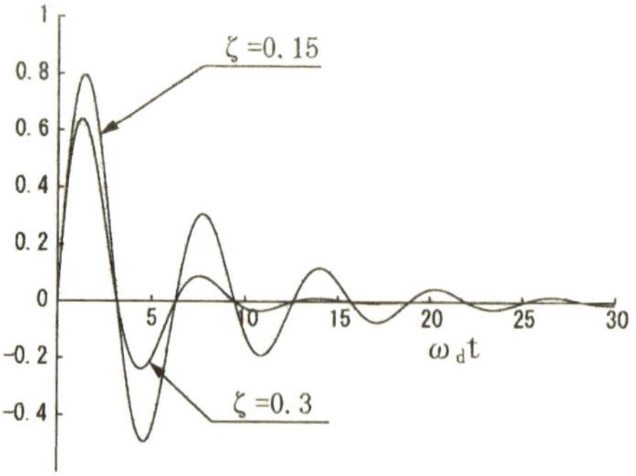

図5.13　減衰自由振動の波形

Bt は時間とともに増加する．しかし，それよりも早く $e^{-\omega_n t}$ が減少するので，この場合の系の運動は無周期減衰運動となる．$\zeta=1$ の状態を臨界減衰 (critical damping) といい，この場合の減衰係数を臨界減衰係数 (critical damping coefficient) とよび，$c_c(=2\sqrt{mk})$ で表す．減衰比 (damping ratio) ζ は，減衰係数と臨界減衰係数の比で定義されている．

(3)　$\zeta>1$　この場合，s は負の実数となるので，式 (5.19) のように質点の運動は時間とともに指数関数的に減少することになる．このときの減衰を過減衰 (over damping) という．

$$x=Ae^{(-\zeta+\sqrt{\zeta^2-1})\omega_n t}+Be^{(-\zeta-\sqrt{\zeta^2-1})\omega_n t} \tag{5.19}$$

初期条件として，$t=0$ で $x=x_0$, $\dot{x}=v_0$ の場合，積分定数 A, B は次式となる．

$$A=\frac{v_0-x_0s_2}{s_1-s_2},\quad B=\frac{v_0-x_0s_1}{s_2-s_1},\quad \left.\begin{matrix}s_1\\s_2\end{matrix}\right\}=(-\zeta\pm\sqrt{\zeta^2-1})\omega_n \tag{5.20}$$

上記の 3 ケースについて，1 自由度系の運動を図 5.14 に示す．

(4)　$-1<\zeta<0$　この場合，質点の運動は式 (5.16) で与えられるが，$-\zeta\omega_n>0$ なので，ω_d の角振動数をもつ自由振動の振幅が時間とともに指数関数的に増大することになる．この振動は発散振動 (フラッター，flutter) とよばれている．

(5)　$\zeta\leq-1$　この場合，特性根は正の実数となるので，質点は振動することなく，指数関数的に単調に増大する発散運動 (ダイバージェンス，divergence) を示す．

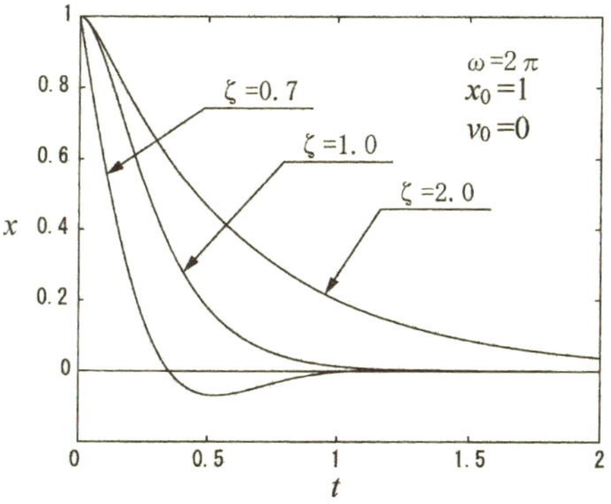

図 5.14　減衰自由振動と臨界減衰，過減衰の場合の運動

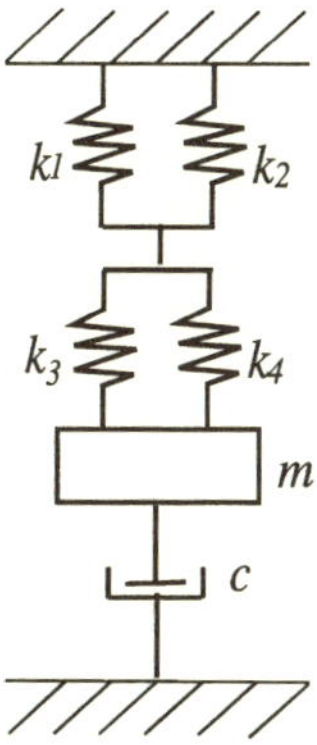

Fig. 5.15　a particle supported by 4 springs and a dashpot

(4) と(5) のような減衰が負の場合の系を不安定系とよぶ．この種の運動が機械に発生すると，機械は非常に危険な状態になるので，極力避けねばならない．

〔**Example 5. 9**〕 A particle of m in mass is supported by 4 springs of k_1, k_2, k_3, k_4 in spring constant and a dashpot of c in damping coefficient as shown in Fig. 5. 15.

(1) Determine the equation of motion.

(2) Let $m=1.0$ kg, $k_1=k_2=1000$ N/m, $k_3=k_4=2000$ N/m, $c=20$ Ns/m and determine damped natural frequency, damping ratio.

(3) Determine the displacement of the particle if an initial condition is given as $x_0=0.06$ m, $\dot{x}_0=2$ m/s.

〔**Solution**〕 (1) The total spring constant is $k=(k_1+k_2)(k_3+k_4)/(k_1+k_2+k_3+k_4)$; accordingly the equation of motion is given as follows :

$$m\ddot{x}+c\dot{x}+kx=0$$

(2) In case of $m=1$ kg, $c=20$ Ns/m, $k=1.33$ kN/m, the natural angular frequency, the damping ratio and the damped natural angular frequency are $\omega_n=36.4$ rad/s, $\zeta=0.274$, $\omega_d=35.1$ rad/s.

(3) The displacement and velocity of the particle may be assumed as follows :

$$x(t)=e^{-\zeta\omega_n t}(C\cos\omega_d t+D\sin\omega_d t) \tag{a}$$

$$\dot{x}(t)=-\zeta\omega_n e^{-\zeta\omega_n t}(C\cos\omega_d t+D\sin\omega_d t)-\omega_d e^{-\zeta\omega_n t}(C\sin\omega_d t-D\cos\omega_d t) \tag{b}$$

where C, D are constants.

Applying the initial condition $x(0)=0.06$ m and $\dot{x}(0)=2$ m/s to Eq (a) & (b), we have $C=0.06$ and $2=-0.274\times36.4\times0.06+35.1\,D \Rightarrow D=0.074\,m$.

Then the motion of the particle is determined as follows :

$$x(t)=e^{-9.97t}(0.060\cos 35.1\,t+0.074\sin 35.1\,t)$$

〔**例題 5. 10**〕 図 5.16 のばね付き単振り子において，

$m=1.0$ kg, $k=1000$ N/m, $a=0.4$ m, $l=1.0$ m である．

揺動振動を防止するため，ばねの位置にダッシュポットを取り付ける．

(a) この系が臨界減衰となるダッシュポットの粘性減衰係数を求めよ．

(b) この系の減衰比が 0.2 となるダッシュポットの粘性減衰係数を求めよ．

(c) この場合，初期速度 3 rad/s を与えた．0.5 秒後の振り子の傾き角を求めよ．

〔**解**〕 一般化座標として，振り子の回転角 θ を採用する．

運動エネルギーは $T=m(l\dot{\theta})^2/2$．ポテンシャルエネルギーは $U=k(l\theta)^2/2-lmg\cos\theta$．

ダッシュポットによる減衰力は，$F_d=-c\dot{x}_d$，$Q_d=F_d\partial\dot{x}_d/\partial\dot{\theta}=-ca^2\dot{\theta}$

ラグランジュ関数は，$L=ml^2\dot{\theta}^2/2-kl^2\theta^2/2+mgl\cos\theta$

よって，ラグランジュ方程式は，$ml^2\ddot{\theta}+kl^2\theta+mgl\sin\theta=-ca^2\dot{\theta}$

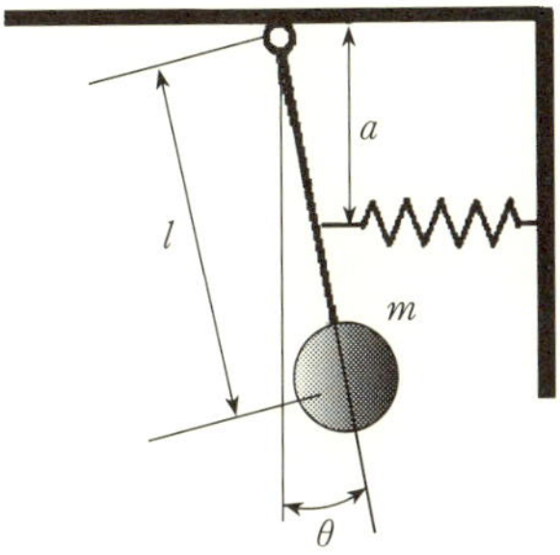

図 5.16 ばね付き単振り子

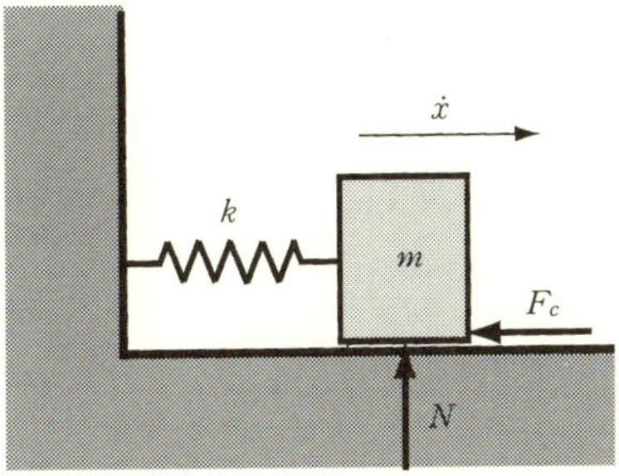

図 5.17 クーロン摩擦の作用する振動系

(a) $\theta \ll 1$ なので, $\dfrac{ml^2}{a^2}\ddot{\theta}+c\dot{\theta}+\dfrac{(kl^2+mgl)}{a^2}\theta=0$

$$\Rightarrow \quad c_c=\frac{2}{a^2}\sqrt{ml^2(kl^2+mgl)}=397\ \mathrm{Ns/m}$$

(b) $c=0.2\,c_c=\dfrac{0.4}{a^2}\sqrt{ml^2(kl^2+mgl)}=79.4\ \mathrm{Ns/m}$

(c) $\theta(t)=e^{-\zeta\omega_n t}(A\cos\omega_t d+B\sin\omega_d t)$, $\omega_n=31.8\ \mathrm{rad/s}$, $\zeta=0.2$, $\omega_d=31.1\ \mathrm{rad/s}$ となる.

初期条件から, $A=0$. さらに, $\dot{\theta}(t)=B(-\zeta\omega_n e^{-\zeta\omega_n}\sin\omega_d t+e^{-\zeta\omega_n}\cos\omega_d t)$ なので, 速度に関する初期条件から, $B=\dot{\theta}(0)/\omega_d=0.0964\ \mathrm{rad}$. ∴ $\theta(0.5)=-3.95\times10^{-3}\ \mathrm{rad}$

c. クーロン摩擦による減衰自由振動

図 5.17 に示す質点と基礎の間にクーロン摩擦が作用する場合の質点の振動を求めよう. 質点と基礎の間の摩擦係数を μ とすると摩擦力 $F_c=\mu N$ (一定) であり, 質点の運動方程式は,

質点が右に動いている場合 ($\dot{x}>0$) : $m\ddot{x}+kx=-F_c$ (5.21 a)

質点が左に動いている場合 ($\dot{x}<0$) : $m\ddot{x}+kx=F_c$ (5.21 b)

式 (5.21) の解は, 右辺を 0 とおいた同次方程式の一般解 (非減衰自由振動解) と非同次方程式の特解である. 右辺が定数であるので, 特解として $x_p=\mp F_c/k$ を得る. したがって, $\omega_n=\sqrt{k/m}$ とおくと式 (5.21) の解は

$$x=A\cos\omega_n t+B\sin\omega_n t\mp\frac{F_c}{k} \tag{5.22}$$

初期条件として, $t=0$: $x=x_0$, $\dot{x}=0$ を与えると, 質点はばねの復元力で元の位置にもどるので, $\dot{x}<0$ となり,

$$x_0=A+F_c/k,\quad 0=B\omega_n,$$

$$\therefore\quad x=\left(x_0-\frac{F_c}{k}\right)\cos\omega_n t+\frac{F_c}{k},\quad \dot{x}=-\left(x_0-\frac{F_c}{k}\right)\sin\omega_n t \tag{5.23}$$

質点の運動の方向は，$\dot{x}=0$ となる時刻から反対方向になるので，左から右方向へ切り替わる時刻は

$$\omega_n t=\pi\quad\therefore\quad t=\frac{\pi}{\omega_n} \tag{5.24}$$

このときの変位は $x=-x_0+2F_c/k$．同様の操作を繰り返すと，

$$0\leq t\leq\frac{\pi}{\omega_n}：x=X_1\cos\omega_n t+\frac{F_c}{k},\quad X_1=x_0-\frac{F_c}{k},$$

$$\dot{x}=-\left(x_0-\frac{F_c}{k}\right)\sin\omega_n t$$

$$\frac{\pi}{\omega_n}\leq t\leq\frac{2\pi}{\omega_n}：x=X_2\cos\omega_n t-\frac{F_c}{k},\quad X_2=x_0-\frac{3F_c}{k},$$

$$\dot{x}=-\left(x_0-\frac{3F_c}{k}\right)\sin\omega_n t$$

$$\frac{2\pi}{\omega_n}\leq t\leq\frac{3\pi}{\omega_n}：x=X_3\cos\omega_n t+\frac{F_c}{k},\quad X_3=x_0-\frac{5F_c}{k},$$

$$\dot{x}=-\left(x_0-\frac{5F_c}{k}\right)\sin\omega_n t$$

$$\frac{3\pi}{\omega_n}\leq t\leq\frac{4\pi}{\omega_n}：x=X_4\cos\omega_n t-\frac{F_c}{k},\quad X_4=x_0-\frac{7F_c}{k},$$

$$\dot{x}=-\left(x_0-\frac{7F_c}{k}\right)\sin\omega_n t$$

を得る．これを図示すると図 5.18 となり，この質点の自由振動の振幅は 1 周期 $(2\pi/\omega_n)$ で $4F_c/k$ だけ直線的に減少する．

〔例題 5.11〕 図 5.17 のクーロン摩擦の作用する 1 自由度系において $m=10$ kg，$k=1\times10^4$ N/m，静摩擦係数 $\mu_s=0.2$，動摩擦係数 $\mu_d=0.15$ である．また初期条件は $x_0=20$ mm，$\dot{x}=0$ で与えられている．この質点が静止するまでの振動の回数を求めよ．

〔解〕 動摩擦力 $F_{cd}=0.15\times9.8\times10=14.7$ N．$4F_{cd}/k=5.88\times10^{-3}$ m．$20/5.88=3.4$．よって，3 回．

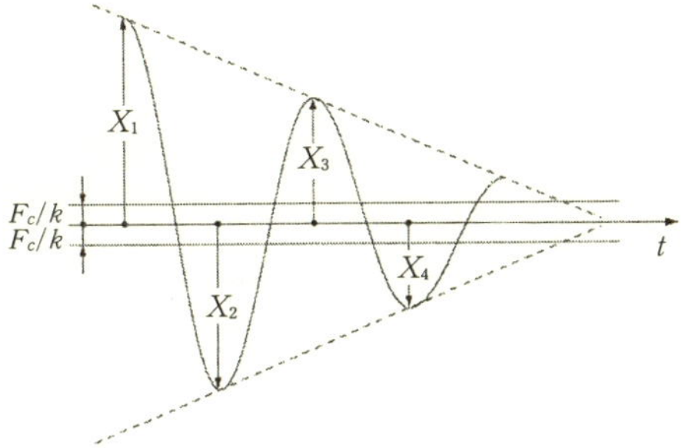

図 5.18 クーロン摩擦の作用する系の自由振動

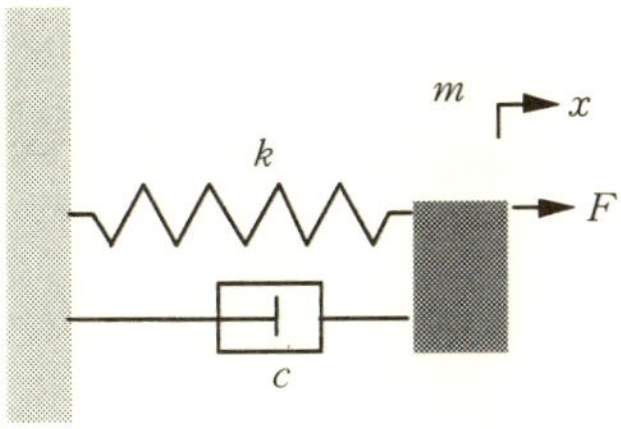

図 5.19 減衰のある振動系

5.4 強 制 振 動

線形振動系に周期的外力が作用すると継続的な周期振動が発生する．この周期定常振動を強制振動 (forced vibration) とよぶ．ここでは調和外力が質点-ダッシュポット-ばねの線形1自由度振動系に作用する場合，あるいはこの系の基礎が調和振動している場合の質点の強制振動を求めよう．

a. 調和外力が作用する場合の定常応答

図5.19に示した，ばね，ダッシュポット，質点から構成した自由度振動系に外力 $f_0\cos\Omega t$ が作用するときの質点の運動を考えてみよう．その運動方程式は，

$$m\ddot{x}+c\dot{x}+kx=f_0\cos\Omega t \tag{5.25}$$

この方程式の解は，この式の特解と同次方程式 $m\ddot{x}+c\dot{x}+kx=0$ の一般解 (減衰固有振動) の和となる．しかし，通常機械系に現れる振動系の減衰比は正であるので，減衰固有振動は時間とともに減衰・消滅し，特解が与える振動だけが持続する．この振動が強制振動である．いま特解を $x=A\cos\Omega t+B\sin\Omega t$ とおくと

$$\dot{x}=-A\Omega\sin\Omega t+B\Omega\cos\Omega t,\quad \ddot{x}=-A\Omega^2\cos\Omega t-B\Omega^2\sin\Omega t$$

これを元の運動方程式に代入し，$\sin\Omega t, \cos\Omega t$ の係数を比較して，

$$A(k-m\Omega^2)+Bc\Omega=f_0,\quad -Ac\Omega+B(k-m\Omega^2)=0$$

$\omega_n{}^2=k/m,\quad \zeta=c/2m\omega_n,\quad \nu=\Omega/\omega_n,\quad x_{st}=f_0/k$ とおくと，

$$A=\frac{f_0(k-m\Omega^2)}{(k-m\Omega^2)^2+(c\Omega)^2}=\frac{(1-\nu^2)x_{st}}{(1-\nu^2)^2+(2\zeta\nu)^2}$$

$$B=\frac{f_0 c\Omega}{(k-m\Omega^2)^2+(c\Omega)^2}=\frac{2\zeta\nu x_{st}}{(1-\nu^2)^2+(2\zeta\nu)^2} \tag{5.26}$$

よって定常振動応答は

$$x=X_0\cos(\Omega t+\phi) \tag{5.27 a}$$

$$X_0=x_{st}R_d,\quad R_d(\nu)=\frac{1}{\sqrt{(1-\nu^2)^2+(2\zeta\nu)^2}},\quad \phi(\nu)=\tan^{-1}\frac{-2\zeta\nu}{1-\nu^2} \tag{5.27 b}$$

ここで，R_d, ϕ は変位応答倍率，位相角（位相進み角）である．減衰比をパラメータとして，この変位応答倍率と位相角の周波数応答関数を図 5.20 に示しておこう．強制振動解に減衰自由振動を加えた式 (5.25) の一般解は

$$x=e^{-\zeta\omega_n t}(A\cos\omega_d t+B\sin\omega_d t)+x_{st}R_d\cos(\Omega t+\phi) \tag{5.28}$$

となり，右辺第 1 項は，時間とともに消滅し，第 2 項だけが残る．変位応答が最大となる共振振動数は，$dR_d{}^2/dv^2=0$ から次のように求めることができる．

$$\nu=\sqrt{1-2\zeta^2} \tag{5.29}$$

この ν を式 (5.27) に代入すると最大変位応答倍率は

$$(R_d)_{\max}=\frac{1}{2\zeta\sqrt{1-\zeta^2}} \tag{5.30}$$

となる．この振幅が最大となる現象を共振 (resonance) という．また変位応答は式 (5.27) から近似的に

$$(\nu\ll 1):\ kx\cong f_0\cos\Omega t\quad \therefore\quad x\cong x_{st}\cos\Omega t \tag{5.31 a}$$

$$(\nu\approx 1):\ c\dot{x}\cong f_0\cos\Omega t\quad \therefore\quad x\cong\frac{x_{st}}{2\zeta}\cos\left(\Omega t-\frac{\pi}{2}\right) \tag{5.31 b}$$

$$(\nu\gg 1):\ m\ddot{x}\cong f_0\cos\Omega t\quad \therefore\quad x\cong\frac{x_{st}}{\nu^2}\cos(\omega t-\pi) \tag{5.31 c}$$

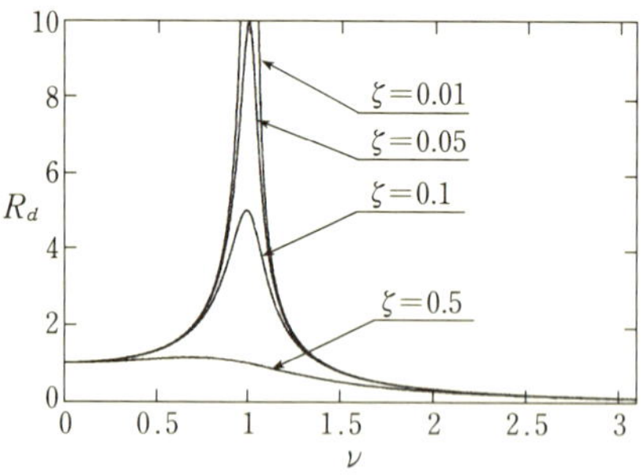

(a) 変位応答倍率

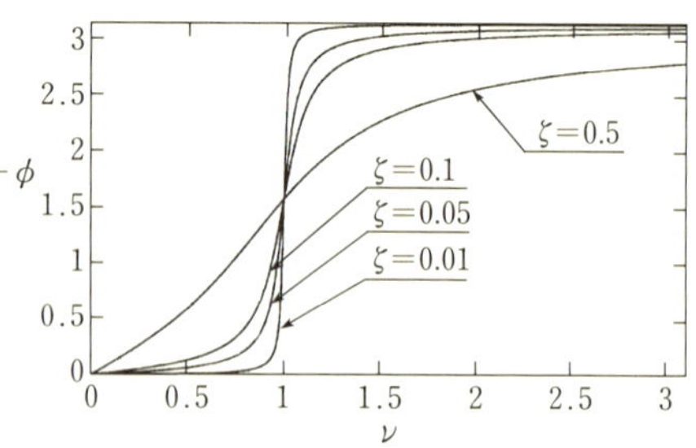

(b) 位相遅れ角

図 5.20 周波数応答曲線

表 5.1 周波数応答関数

名 称	コンプライアンス	モビリティ	アクセレランス	動剛性	インピーダンス	動質量
関数 $G(\Omega)$	変位/力	速度/力	加速度/力	力/変位	力/速度	力/加速度
ゲイン $\|G(\Omega)\|$	R_d/k	$\Omega R_d/k$	$-\Omega^2 R_d/k$	k/R_d	$k/\Omega R_d$	$-k/\Omega^2 R_d$

速度応答と加速度応答は式 (5.27 a) から次のように求めることができる．

$$\dot{x} = -\Omega X_0 \sin(\Omega t+\phi) = -x_{st}\omega_n R_v \sin(\Omega t+\phi)$$

$$= x_{st}\omega_n R_v \cos\left(\Omega t+\phi+\frac{\pi}{2}\right) \tag{5.32 a}$$

$$\ddot{x} = -\Omega^2 X_0 \cos(\Omega t+\phi) = -x_{st}\omega_n{}^2 R_a \cos(\Omega t+\phi)$$

$$= x_{st}\omega_n{}^2 R_a \cos(\Omega t+\phi+\pi) \tag{5.32 b}$$

ここで $R_v = \nu R_d$ を速度応答倍率，$R_a = \nu^2 R_d$ を加速度応答倍率とよぶ．

調和外力と応答振動の間の周波数応答関数として表 5.1 に示した量がしばしば使われている．これらの周波数応答関数は，正弦加振による加振力と応答との比のゲインと位相角をその振動数の関数として与えている．ゲインの対数 20 log $(|G(\Omega)|/G_0)$ と位相角を，セミ log の用紙に周波数を log スケールで図示した線図をボード線図 (Bode diagram) とよぶ．G_0 は基準値である．ゲインの対数の単位を dB (デシベル) とよび，$|G(\Omega)| = G_0$ が 0 dB である．ボード線図を用いる最大の利点はゲインの積が加算に変換されることである．

b. *Q* 値

減衰自由振動波形から対数減衰率を求めて振動系の減衰比を推定する方法については，自由振動の項で説明した．ここでは強制振動の周波数応答曲線から振動系の減衰比を推定する方法であるハーフパワー法について説明しよう．振動パワーが最大値 ($\nu=1$ での値) の半分になる振動数を求める．振動パワーは速度振幅の 2 乗に比例するので，そのときの振動振幅は $(R_v)_{\max}/\sqrt{2}$．$(R_v)_{\max} = 1/2\zeta$ で与えられるので，このときの振動数比 ν_1, ν_2 は

$$\frac{1}{2\sqrt{2}\zeta} = \frac{\nu}{\sqrt{(1-\nu^2)^2+(2\zeta\nu)^2}} \quad \Rightarrow \quad (\nu^2-1-2\zeta\nu)(\nu^2-1+2\zeta\nu)=0$$

$$\therefore \quad \nu_1 = -\zeta \pm \sqrt{1+\zeta^2}, \quad \nu_2 = \zeta \pm \sqrt{1+\zeta^2}$$

$\nu_{1,2} > 0$ なので，$\nu_2 - \nu_1 = \Delta\nu = 2\zeta$ となる．$Q = 1/\Delta v$ を Q 値 (quality factor) とよ

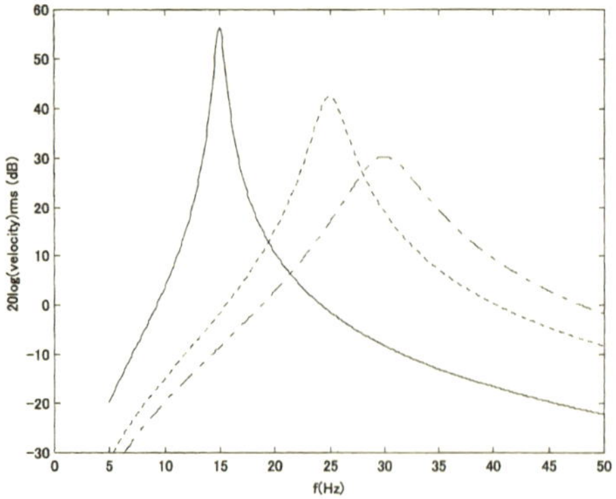

図 5.21　振動応答の応答線図

び，Q 値は速度応答倍率の最大値に一致する．したがって，応答曲線からハーフパワー点の振動数比が求められると，式(5.33)のように減衰比を知ることができる．Q 値が大きければ応答曲線が共振周波数付近で鋭くなる．Q 値が小さければ，応答曲線はなだらかとなるので，パワーが 1/2 となるハーフパワー周波数を測定できないこともある．0.01～0.1 程度の減衰比の系にはこの方法が適用できる．

$$\zeta=\frac{1}{2Q}=\frac{\nu_2-\nu_1}{2}=\frac{\Omega_2-\Omega_1}{\omega_n} \tag{5.33}$$

〔例題 5.12〕　図 5.19 の振動系を加振したところ，図 5.21 の振動速度の応答曲線を得た．この振動系の減衰比を求めよ．

〔解〕　$Q_1=16.7$,　$Q_2=8.3$,　$Q_3=4.5$ ($\zeta_1=0.03$,　$\zeta_2=0.06$,　$\zeta_3=0.11$)

c.　基礎への力の伝達

図 5.19 において，質点を支えるばねとダッシュポットを介して基礎に伝わる振動伝達力 f_T は $f_T=c\dot{x}+kx$ であるので，式(5.27)を代入すると

$$\begin{aligned} f_T&=c\dot{x}+kx=\frac{f_0}{k}R_d\{-c\Omega\sin(\Omega t+\phi)+k\cos(\Omega t+\phi)\}\\ &=F_T\cos(\Omega t+\psi)=f_0T\cos(\Omega t+\psi) \end{aligned} \tag{5.34 a}$$

となる．ここで

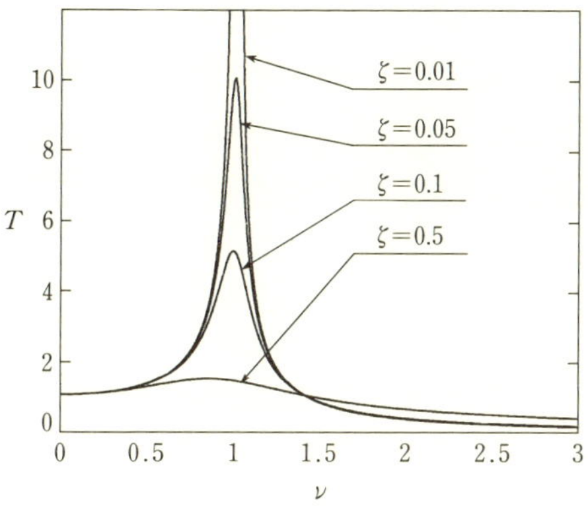

図 5.22 基礎への力の伝達率

$$T=\sqrt{\frac{1+(2\zeta\nu)^2}{(1-\nu^2)^2+(2\zeta\nu)^2}} \quad (\text{力の伝達率}) \tag{5.34 b}$$

$$\psi=\tan^{-1}\frac{-2\zeta\nu}{(1-\nu^2)}+\tan^{-1}2\zeta\nu \quad (\text{位相進み角}) \tag{5.34 c}$$

力の伝達率を，減衰比をパラメータとして図 5.22 に図示した．

〔例題 5.13〕 1 自由度減衰振動系（$m=20$ kg，$c=100$ Ns/m，$k=1.0\times10^4$ N/m）に外力（大きさ 100 N，振動数 3 Hz）が作用している．

(a) 質点の変位振幅を求めよ．

(b) 共振した場合の振幅を求めよ．

(c) 基礎に伝わる力の伝達率と伝達力の振幅を求めよ．

〔解〕 (a) $\omega_n=22.36$,　$\zeta=0.111$,　$\nu=0.843$,　$R_d=2.902$

$$\Rightarrow \quad x_0=\frac{f_0}{k}R_d=1.0\times10^{-2}\times2.902=29.0\times10^{-3}\ \text{m}$$

(b) $(R_d)_{\max}=\dfrac{1}{2\zeta\sqrt{1-\zeta^2}}=4.53 \quad \Rightarrow \quad x_0=4.53\times1.0\times10^{-2}=45.3\times10^{-3}$ m

(c) 力の伝達率と伝達力の振幅は $T(0.843)=2.95$, $F_T=T(0.843)\times100=295$ N.

d. 防 振 設 計

床に直接取り付けた物体 m が調和変動力を発生している場合，この変動力が設置床を経由して外部に伝達すると振動公害となることがある．あるいは基礎からの振動がその基礎上に設置した精密機械に悪影響を及ぼすことも懸念される．この振動の伝達を防止するため，ばねとダッシュポットを備えた防振装置をこの物体（機械）と設置床の間に置く．このような機械の設計を防振設計という．物体と防振装置の系は図 5.19 と同じ 1 自由度振動系となる．式（5.34）の力伝達率に対して $T<1$ となる振動数比 ν は

$$T=\sqrt{\frac{1+(2\zeta\nu)^2}{(1-\nu^2)^2+(2\zeta\nu)^2}}<1 \quad \Rightarrow \quad (1-\nu^2)^2-1>0 \quad \Rightarrow \quad \nu<0, \quad \nu>\sqrt{2} \tag{5.35}$$

となる．したがって，振動数比を 1.41 以上となるようにばね定数を選定しなければならない．また，減衰比の値に無関係に振動数比が $\nu=\sqrt{2}$ のとき，力伝達率は，$T=1$ となる．通常，防振設計では，$T<0.1$ 程度の防振効果を得るように設計するので，減衰比が小さいと仮定すれば近似的に次のように固有振動数を決める．

$$T\approx\frac{1}{\nu^2-1}\leq 0.1 \quad \therefore \quad \nu\geq 3.3 \tag{5.36}$$

固有振動数が励振振動数の約 1/3 以下となるためには柔らかいばねを用いなければならない．共振での応答倍率が大きくなりすぎないようにダッシュポットをつけているが，防振設計の主眼は最適なばね定数を選定することである．

〔例題 5.14〕 2 極電動機（$\Omega=120\pi$ rad/s）に直結した送風機のロータには $e=26\ \mu$m の偏心がある．電動機，送風機，共通ベースの質量が 1000 kg，送風機のロータの質量 m が 20 kg である．この送風機から設置床へ伝達する変動力を 10 N 以下にしたい．防振装置を設計せよ．なお，ロータの偏心による慣性力の振幅は $me\Omega^2$ で与えられる．

〔解〕 不つりあい力は $me\Omega^2=20\times26\times10^{-6}\times(2\pi\times60)^2=73.9$ N
伝達率を $T_r<0.135$ とする．$\zeta=0.1$ を与えることにすると，図 5.3 から $\nu=3.0$．$\omega_n=20\times2\pi=125.6$ よって，$k=1.579\times10^7$ N/m，$c=2.513\times10^4$ Ns/m

〔例題 5.15〕 図 5.19 において，減衰のないばねと質点だけの系に外力 $F=F_0\cos\Omega t$ が作用するときの応答を求めよ．

〔解〕 この振動系の運動方程式は次式となる．

$$m\ddot{x}+kx=f_0\cos\Omega t \tag{a}$$

この運動方程式の解は，$m\ddot{x}+kx=0$ の一般解と式（a）の特解との和である．同次方程式の一般解は，$x=A\sin\omega_n t+B\cos\omega_n t$ の形になる．また式（a）の特解を $x=C\cos\Omega t$ とおいて，元の運動方程式に代入すると，

$-C\Omega^2 m\cos\Omega t+kC\cos\Omega t=f_0\cos\Omega t$ となり，$\Omega\neq\omega_n$ では

$$C=x_{st}\frac{1}{1-\nu^2} \tag{b}$$

ここで，$x_{st}=f_0/k$，$\omega_n=\sqrt{k/m}$，$\nu=\Omega/\omega_n$．したがって式（a）の一般解は

$$x = A\sin\omega_n t + B\cos\omega_n t + x_{st}\frac{1}{1-\nu^2}\cos\Omega t \tag{c}$$

となり，初期条件を代入すると，積分定数 A, B を求めることができる．実際の振動系では減衰が存在するので，上式右辺の第 1 項と第 2 項は消滅して第 3 項だけが残る．したがって，質点の振動は

$$x = \frac{x_{st}}{1-\nu^2}\cos\Omega t = x_{st}T_d\cos\Omega t \tag{d}$$

ここで $T_d = 1/1-\nu^2$ は変位応答倍率である．ν が 1 に近づくと，T_d は無限大となる．この現象が共振である．外力 $f_0\cos\Omega t$ と応答変位 x の間の位相角は，$\nu<1$ では 0° (同相)，$\nu>1$ では 180° (逆相) となり，共振の前後で位相が 180° 変わる．

次に，$\Omega = \omega_n$ (共振) の場合の質点の振動を求めよう．

$x = C_1(t)\cos\omega_n t + C_2(t)\sin\omega_n t$ とおいて，式 (a) に代入すると，

$$\ddot{C}_1 + 2\dot{C}_2 - \frac{F_0}{m} = 0, \quad \ddot{C}_2 - 2\dot{C}_1\omega_n = 0 \quad \therefore \quad C_1(t) = 0, \quad C_2(t) = \frac{F_0}{2m\omega_n} \tag{e}$$

結局，式 (a) の一般解は

$$x = A\sin\omega_n t + B\cos\omega_n t + \frac{F_0 t}{2\sqrt{mk}}\cos\Omega t \tag{f}$$

右辺第 1, 2 項は定振幅の調和振動であるが第 3 項は時間に比例して振幅が単調に増大する振動数 $\Omega(=\omega_n)$ の調和振動である．しかし，現実には振幅が大きくなるとばね定数が変わるので，振幅が無限大になることはない．

つぎに，ばねを介して基礎 (天井，壁) に伝わる伝達力 f_t を求めてみよう．

伝達力 $f_t = kx$ であるから，質点からの振動力の基礎 (天井) への伝達率 T は，

$$T = \left|\frac{f_t}{f_0}\right| = \left|\frac{1}{1-\nu^2}\right| \tag{g}$$

となり，振動数比が 1 より大きくなるにともない，伝達率は小さくなっていく．

e. 基礎励振の場合

機械が設置された基礎が地震などで振動すると，ばね-ダッシュポットで支持された機械には支持系から振動が伝わる．この場合の機械 (質点) の振動を求めよう．図 5.23 で基礎が $u = u_0\cos\Omega t$ で調和振動し，支持系以外からの外力が作用していないときの質点の運動方程式は

$$m\ddot{x} + c(\dot{x} - \dot{u}) + k(x - u) = 0 \tag{5.37}$$

質点の変位を $x = x_0\cos(\Omega t + \phi)$ とおき，式 (5.37) に代入して x_0, ϕ を求める．さらに，基礎から質点への変位の伝達率 $T = x_0/u_0$ を求めると，T は式 (5.34 b) に一致し，さらに位相角 ϕ も式 (5.34 c) に一致する．

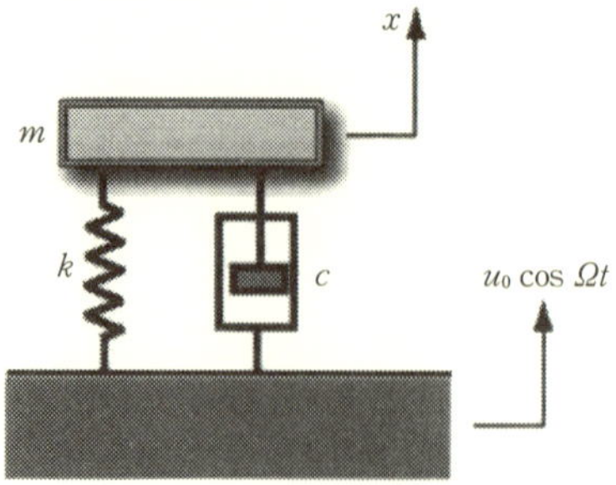

図 5.23　床から励振される振動系

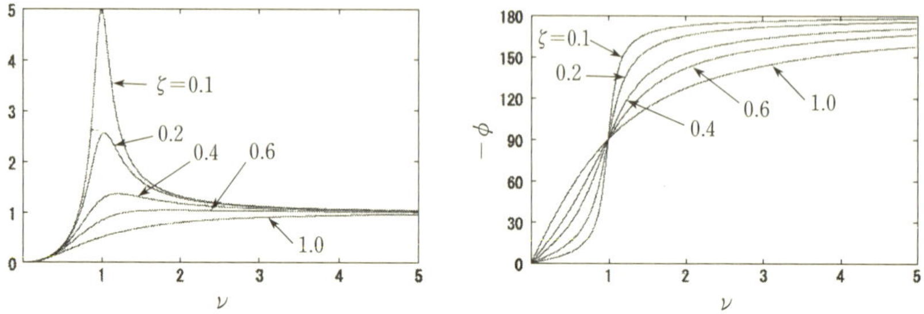

(a)　ゲイン　　(b)　位相遅れ角

図 5.24　相対変位応答倍率と位相遅れ角

基礎励振の典型例は機械が地震動を受ける場合であろう．このようなときには機械構造物の破壊が重要問題となり，機械構造物の相対変位を解析しなければならない．今，質点と基礎の間の相対変位を $y=x-u$ とおくと，相対変位に関する運動方程式は

$$m\ddot{y}+c\dot{y}+ky=-m\ddot{u} \tag{5.38}$$

この運動方程式の解は，

$$y=y_0\cos(\Omega t+\phi) \tag{5.39 a}$$

$$y_0=u_0\frac{\nu^2}{\sqrt{(1-\nu^2)^2+(2\zeta\nu)^2}},\quad \phi=\tan^{-1}\frac{-2\zeta\nu}{1-\nu^2} \tag{5.39 b}$$

相対変位応答倍率 $T=y_0/u_0$ と位相遅れ角 $-\phi$ を減衰比をパラメータとして図示すると図 5.24 となる．

〔例題 5.16〕　質量 m の質点をばね定数 k のばねを介して支持した床が $u_0 \sin \Omega t$ で振動している．このときの質点の応答を求めよ．

〔**解**〕 このような系は地震動を受ける機械系の最も単純なモデルと考えられる．運動方程式は $m\ddot{x}=-k(x-u_0\sin\Omega t)$ となる．この解は

$$x=A_1\sin\omega_n t+B_1\cos\omega_n t+\frac{u_0}{1-\nu^2}\sin\Omega t,\quad \omega_m=\sqrt{\frac{k}{m}},\quad \nu=\frac{\Omega}{\omega_n} \tag{a}$$

定常振動振幅の伝達率 T は次式となり，例題 5.15 の式 (g) に等しくなる．

$$T=\left|\frac{x_0}{u_0}\right|=\left|\frac{1}{1-\nu^2}\right| \tag{b}$$

〔**Example 5. 17**〕 A motorcycle with a mass of 200 kg including a mass of a rider and a total spring constant of 100 kN/m and a total damping coefficient of 3 kNs/m including suspensions and tires is running at a speed of 100 km/h on a sinusoidally irregular road with a pitch of 4 m and an amplitude of 5 cm. Determine the amplitude of vertical motion of the rider.

〔**Solution**〕 The natural frequency and the damping ratio of the motorcycle are $f_n=\sqrt{100000/200}/2\pi=3.55$ Hz and $\zeta=0.106$. The exciting frequency is $f=100\times10^3/3600/4=6.94$ Hz, then the frequency ratio is given as $\nu=f/f_n=1.95$. According Eq (5.39), the absolute displacement of the rider is

$$\begin{aligned}x=y+u&=0.05\times1.34\cos(2\pi\times6.94t+3.288)+0.05\cos(2\pi\times6.94t)\\&=0.05\times0.355\cos(2\pi\times6.94t+2.72)=0.0177\cos(2\pi\times6.94t+2.72)\mathrm{m}\end{aligned}$$

f. 振動計の原理

振動の測定方法には，(1) サイズモ振動計を振動体に取り付けて計測する方法，(2) 静止系 (絶対固定系) からの相対変位計で測定する方法があり，一般的な構造物の振動測定には (1) の方法を用いている．サイズモ振動計は，質点，ダッシュポット，ばねから構成した振動系で基礎励振系の振動を応用した計測器である．その構造は図 5.25 のようになっており，振動計のケースを被測定物体表面に取り付けるだけで振動を測定できる．被測定物体と振動計の質点の相対変位 y は式 (5.39) で与えられているので，$\nu\gg1$ の場合

$$y\approx-u_0\cos\Omega t=-u \tag{5.40}$$

となり，相対変位から振動計を取り付けた被測定体の変位振動を計ることができる．このとき，質点の絶対変位が 0 に近づき，質点は不動点となっている．これがサイズモ振動計の原理である．また，$\nu\ll1$ の場合

$$y\approx u_0\nu^2\cos\Omega t=-\frac{m}{k}\ddot{u} \tag{5.41}$$

となり，相対振動から被測定体の加速度振動を計ることができる．しかし，固有

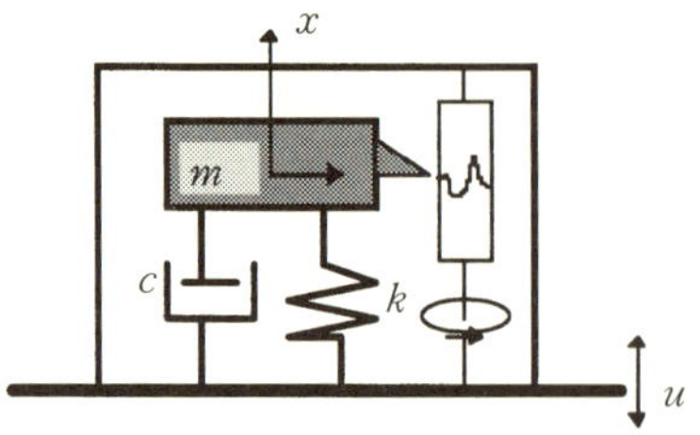

図 5.25　サイズモ振動計のモデル

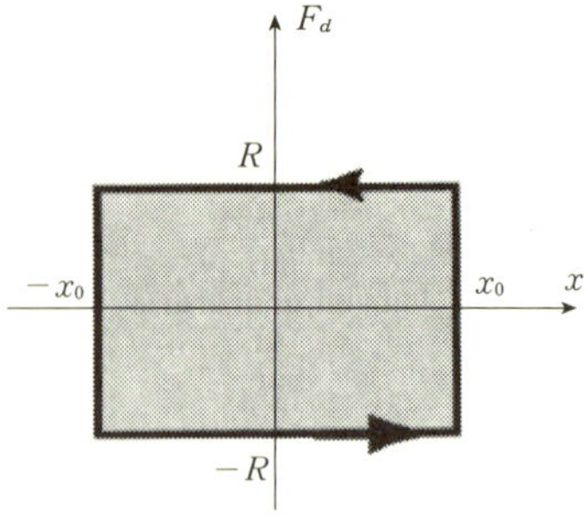

図 5.26　クーロン摩擦力

振動数を高くするためばね定数を大きくしなければならないので，相対変位測定量は小さい値となる．実際には式(5.41)は $ky=-m\ddot{u}$ と変形でき，ばね材料としてばね定数の大きい圧電素子を用いて，ばねの復元力(質量の慣性力)を計測して，被測定物体の加速度を求めている．

〔例題 5.18〕 300 rpm から 3000 rpm まで回る可変速の回転機械の軸受箱の変位振動を測定できる振動計を設計せよ．

〔解〕 サイズモ変位計を採用する．最低振動数が 5 Hz であるので．サイズモ系の固有振動数を $2\pi(5/3)=10.47$ rad/s　∴　$k/m=(10.47)^2=109$　⇒　質量とばね定数は，$m=0.1$ kg，$k=10.9$ N/m，減衰比 $\zeta=0.1$ にすると，ダッシュポットの減衰係数は，$c=0.104$ Ns/m.

g. 振動のエネルギー

振動系におけるエネルギーの授受からその振動応答振幅を求めてみよう．まず 1 自由度系の運動方程式(5.25)のダッシュポットとばねの項を右辺に移し，dx をかけて 1 周期の間で積分をすると，

$$\oint m\ddot{x}dx=\oint(-c\dot{x})dx+\oint(-kx)dx+\oint F_0\cos\Omega t dx \tag{5.42}$$

質点の変位が $x=x_0\cos(\Omega t+\phi)$ で与えられていると，$dx=\dot{x}dt=-\Omega\sin(\Omega t+\phi)dt$ であり，これを式(5.42)に代入する．左辺の積分は以下のように質点の運動エネルギー T となり，1 周期後のそのエネルギーは変わらないので，

$$T=\int_0^{2\pi/\Omega} m\ddot{x}\dot{x}dt=\left[\frac{1}{2}m\dot{x}^2\right]_0^{2\pi/\Omega}=0 \tag{5.43}$$

右辺第 1 項は，減衰力が 1 周期の間に質点に加える仕事 W_d であり，

$$W_d=-\oint c\dot{x}dx=-\int_0^{2\pi/\Omega}c\dot{x}^2dt=-cx_0{}^2\Omega^2\int_0^{2\pi/\Omega}\sin^2(\Omega t+\phi)dt=-\pi cx_0{}^2\Omega \quad (5.44)$$

となる．ここで $W_d<0$ となり，減衰は質点の有するエネルギーを $U_d(=-W_d)$ だけ奪っている．右辺第2項 W_r は復元力が1周期の間に質点に加える仕事に相当し，以下のようにその仕事は0となる．

$$W_r=-\oint kx\dot{x}dt=-\left[\frac{1}{2}kx^2\right]_0^{2\pi/\Omega}=0 \quad (5.45)$$

振動1周期間に質点になされる外力の仕事 W_f は，

$$W_f=\int_0^{2\pi/\Omega}F_0\cos(\Omega t)\,\dot{x}dt=-\Omega F_0x_0\int_0^{2\pi/\Omega}\cos\Omega t\,\sin(\Omega t+\phi)dt$$

$$=-\frac{\Omega F_0x_0}{2}\int_0^{2\pi/\Omega}[\sin(2\Omega t+\phi)+\sin\phi]dt=-\pi F_0x_0\sin\phi \quad (5.46)$$

式(5.42)から

$$W_d+W_f=0 \;\Rightarrow\; U_d=W_f,\quad -\pi cx_0{}^2\Omega-\pi F_0x_0\sin\phi=0 \quad (5.47)$$

つまり外力が質点に与える仕事 W_f は減衰の消散エネルギー U_d に等しくなる．

また，質点の変位振幅は式(5.47)から次のように求めることができる．

$$x_0=-\frac{F_0\sin\phi}{c\Omega} \quad (5.48\text{ a})$$

特に減衰が小さいときには，共振振動数は $\Omega\approx\omega_n$ であり，しかも式(5.27 b)から $\phi=-\pi/2$ となるので，そのときの振幅 $x_{0\max}$ は，式(5.47)から

$$-\pi cx_0{}^2\omega_n+\pi F_0x_0= \;\Rightarrow\; x_{0\max}=\frac{F_0}{c\omega_n}=\frac{x_{st}}{2\zeta} \quad (5.48\text{ b})$$

と共振振幅を求めることができる．

h. 等価粘性減衰係数

これまで，速度に比例する減衰力が作用する振動系についてその応答を求めてきた．これ以外の減衰力が作用する振動系の応答の近似解法について説明しよう．球体の質点が液中で大振幅の振動をしている場合，その速度の2乗に比例する減衰力 $F_d=-b\dot{x}|\dot{x}|$ が作用する．このときの運動方程式は

$$m\ddot{x}+b\dot{x}|\dot{x}|+kx=F_0\cos\Omega t \quad (5.49)$$

またクーロン摩擦による減衰が作用する振動系では，クーロン摩擦力の大きさは一定で図5.26のように $F_d=-R(\dot{x}>0)$, $R(\dot{x}<0)$ となるので，その運動方程式は

$$m\ddot{x}+R\frac{\dot{x}}{|\dot{x}|}+kx=F_0\cos\Omega t \quad (5.50)$$

これらの系の応答は容易に求めることができない．しかし，減衰力が速度に比

例する線形系についての解は式(5.27)で求まっているので，これらの非線形振動系でも調和振動 $x_0\cos(\Omega t+\phi)$ が発生しているとして，その減衰力による1周期間の消散エネルギーがダッシュポットの消散エネルギーと等しくなる等価粘性減衰係数を導入して近似解を求めよう．

速度 $-\Omega x_0\sin(\Omega t+\phi)$ の2乗に比例する減衰力が1周期間に消散するエネルギーは，

$$U_d=2\int_{-x_0}^{x_0} b\dot{x}^2dx=2\int_0^{\pi/\Omega} b\dot{x}^3dt=-2b\Omega^3x_0^3\int_0^{\pi/\Omega}\sin^3(\Omega t+\phi)dt$$
$$=\frac{8}{3}b\Omega^2x_0^3 \tag{5.51}$$

となり，この系の等価粘性係数を c_e とおくと式(5.44)から $\pi c_e x_0^2\Omega=U_d$．よって

$$c_e=\frac{8}{3\pi}\Omega bx_0 \tag{5.52}$$

次にクーロン摩擦の等価粘性減衰係数を求めよう．クーロン摩擦が1周期中に消散するエネルギー U_d は，

$$U_d=2\int_{-x_0}^{x_0} Rdx=4Rx_0 \tag{5.53}$$

となる．したがって，この系の等価粘性減衰係数は

$$C_e=\frac{4R}{\pi\Omega x_0} \tag{5.54}$$

この等価粘性係数を使って図5.27のクーロン摩擦のある系の強制振動応答を求めよう．運動方程式(5.50)は式(5.54)の等価粘性減衰係数を用いて書き換え，

$$m\ddot{x}+c_e\dot{x}+kx=F_0\cos\Omega t$$
$$\Rightarrow\quad x=a\cos(\omega t+\varphi),\quad a=\frac{F_0}{k}\frac{1}{\sqrt{(1-\nu^2)^2+(2\zeta\nu)^2}} \tag{5.55}$$

式(5.54)から $2\zeta=c_e/m\omega_n=4R/\pi\Omega am\omega_n$．これに上式を代入して振幅 a を求めると，

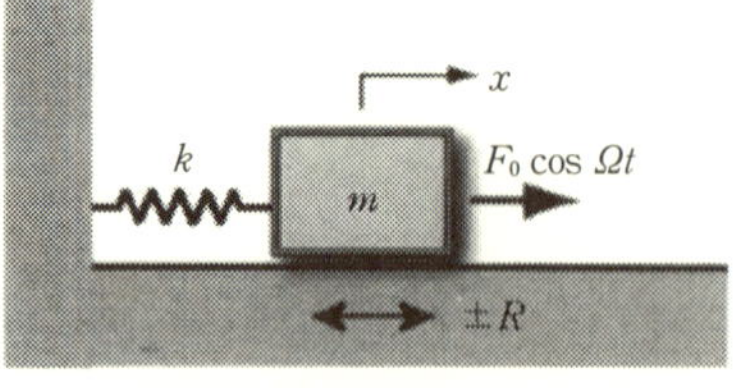

図5.27　摩擦がある振動系

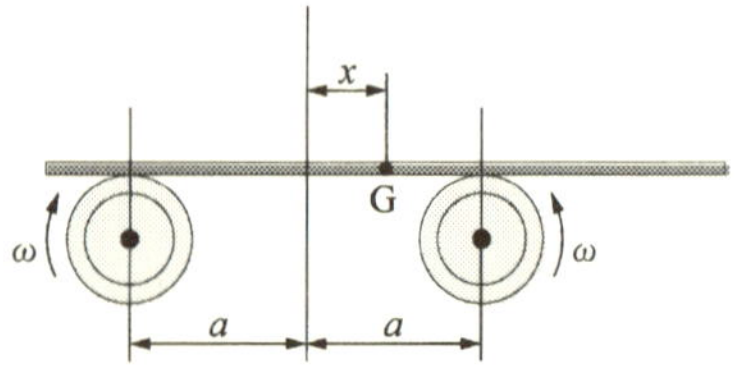

図5.28　2つのローラ上の平板

$$a^2\left\{(1-\nu^2)^2+\left(\frac{4R\nu}{\pi\Omega\omega_n am}\right)^2\right\}=\left(\frac{F_0}{k}\right)^2 \quad\Rightarrow\quad a^2(1-\nu^2)^2+\left(\frac{4R}{\pi k}\right)^2=\left(\frac{F_0}{k}\right)^2 \quad (5.56)$$

よって，クーロン摩擦が作用する系の変位振幅を次のように求めることができる．

$$a=\frac{F_0}{k}\frac{\sqrt{1-(4R/\pi F_0)^2}}{1-\nu^2} \quad (5.57)$$

〔例題 5.19〕 ばね定数 1 MN/m に結ばれ，水平な平板上に置かれた質量 100 kg のスライダーが水平方向の変動力を受けている．下記の加振力の場合のスライダーの振幅を求めよ．平板とスライダー間の静摩擦係数と動摩擦係数はそれぞれ 0.2, 0.1 である．

(1)　$100\cos 75t$ (N)

(2)　$300\cos 75t$ (N)

〔解〕 固有角振動数は $\omega_n=\sqrt{1000000/100}=100$ rad/s．振動数比は $\nu=0.75$．

静摩擦力は $R_s=0.2\times 9.8\times 100=196$ N，動摩擦力は $R=0.2\times 9.8\times 100=98$ N．

(1)　外力の振幅は静摩擦力より小さいので振動しない．

(2)　$F_0=300$ N．式 (5.57) に代入すると，

振幅は $a=\dfrac{300}{10^6}\dfrac{\sqrt{1-(4\times 98/300\,\pi)^2}}{1-0.75^2}=6.23\times 10^{-4}\ \mathrm{m}=0.623\ \mathrm{mm}$

演 習 問 題

5.1　逆方向に同一角速度で回転する同径のローラ上に，平板が載って左右に往復運動を続けている．この周期を求めよ．(図 5.28)

5.2　倒立振子が微小振動をする限界のばね定数とそのときの固有振動数を求めよ．(図 5.29)

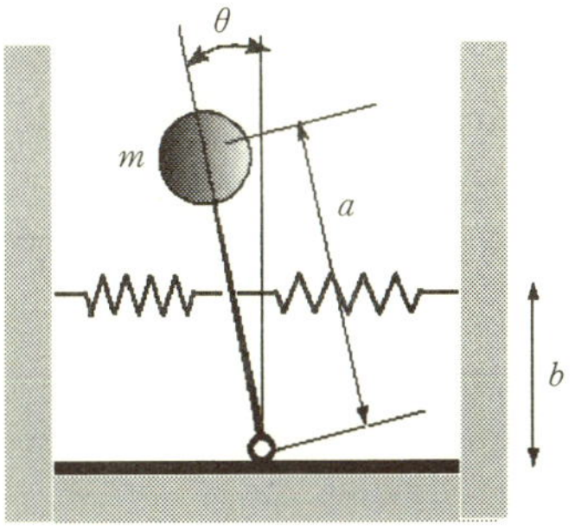

図 5.29　倒立振り子

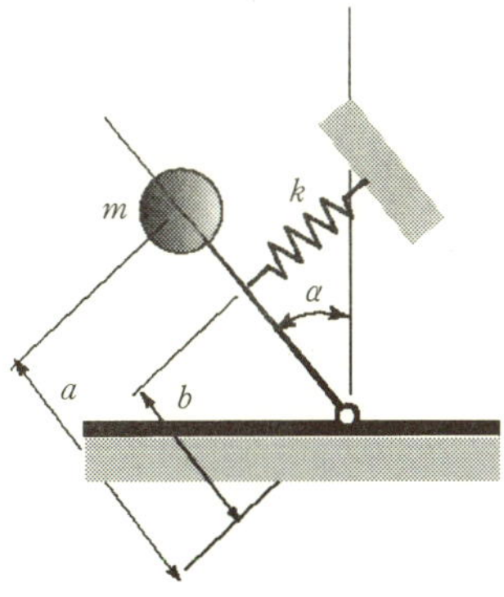

図 5.30　傾斜振り子

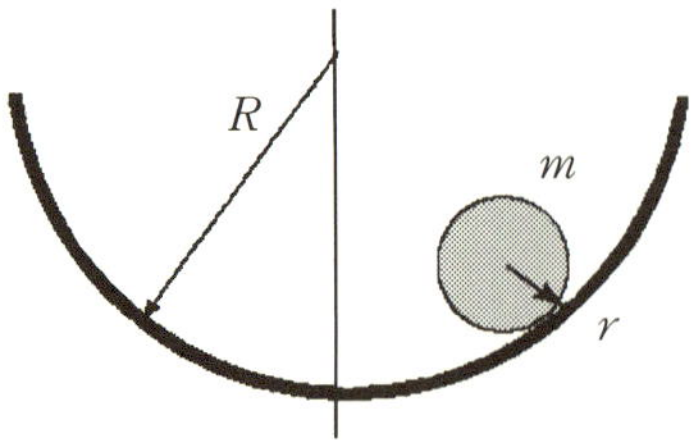

図 5.31　円筒内のコロ

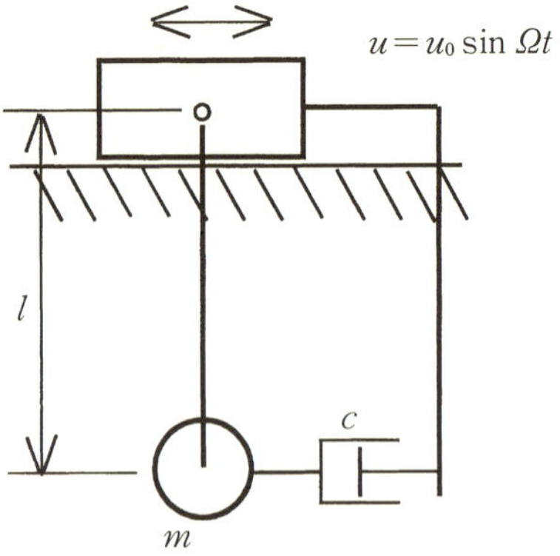

Fig. 5.32　pendulum with a dashpot

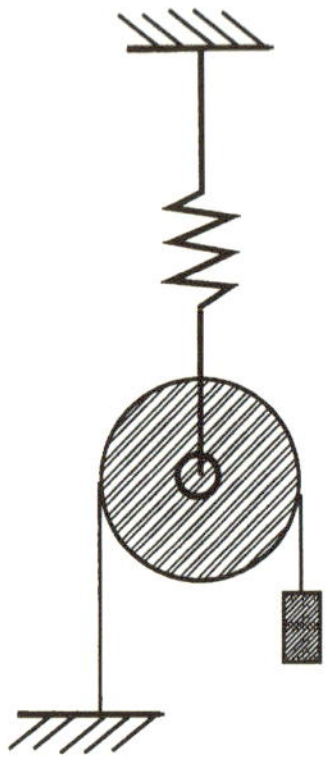

Fig. 5.33　particle-pulley-spring system

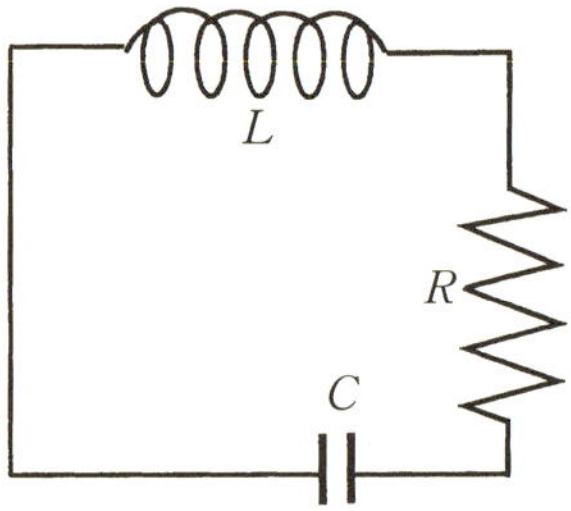

Fig. 5.34　LCR electric circuit

5.3　傾斜振り子の固有振動数を求めよ．(図 5.30)

5.4　円筒内面 (半径 R) をすべることなくころがる円柱 (半径 r) の振動の固有振動数を求めよ．重力加速度，円柱の質量と回転半径を g, m, k とおく．(図 5.31)

5.5　Assuming small angular oscillation, drive the equation of motion of the pendulum shown in Fig. 5.32 and determine the angular displacement amplitude of the pendulum.

5.6　Determine a natural frequency of the spring (spring constant : k)-pulley (radius : r, mass : m_p moment of inertia : I_p)-mass (m) system shown in Fig. 5.33.

5.7　Determine the natural frequency of the LCR circuit shown in Figure 5.34.

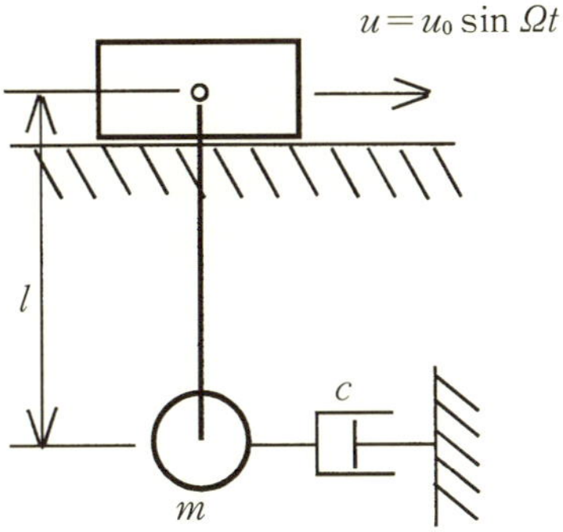

図 5.35　スライダーに取り付けた単振り子

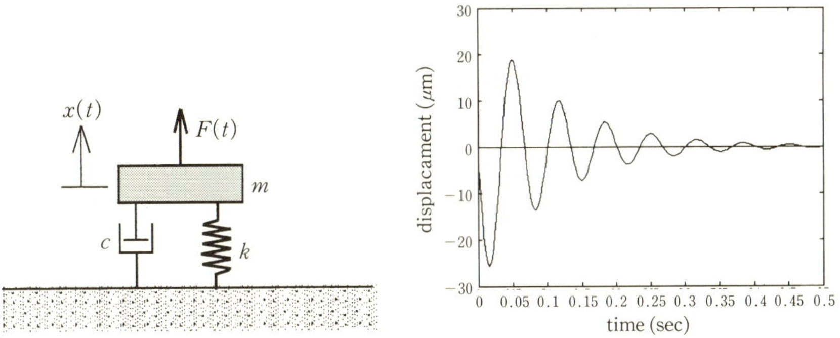

(a)　1 自由度振動系　　　(b)　減衰振動波形

図 5.36　1 自由度振動系の衝撃応答

5.8　図 5.19 の 1 自由度振動系 ($m=10$ kg, $c=100$ Ns/m, $k=1\times10^5$ N/m) に外力 $F(t)=30\sin 95t$ (N) が作用している．初期値を $x_0=0$, $\dot{x}_0=0$ として，質点の変位振動を求めよ．

5.9　水平面上を $u_0 \sin \Omega t$ で調和振動するスライダーに回転自由に取り付けられ，減衰係数 c のダッシュポットに接続した，質量 m，長さ l の単振り子がある (図 5.35).

(1)　単振り子の傾き角 θ が小さいとして，その運動方程式を導け．

(2)　単振り子の回転角を求めよ．

5.10　演習問題 5.8 の系に次の外力が作用するとき，床へ伝わる力を求めよ．

(1)　$F(t)=30\sin 100t$ (N)　(2)　$F(t)=30\sin 150t$ (N)

5.11　図 5.36 (a) は，質量 $m=30$ kg の質点をばねとダッシュポットで支持した 1 自由度振動系である．この系の質点をハンマーで打撃したときの減衰振動波形が図

5.36 (b) となった．

(1) ばね定数を求めよ．

(2) ダッシュポットの減衰係数を求めよ．

(3) 質点に $F(t)=10\cos 36\pi t$ (N) の外乱を与えたときの質点の振幅を求めよ．

Tea Time

内なる振動

皆さんが最初に感じた振動は何でしょうか？　大多数の皆さんは母の胎内で感じた母の脈拍または自身の脈拍でしょう．脈拍は心臓が収縮と拡張を交互に繰り返しているために生じています．この脈拍のリズムは心臓にある洞結節から発生する電気刺激により心臓の筋肉を収縮させることで起こります．人は毎分 60 回ほどの拍動があります．人の寿命を 80 年としますと，一生の間に心臓は 2.5×10^9 回の収縮-拡大を繰り返すことになります．この回数は，哺乳動物ではほぼ一定とのことです．寿命の短いねずみでは脈拍が速く，寿命の長い象では脈拍が遅くなっています．

心臓の洞結節から発生する電気刺激が乱れると，正しい脈拍を打たなくなります．そのときはペースメーカを体内に装着します．しかし，このペースメーカは電磁波の影響を受けやすいので，人ごみの中では携帯電話などの電磁波を発生する装置の電源を切る必要があります．

ちなみに，周波数の単位は Hz が使われています．これは，電磁波を発見したドイツの物理学者 Heinrich Hertz にちなんで付けられたとも，心臓（ドイツ語の herz）に由来するともいわれています．

6. 回転体の力学

回転機械(電動機, 発電機, 水車, 蒸気タービン, ガスタービン, 遠心圧縮機, ファン, ポンプ, ハードディスクドライブ, CD, MD, DVD など)は回転軸が回転することを介して, コンパクトな機構によりエネルギーや情報の変換を行なう機械である. たとえば, 電動機は電気エネルギーを回転の運動エネルギーに変換し, 水車は水のポテンシャルエネルギーを回転の運動エネルギーに変換する. これらの機能を満足する回転機械を作るためには, 回転軸が問題なくスムーズに回転し, かつ外部にも何ら悪影響を及ぼさないことが必要である. たとえば, ハードディスクドライブにおいて間違いなくディジタル信号の書き込みと読み出しを行うためにはその磁気ディスクが振動なく回転していなければならない. この章では, このような要求を満たす回転機械を設計するための知識について説明しよう.

6.1 剛性ロータの運動方程式

回転軸に回転子や羽根車を挿入した回転体(ロータ, rotor)は加工誤差や組立て誤差のため, その重心が回転体を支える2つの軸受でのジャーナル中心を結ぶ直線(この線を軸中心線という)上にあるとは限らない. さらに, 回転体の慣性主軸が軸中心線から傾いていることもある. 回転体の軸や羽根車は回転により変形することがあるが, ここでは議論を簡単にするため, 変形を無視できる剛性ロータに限り, 重力を無視してその運動を考えることにする. 剛性ロータ(rigid rotor)は剛体であるので自由度は6である. しかし回転機械では, 回転体の横振動とそれによる軸受損傷がしばしば問題となるので, 回転体の横振動だけに注

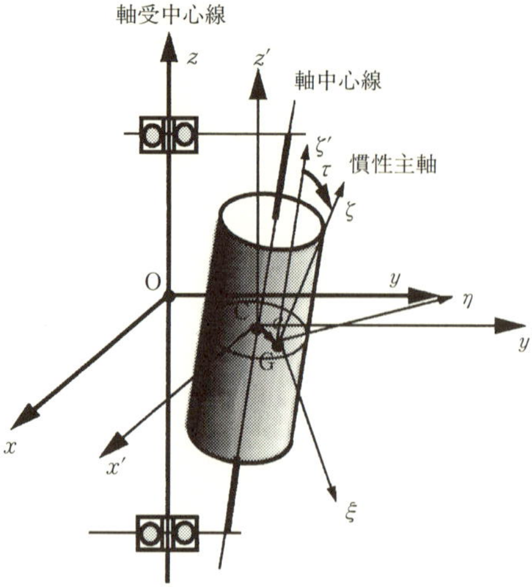

図 6.1 剛性ロータ

目し，回転軸方向と回転軸回りの運動はここでは考えないことにする．図 6.1 において，静止直交座標系 O-xyz は回転体を支える両軸受中心を結ぶ直線（軸受中心線とよぶ）を z 軸とし，回転体の重心を含む z 軸に直交する平面上に x, y 軸を設ける．したがって，重心は O-xy 平面上で運動することになる．x, y 軸とその回りの運動の 4 自由度の回転体の運動について考える．

回転体に固定し，その慣性主軸に一致させた座標系（剛体主軸座標系）を G-$\xi\eta\zeta$ とし，図心（軸中心線と x-y 平面の交点）を原点とする並進座標系を C-$x'y'z'$ とする．通常，ζ 軸は z' 軸にほぼ一致している．また回転体は ζ 軸に対して回転対称と仮定する．したがって，η 軸回りの慣性モーメントと ξ 軸回りの慣性モーメントは一致する．ζ 軸回りの慣性モーメントを I_p，η 軸回りの慣性モーメントと ξ 軸回りの慣性モーメントを I_d とおき，回転体の質量を m とする．

回転体は軸受中心線を中心として回転し，その線上に重心があり，軸中心線と慣性主軸が一致していれば，後述する軸受反力やロータの振れ回りは発生しない．しかし製作過程での種々の誤差のため，このような状況を実現できない．剛性ロータを支える軸受からの拘束力は，軸受での軸中心線の変位に依存し，この変位は剛性ロータ図心の変位と軸中心線の傾きで与えられる．さらに，回転機械を監視する場合，あるいは回転体のつりあわせを行う場合，軸受近傍の振動が重要な役割を担う．そこで，剛性ロータ図心の変位と軸中心線の傾きを用いて，誤差のある剛性ロータが回転しているときの並進と回転の運動エネルギーを表現し，ラグランジュ方程式からこれらの量に関する回転体の運動方程式を求める．

a. 並進の運動エネルギー

回転体の回転角速度を Ω，軸中心線から重心までの距離を ε とする．O-xy 面上のロータ断面上に基準線をとり，この線から α の方向に重心があるとする．この基準線が $t=0$ で x 軸と一致しているとしよう．軸中心線が O-xy 面（図 6.2 に図示した平面）と交わる点 C（回転体の図心）の座標を $(x, y, 0)$ とおくと，重心の座標 (x_G, y_G, z_G) は

$$x_G = x + \varepsilon\cos(\Omega t + \alpha), \quad y_G = y + \varepsilon\sin(\Omega t + \alpha) \tag{6.1}$$

z_G は 2 次の微小量となり，軸中心線の変位 (x, y) で表した並進の運動エネルギー T_1 は

$$\begin{aligned} T_1 &= \frac{1}{2}m(\dot{x}_G^2 + \dot{y}_G^2) \\ &= \frac{1}{2}m[\dot{x}^2 + \dot{y}^2 - 2\varepsilon\Omega\dot{x}\sin(\Omega t + \alpha) + 2\varepsilon\Omega\dot{y}\cos(\Omega t + \alpha) + \varepsilon^2\Omega^2] \end{aligned} \tag{6.2}$$

b. 回転の運動エネルギー

回転対称な剛性ロータの慣性主軸に固定した G-$\xi\eta\zeta$ の角速度ベクトル $\boldsymbol{\omega} = (\omega_\xi, \omega_\eta, \omega_\zeta)$ と ξ, η, ζ 方向の慣性モーメント I_d, I_d, I_p を用いると，回転の運動エ

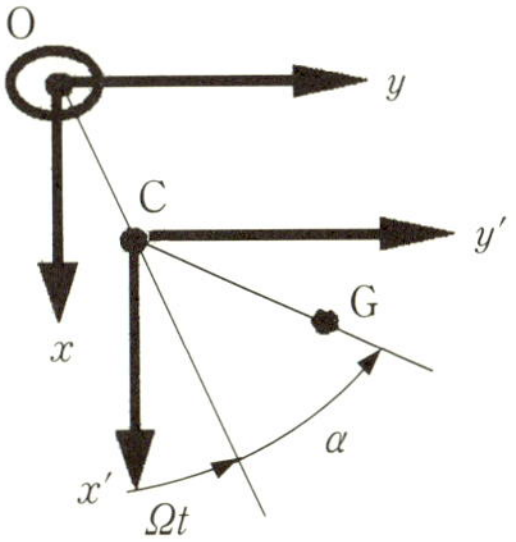

図 6.2 並進運動

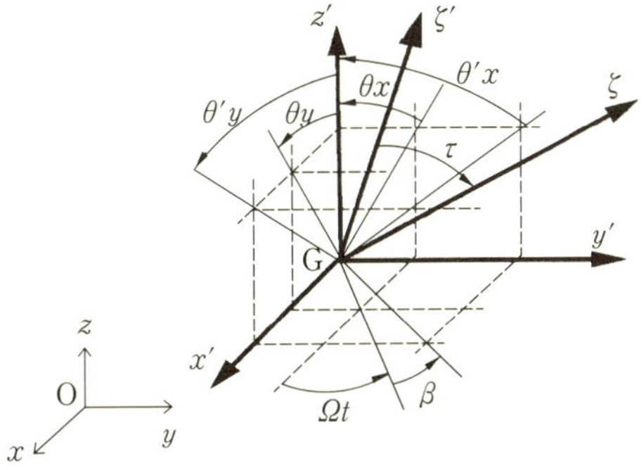

図 6.3 回転運動

ネルギーを次式で記述できる．

$$T_2=\frac{I_d(\omega_\xi{}^2+\omega_\eta{}^2)}{2}+\frac{I_p\omega_\zeta{}^2}{2} \tag{6.3}$$

ここで図 6.3 に図示した，静止直交座標系に平行で，その原点が回転体の重心に一致している並進直交座標系 G-$x'y'z'$ を定義しておく．軸中心線と慣性主軸の間の微小角度を τ とし，軸中心線の傾き角の $y'z'$ 面と $x'z'$ 面上への投影角を θ_x, θ_y とおく．軸中心線の傾き角は微小であるので，その $y'z'$ 面，$x'z'$ 面への投影角 θ_x, θ_y を用いて，式 (6.3) の回転の運動エネルギーを次式のように変形する．

$$\begin{aligned}T_2=&\frac{1}{2}I_p\left[\Omega^2-\Omega\left\{\begin{aligned}&\dot{\theta}_y\theta_x-\dot{\theta}_x\theta_y-\tau(\Omega\theta_x+\dot{\theta}_y)\sin(\Omega t+\beta)\\&+\tau(\Omega\theta_y+\tilde{\theta}_x)\cos(\Omega t+\beta)+\tau^2\Omega\end{aligned}\right\}\right]\\&+\frac{1}{2}I_d\{\dot{\theta}_x{}^2+\dot{\theta}_y{}^2-2\tau\Omega\dot{\theta}_x\cos(\Omega t+\beta)-2\tau\Omega\dot{\theta}_y\sin(\Omega t+\beta)+\tau^2\Omega^2\}\end{aligned} \tag{6.4}$$

〔例題 6.1〕 式 (6.3) から式 (6.4) を求めよ．

〔解〕 回転対称な剛性ロータの慣性主軸に固定した G-$\xi\eta\zeta$ の角速度ベクトル $\boldsymbol{\omega}=(\omega_\xi, \omega_\eta, \omega_\zeta)$ をオイラー角 (ϕ, θ, ψ) とその角速度ベクトル $(\dot{\phi}, \dot{\theta}, \dot{\psi})$ で表そう．式 (3.35) から

$$\begin{aligned}\omega_\xi&=-\dot{\phi}\sin\theta\cos\psi+\dot{\theta}\sin\psi\\\omega_\eta&=\dot{\phi}\sin\theta\sin\psi+\dot{\theta}\cos\psi\\\omega_\zeta&=\dot{\phi}\cos\theta+\dot{\psi}\end{aligned} \tag{a}$$

回転体の慣性主軸の傾き角 θ の $y'z'$ 面と $x'z'$ 面上の投影角を θ_x', θ_y' とおくと，

$$\theta_x'=-\theta\sin\phi,\quad \theta_y'=\theta\cos\phi \tag{b}$$

軸中心線の傾き角の $y'z'$ 面と $x'z'$ 面上への投影角が θ_x, θ_y であるので．軸中心線と慣性主軸のなす角を τ，$t=0$ で $x'y'$ 面と慣性主軸-軸中心線のつくる面との交線と x' 軸との角度を β とおくと，θ_x, θ_y と θ_x', θ_y' の間には次の関係式が成立する．

$$\theta_x'=\theta_x-\tau\sin(\Omega t+\beta),\quad \theta_y'=\theta_y+\tau\cos(\Omega t+\beta) \tag{c}$$

したがって，式 (b) から

$$\dot{\theta}_x'^2+\dot{\theta}_y'^2=\dot{\theta}^2+\theta^2\dot{\phi}^2$$

$$\dot{\theta}_x'\theta_y'=-\dot{\theta}\theta_y'\left(\frac{-\theta_x'}{\theta}\right)-\theta_y'^2\dot{\phi},\quad \dot{\theta}_y'\theta_x'=\dot{\theta}\theta_x'\left(\frac{\theta_y'}{\theta}\right)+\theta_x'^2\dot{\phi}$$

$$\therefore\quad \dot{\theta}_y\theta_x'-\dot{\theta}_x'\theta_y'=(\theta_x'^2+\theta_y'^2)\dot{\phi}=\theta^2\dot{\phi} \tag{d}$$

式 (a) から，

$$\omega_\xi{}^2+\omega_\eta{}^2=\dot{\theta}^2+\dot{\phi}^2\sin^2\theta\cong\dot{\theta}^2+\dot{\phi}^2\theta^2 \tag{e}$$

$$\omega_\zeta=\dot{\psi}+\dot{\phi}\cos\theta\cong\dot{\psi}+\dot{\phi}\left(1-\frac{\theta^2}{2}\right)=\Omega-\frac{\dot{\phi}\theta^2}{2} \tag{f}$$

よって，回転の運動エネルギー T_2 は

$$T_2=\frac{I_d(\omega_\xi{}^2+\omega_\eta{}^2)}{2}+\frac{I_p\omega_\zeta{}^2}{2}=\frac{I_d}{2}(\dot{\theta}^2+\dot{\phi}^2\theta^2)+\frac{I_p}{2}\left(\Omega-\frac{\dot{\phi}\theta^2}{2}\right)^2$$

$$\cong\frac{I_d}{2}(\dot{\theta}^2+\dot{\phi}^2\theta^2)+\frac{I_p}{2}(\Omega^2-\Omega\dot{\phi}\theta^2) \qquad \text{(g)}$$

$$=\frac{I_d}{2}(\dot{\theta}_x{}'^2+\dot{\theta}_y{}'^2)+\frac{I_p}{2}[\Omega^2-\Omega(\dot{\theta}_y{}'\theta_x{}'-\dot{\theta}_x{}'\theta_y{}')]$$

ここで，式(c)から

$$\dot{\theta}_y{}'\theta_x{}'-\dot{\theta}_x{}'\theta_y{}'=\dot{\theta}_y\theta_x-\dot{\theta}_x\theta_y-\tau(\Omega\theta_x+\dot{\theta}_y)\sin(\Omega t+\beta)$$
$$+\tau(\Omega\theta_y+\dot{\theta}_x)\cos(\Omega t+\beta)+\tau^2\Omega$$

$$\dot{\theta}_x{}'^2+\dot{\theta}_y{}'^2=\dot{\theta}_x{}^2-2\tau\Omega\dot{\theta}_x\cos(\Omega t+\beta)+\dot{\theta}_y{}^2-2\tau\Omega\dot{\theta}_x\sin(\Omega t+\beta)+\tau^2\Omega^2$$

これを式(g)に代入すると，軸中心線の傾き角 θ_x, θ_y で回転の運動エネルギーを式(6.4)のように表現できる．

c. 運動方程式

2つの軸受から回転体に加わる外力の和の x, y 方向成分を F_x, F_y，外力の図心回りのモーメントの x, y 軸回り成分を M_x, M_y とおく．それぞれの正の方向を図6.4に図示した．回転体の運動エネルギーは $T=T_1+T_2$ であるので，回転体の図心の座標 (x, y) と軸中心軸の傾き角 θ_x, θ_y を一般化座標として並進運動と回転運動についてのラグランジュ方程式を求めると，

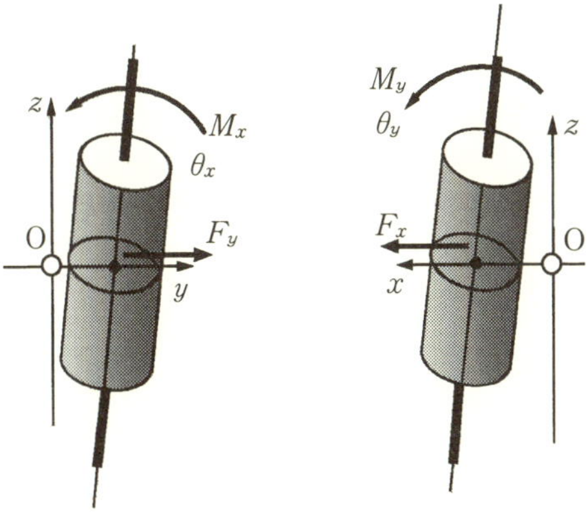

図6.4 ロータに作用する外力と外力のモーメント

$$\left.\begin{aligned} m\ddot{x} &= \varepsilon m\Omega^2\cos(\Omega t+\alpha)+F_x \\ m\ddot{y} &= \varepsilon m\Omega^2\sin(\Omega t+\alpha)+F_y \\ I_d\ddot{\theta}_x+I_p\Omega\dot{\theta}_y &= -(I_d-I_p)\tau\Omega^2\sin(\Omega t+\beta)+M_x \\ I_d\ddot{\theta}_y-I_p\Omega\dot{\theta}_x &= (I_d-I_p)\tau\Omega^2\cos(\Omega t+\beta)+M_y \end{aligned}\right\} \quad (6.5)$$

第1式と第2式の右辺第1項は回転体の重心が軸中心線から偏心していることによる項であり，第3式と第4式の右辺第1項は回転体の慣性主軸が軸中心線から傾いていることによる項である．この εm と $(I_d-I_p)\tau$ を回転体の不つりあい (unbalance) といい，回転体の振動の主要原因である．

〔例題 6.2〕 図 6.1 に図示した回転体において，重心に関して上下対称であり，これを支持する上下の軸受の動的特性は等しいとする．回転体の重心は軸中心線上にあり，慣性主軸は軸中心線と一致している．回転体の軸中心線が軸受中心線と平行に振動する固有振動数を求めよ．回転体と軸受の諸元は次のとおりである．回転体の質量：m，軸中心線回りの慣性モーメント：I_p，重心を通る直径回りの慣性モーメント：I_d，重心から軸受までの距離：a，軸受の等価ばね定数と減衰係数：k, c．

〔解〕 $\varepsilon=0$, $F_x=-kx-c\dot{x}$, $F_y=-ky-c\dot{y}$ を式 (6.5) に代入すると，$m\ddot{x}+c\dot{x}+kx=0$, $m\ddot{y}+c\dot{y}+ky=0$．式 (5.16) から，減衰固有振動数は $\sqrt{(1-c^2/4mk)k/m}/2\pi$

〔例題 6.3〕 図 6.1 に図示した配置をもち，6000 rpm で回転している回転体は重心に関して上下対称であり，これを支持する上下の軸受は強固な軸受である．回転体の重心は回転体に固定した基準位置から $+30°$ の方向に軸中心線上から 5μm 偏心し，慣性主軸は，回転体に固定した基準位置から $+90°$ の方向に軸中心線から $0.01°$ 傾いている．軸受に加わる変動力を求めよ．回転体の諸元は次のとおりである．回転体の質量：36 kg，軸中心線回りの慣性モーメント：0.18 kgm²，重心を通る直径回りの慣性モーメント：0.33 kgm²，重心から軸受までの距離：500 mm

〔解〕 回転軸の回転方向下方にある軸受を A，上方の軸受を B とする．強固な軸受で支持した剛性ロータは振動しないので，式 (6.5) において，$x=0$, $y=0$, $\theta_y=0$, $\theta_x=0$ となる．したがって，重心の偏心による軸から軸受A, Bに加わる力 $f_{Ax}, f_{Ay}, f_{Bx}, f_{By}$ は，

$$\begin{aligned} f_{Ax}+f_{Bx} &= \varepsilon m\Omega^2\cos(\Omega t+\alpha)=71\cos(628\,t+0.523) \\ f_{Ay}+f_{By} &= \varepsilon m\Omega^2\sin(\Omega t+\alpha)=71\sin(628\,t+0.523) \\ 0.5(f_{By}-f_{Ay}) &= (I_d-I_p)\tau\Omega^2\sin(\Omega t+\beta)=10.3\sin(628\,t+1.57) \\ 0.5(f_{Bx}-f_{Ax}) &= (I_d-I_p)\tau\Omega^2\cos(\Omega t+\beta)=10.3\cos(628\,t+1.57) \end{aligned} \quad (a)$$

したがって，

$$\begin{aligned} f_{Ax} &= 35.5\cos(628\,t+0.523)-10.3\cos(628\,t+1.57)=31.6\cos(628\,t+0.237)\,\mathrm{N} \\ f_{Bx} &= 35.5\cos(628\,t+0.523)+10.3\cos(628\,t+1.57)=41.6\cos(628\,t+0.739)\,\mathrm{N} \quad (b) \\ f_{Ay} &= 35.5\sin(628\,t+0.523)-10.3\sin(628\,t+1.57)=31.6\sin(628\,t+0.237)\,\mathrm{N} \end{aligned}$$

$$f_{By}=35.5\sin(628\,t+0.523)+10.3\sin(628\,t+1.57)=41.6\sin(628\,t+0.739)\mathrm{N}$$

6.2 剛性ロータのつりあわせ

a. 不つりあいによる軸受反力

図6.5のように強固な軸受で剛性ロータを支持して回転させると，剛性ロータの軸中心線は静止するので，式(6.5)の運動方程式で，$x=y=0$, $\theta_x=\theta_y=0$ となる．したがって，

$$\left.\begin{aligned}&\varepsilon m\Omega^2\cos(\Omega t+\alpha)+F_x=0\\&\varepsilon m\Omega^2\sin(\Omega t+\alpha)+F_y=0\\&-(I_d-I_p)\tau\Omega^2\sin(\Omega t+\beta)+M_x=0\\&(I_d-I_p)\tau\Omega^2\cos(\Omega t+\beta)+M_y=0\end{aligned}\right\}\qquad(6.6)$$

この式から求めることができる軸受反力と等価な力 F_x, F_y とその力のモーメント M_x, M_y は回転体に固定した不つりあいに起因している．これらの力やモーメントを回転体と一緒に角速度 Ω で回転する回転座標系 O-$\xi'\eta'\zeta'$ 上で観測される力 F_ξ, F_η とそのモーメント M_ξ, M_η に書き換えてみよう．ここで $t=0$ で両座標系は一致しているものと仮定する．O-xyz 座標系の単位ベクトルを $\boldsymbol{e}^0=(\boldsymbol{i}^0, \boldsymbol{j}^0, \boldsymbol{k}^0)$, O-$\xi'\eta'\zeta'$ 座標系の単位ベクトルを $\boldsymbol{e}^1=(\boldsymbol{i}^1, \boldsymbol{j}^1, \boldsymbol{k}^0)$ とおくと，これらの座標系の座標変換行列は，式(3.24)で与えられているので，

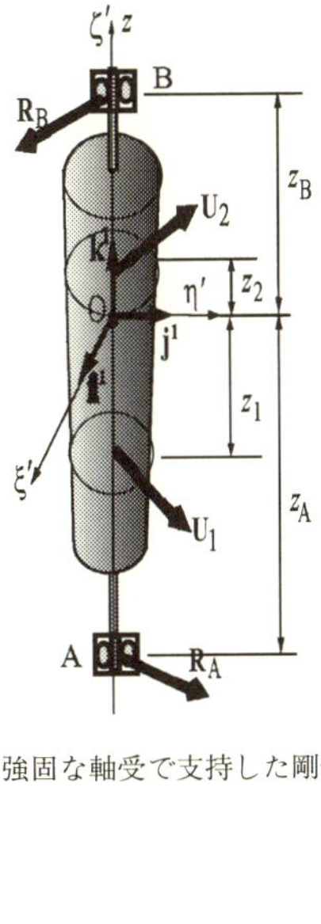

図6.5 強固な軸受で支持した剛性ロータ

$$\boldsymbol{F}=\boldsymbol{e}^0\begin{bmatrix}F_x\\F_y\\0\end{bmatrix}=\boldsymbol{e}^1\begin{bmatrix}\cos\Omega t & \sin\Omega t & 0\\-\sin\Omega t & \cos\Omega t & 0\\0 & 0 & 1\end{bmatrix}\begin{bmatrix}-\varepsilon m\Omega^2\cos(\Omega t+\alpha)\\-\varepsilon m\Omega^2\sin(\Omega t+\alpha)\\0\end{bmatrix}$$

$$=\boldsymbol{e}^1\begin{bmatrix}-\varepsilon m\Omega^2\cos\alpha\\-\varepsilon m\Omega^2\sin\alpha\\0\end{bmatrix}=\boldsymbol{e}^1\begin{bmatrix}F_\xi\\F_\eta\\0\end{bmatrix} \tag{6.7}$$

$$\boldsymbol{M}=\boldsymbol{e}^0\begin{bmatrix}M_x\\M_y\\M_z\end{bmatrix}=\boldsymbol{e}^1\begin{bmatrix}\cos\Omega t & \sin\Omega t & 0\\-\sin\Omega t & \cos\Omega t & 0\\0 & 0 & 1\end{bmatrix}\begin{bmatrix}(I_d-I_p)\tau\Omega^2\sin(\Omega t+\beta)\\-(I_d-I_p)\tau\Omega^2\cos(\Omega t+\beta)\\0\end{bmatrix}$$

$$=\boldsymbol{e}^1\begin{bmatrix}(I_d-I_p)\tau\Omega^2\sin\beta\\-(I_d-I_p)\tau\Omega^2\cos\beta\\0\end{bmatrix}=\boldsymbol{e}^1\begin{bmatrix}M_\xi\\M_\eta\\M_\zeta\end{bmatrix} \tag{6.8}$$

よって，

$$F_\xi=-\varepsilon m\Omega^2\cos\alpha \tag{6.7 a}$$

$$F_\eta=-\varepsilon m\Omega^2\sin\alpha \tag{6.7 b}$$

$$M_\xi=(I_d-I_p)\tau\Omega^2\sin\beta \tag{6.8 a}$$

$$M_\eta=-(I_d-I_p)\tau\Omega^2\cos\beta \tag{6.8 b}$$

$\boldsymbol{\varepsilon}=\varepsilon(\cos\alpha\boldsymbol{i}^1+\sin\alpha\boldsymbol{j}^1)$，　$\boldsymbol{\tau}=\tau(\cos\beta\boldsymbol{i}^1+\sin\beta\boldsymbol{j}^1)$ とおくと，式(6.7)，(6.8)は

$$\boldsymbol{\varepsilon} m\Omega^2+\boldsymbol{F}=0 \tag{6.9 a}$$

$$\boldsymbol{k}^0\times\boldsymbol{\tau}(I_d-I_p)\Omega^2+\boldsymbol{M}=0 \tag{6.9 b}$$

2つの軸受の z 座標を z_A, z_B，不つりあいにより軸受から回転体への作用を $\boldsymbol{R}_A$, $\boldsymbol{R}_B$ とおくと，重心の並進運動と重心回りの回転運動に関して

$$\boldsymbol{\varepsilon} m\Omega^2+\boldsymbol{R}_A+\boldsymbol{R}_B=0 \tag{6.10 a}$$

$$\boldsymbol{\tau}(I_d-I_p)\Omega^2+z_A\boldsymbol{R}_A+z_B\boldsymbol{R}_B=0 \tag{6.10 b}$$

この式から軸受間距離を $L=z_B-z_A$ とおき，軸受からの力を求めると，

$$\boldsymbol{R}_A=-\frac{z_B\boldsymbol{\varepsilon} m\Omega^2}{L}+\frac{(I_d-I_p)\boldsymbol{\tau}\Omega^2}{L} \tag{6.11 a}$$

$$\boldsymbol{R}_B=\frac{z_A\boldsymbol{\varepsilon} m\Omega^2}{L}-\frac{(I_d-I_p)\boldsymbol{\tau}\Omega^2}{L} \tag{6.11 b}$$

となり，慣性力 $m\boldsymbol{\varepsilon}\Omega^2$ と慣性力のモーメント $(I_d-I_p)\boldsymbol{\tau}\Omega^2$ から軸受反力が生じている．回転座標系で一定の大きさをもつ反力は静止座標系では，回転座標系の回

転と同期して変動する動的力となる．したがって，静止座標系で観測した軸受反力が変動しないためには，回転座標系での軸受反力は 0 でなければならない．結局，両軸受の軸受反力を 0 とするためには，$\boldsymbol{\varepsilon}=0$ と $\boldsymbol{\tau}=0$ が必要となる．この 2 つの条件は回転体の重心が軸中心線上にあり，重心を通る慣性主軸の 1 つが軸中心線と一致することを要求する．このつりあい条件を満たすための操作をつりあわせ (balancing) といい，$\boldsymbol{\varepsilon}=0$ だけを満たした状態を静的につりあっている状態という．$\boldsymbol{\varepsilon}$ はロータ重心の軸中心線からの偏心ベクトルであるので，その大きさを偏重心あるいは比不つりあい (specific unbalance) とよぶ．$\boldsymbol{\varepsilon}=0$ と $\boldsymbol{\tau}=0$ を満たした状態を動的につりあっている状態という．

b. つりあわせ

式 (6.11) の右辺に現れている慣性力と慣性力のモーメントの原因である 2 つのベクトル $\boldsymbol{\varepsilon}$ と $\boldsymbol{\tau}$ をなくす (つりあわす) ためには，1 つの慣性力を回転軸に取り付けただけでは不可能であり，2 つ以上の慣性力を取り付ける必要がある．図 6.5 において，軸受反力が 0 となるように，座標 z_1, z_2 に 2 つの修正面 (correction plane) を選び，その面に修正不つりあい $\boldsymbol{U}_1=m_1\boldsymbol{r}_1$, $\boldsymbol{U}_2=m_2\boldsymbol{r}_2$ を取り付け 2 つの修正慣性力を加えよう．その状態では，回転体の慣性力とそのモーメントとこの修正不つりあいの慣性力とそのモーメントがつりあうことになるので，ロータの動的つりあい式は

$$\text{並進運動：}\boldsymbol{\varepsilon}m\Omega^2+\boldsymbol{U}_1\Omega^2+\boldsymbol{U}_2\Omega^2=0 \tag{6.12 a}$$

$$\text{回転運動：}\boldsymbol{\tau}(I_d-I_p)\Omega^2+z_1\boldsymbol{U}_1\Omega^2+z_2\boldsymbol{U}_2\Omega^2=0 \tag{6.12 b}$$

したがって，修正面間距離を $l=z_2-z_1$ とおくと修正量は

$$\boldsymbol{U}_1=-\frac{z_2\boldsymbol{\varepsilon}m}{l}+\frac{(I_d-I_p)\boldsymbol{\tau}}{l},\quad \boldsymbol{U}_2=\frac{z_1\boldsymbol{\varepsilon}m}{l}-\frac{(I_d-I_p)\boldsymbol{\tau}}{l} \tag{6.13 a}$$

このように剛性ロータでは，少なくとも 2 面で修正することが必要かつ十分である．さらに，回転体を支える 2 個の軸受反力 $\boldsymbol{R}_A, \boldsymbol{R}_B$ と修正不つりあいの関係は式 (6.11) から

$$\boldsymbol{U}_1=\frac{z_2(\boldsymbol{R}_A+\boldsymbol{R}_B)}{l\Omega^2}-\frac{z_A\boldsymbol{R}_A+z_B\boldsymbol{R}_B}{l\Omega^2},\quad \boldsymbol{U}_2=-\frac{z_1(\boldsymbol{R}_A+\boldsymbol{R}_B)}{l\Omega^2}+\frac{z_A\boldsymbol{R}_A+z_B\boldsymbol{R}_B}{l\Omega^2} \tag{6.13 b}$$

式 (6.12 a) から次式の $\boldsymbol{U}_S$ を静不つりあい (static unbalance) とよぶ．

$$\boldsymbol{\varepsilon} m = -(\boldsymbol{U}_1 + \boldsymbol{U}_2) = \boldsymbol{U}_S \tag{6.13 c}$$

今，第3の点 z_3 に $\boldsymbol{U}_S$ を取り付け，z_1, z_2 に偶力 $(-\boldsymbol{U}_C, \boldsymbol{U}_C)$ を取り付けて初期の慣性力のモーメントと等価なモーメントとすることを考える．この偶力を付加しても式(6.12 a)はそのまま成立する．式(6.12 b)から

$$\boldsymbol{\tau}(I_d - I_p) = z_3 \boldsymbol{U}_s + l\boldsymbol{U}_c \quad \Rightarrow \quad z_1 \boldsymbol{U}_1 + z_2 \boldsymbol{U}_2 + z_3 \boldsymbol{U}_s + l\boldsymbol{U}_c = 0$$

$$\therefore \quad \boldsymbol{U}_C = -\frac{1}{l}(z_1 \boldsymbol{U}_1 + z_2 \boldsymbol{U}_2 + z_3 \boldsymbol{U}_S) \tag{6.13 d}$$

となる．この $(-\boldsymbol{U}_C, \boldsymbol{U}_C)$ を偶不つりあい (coupled unbalance) とよぶ．また，静不つりあいと偶不つりあいの和を動不つりあい (dynamic unbalance) とよぶ．

2つの修正面を用いれば動的なつりあいの条件を満たすことができるので，このつりあわせを“2面つりあわせ”あるいは“動つりあわせ”という．このように剛性ロータのつりあわせでは，一般に2面に修正不つりあいをつければ必要かつ十分である．しかし，もし回転体が自動車ホイールのような薄い円板状であれば，軸中心線と慣性主軸を平行にすることが容易になり，そのときの動つりあいの条件は，並進運動のつりあい式(6.12 a)(静的つりあわせ条件)だけを考えればよい．したがってこのような回転体では1つの修正面を用いてつりあわせをとることができる．これを“1面つりあわせ”あるいは“静つりあわせ”とよぶ．しかし，円板が軸中心線に対して厳密に直交していない場合は，不つりあい慣性力のモーメントが発生するので，2面でつりあわせをとることが必要となる．

c. つりあい良さ

回転体の不つりあいが回転機械に与える影響は，不つりあいの大きさと回転数に比例し，回転体質量に反比例することが経験的にわかっている．そのため，不つりあいの程度 (state of unbalance) を評価する尺度として次のように定義した“つりあい良さ (balance quality grade)” G を用いている．

$$\text{つりあい良さ } G = \frac{\text{不つりあいの大きさ } \varepsilon m\,(\mathrm{g \cdot mm})}{\text{ロータ質量 } m\,(\mathrm{kg}) \times 1000} \times \text{回転角速度 } \Omega\,(\mathrm{rad/s})$$

$$= \text{偏重心量 } e\,(\mathrm{mm}) \times \text{回転角速度 } \Omega\,(\mathrm{rad/s})$$

つりあい良さはつりあい作業を終えた時点で，回転体に残っている不つりあい(残留不つりあい)をもとに計算する．他方，回転機械にどの程度まで不つりあいが許容されるかの指標を ISO は決めている．たとえば大型4サイクルエンジ

ンではG 6.30，高速4サイクルエンジンではG 40，ファン，ポンプではG 6.3，ターボコンプレッサーではG 2.5などである．このつりあい良さから，回転体の重心がほぼ2個の軸受間中央にある場合には各修正面に許される許容残留不つりあい U_{per} が

$$\left.\begin{matrix} U_{per,1} \\ U_{per,2} \end{matrix}\right\} = \frac{mG}{2\Omega} \tag{6.14}$$

で与えられる．

d. 偶不つりあいと慣性乗積の関係

一般に慣性主軸と軸中心線が一致していないと慣性乗積が現れる．今までの説明では偶不つりあいをこの座標軸と軸中心線の傾き角で表した．この量を慣性乗積で表してみよう．今，回転体の重心が軸中心線上にあるとして，軸中心線を ζ' 軸にとった回転座標系を G-$\xi'\eta'\zeta'$ とする，剛体主軸座標系 G-$\xi\eta\zeta$ は ξ' 軸と ξ 軸を一致させ，回転座標系 G-$\xi'\eta'\zeta'$ を ξ' 軸回りに正の方向に τ だけ回転させた座標系とする．2つの座標系の間での座標変換行列 T は

$$\boldsymbol{T} = \begin{bmatrix} 1 & 0 & 0 \\ 0 & \cos\tau & -\sin\tau \\ 0 & \sin\tau & \cos\tau \end{bmatrix} \tag{6.15}$$

となり，剛体主軸座標系 G-$\xi\eta\zeta$ での慣性モーメントが $I_\xi = I_\eta = I_d$，$I_\zeta = I_p$ で与えられると，回転座標系 G-$\xi'\eta'\zeta'$ での回転体の慣性テンソルは

$$\begin{bmatrix} I_{\xi'} & -I_{\xi'\eta'} & -I_{\xi'\zeta'} \\ -I_{\xi'\eta'} & I_{\eta'} & -I_{\eta'\zeta'} \\ -I_{\xi'\zeta'} & -I_{\eta'\zeta'} & I_{\zeta'} \end{bmatrix} = \boldsymbol{T} \begin{bmatrix} I_d & 0 & 0 \\ 0 & I_d & 0 \\ 0 & 0 & I_p \end{bmatrix} \boldsymbol{T}^T$$

$$= \begin{bmatrix} 1 & 0 & 0 \\ 0 & I_d\cos^2\tau + I_p\sin^2\tau & -\sin\tau\cos\tau(I_d - I_p) \\ 0 & -\sin\tau\cos\tau(I_d - I_p) & I_d\sin^2\tau + I_p\cos^2\tau \end{bmatrix} \tag{6.16}$$

したがって，

$$I_{\eta'\zeta'} = \frac{I_d - I_p}{2}\sin 2\tau \approx (I_d - I_p)\tau \quad \therefore \quad \tau = \frac{I_{\eta'\zeta'}}{I_d - I_p} \tag{6.17}$$

となり，傾き角 τ，慣性モーメント，慣性乗積の間の関係を求めることができる．η' 軸と η 軸が一致して，ξ' 軸と ξ 軸および ζ' 軸と ζ 軸が傾いている場合

の慣性主軸の傾き角度と慣性乗積の関係も同様に求めることができる.

〔例題 6.4〕 例題 6.3 の回転体から観測した，回転体から軸受への作用はいくらか.

〔解〕 $\boldsymbol{\varepsilon}=(4.33\,\boldsymbol{i}^1+2.50\,\boldsymbol{j}^1)\times10^{-6}$，$\boldsymbol{\tau}=1.745\times10^{-4}\,\boldsymbol{j}^1$ であるので，式 (6.11) から $\boldsymbol{R}_A=-30.7\,\boldsymbol{i}^1-7.39\,\boldsymbol{j}^1$，$\boldsymbol{R}_B=-30.7\,\boldsymbol{i}^1-28.0\,\boldsymbol{j}^1$. 回転体から軸受への作用は，

$$|\boldsymbol{R}_A|=31.6\,(\mathrm{N}),\quad |\boldsymbol{R}_B|=41.6\,(\mathrm{N})$$

〔例題 6.5〕 例題 6.3 の回転体のつりあわせを重心から上下に ±300 mm の修正面を使ってとる. 次の値を求めよ. (a) 静不つりあいの大きさ (b) 静不つりあいを重心においたときの偶不つりあいの大きさ

〔解〕 式 (6.13 a) において，修正不つりあいは，

$$\boldsymbol{U}_1=-\frac{0.3}{0.6}\times(4.33\,\boldsymbol{i}^1+2.50\,\boldsymbol{j}^1)\times10^{-6}\times36+\frac{0.15}{0.6}\times1.745\times10^{-4}\,\boldsymbol{j}^1$$
$$=(-77.9\,\boldsymbol{i}^1-1.4\,\boldsymbol{j}^1)\times10^{-6}\,\mathrm{kgm}$$
$$\boldsymbol{U}_2=-\frac{0.3}{0.6}\times(4.33\,\boldsymbol{i}^1+2.50\,\boldsymbol{j}^1)\times10^{-6}\times36-\frac{0.15}{0.6}\times1.745\times10^{-4}\,\boldsymbol{j}^1$$
$$=(-77.9\,\boldsymbol{i}^1-88.6\,\boldsymbol{j}^1)\times10^{-6}\,\mathrm{kgm}$$

(a) 式 (6.13 c) から，$\boldsymbol{U}_S=-(\boldsymbol{U}_1+\boldsymbol{U}_2)=77.9\,\boldsymbol{i}^1+45.0\,\boldsymbol{j}^1$，$|\boldsymbol{U}_S|=90.0\times10^{-6}\,\mathrm{kgm}=$ 90.0 gmm

(b) $z_3=0$，式 (6.13 d) から，

$$\boldsymbol{U}_C=-\frac{1}{l}(z_1\boldsymbol{U}_1+z_2\boldsymbol{U}_2)=43.5\times10^{-6}\,\mathrm{kgm}=435\,\mathrm{gmm}$$

〔例題 6.6〕 例題 6.3 の回転体のつりあい良さはいくらか.

〔解〕 $\text{つりあい良さ}=\dfrac{\text{残留静不つりあい}}{\text{回転体の質量}\times1000}\times\text{回転角速度}=1.57\,\mathrm{mm/s}$

〔例題 6.7〕 例題 6.3 の回転体の軸中心線に関する慣性乗積を求めよ.

〔解〕 式 (6.17) から，$I_{\eta'\zeta'}=(I_d-I_p)\tau=0.15\,\mathrm{kgm^2}\times1.745\times10^{-4}\,\mathrm{rad}=2.62\times10^{-5}\,\mathrm{kgm^2}$

e. つりあい試験機

回転体の不つりあいを測定する試験装置をつりあい試験機とよぶ. 通常つりあい試験機では 2 個の軸受上に回転体を水平に設置して一定回転数で回転体を回す. そのときに両軸受に取り付けた振動計や力センサーで両軸受での変位振動や軸受から回転体への軸受反力を計測して回転体の不つりあいを算出する. 軸受支持部材が柔らかく，軸受変位を計測して不つりあいを演算する試験機をソフトタイプつりあい試験機，軸受と強固な軸受支持構造の間に大きなばね定数を有する力センサーを介在して軸受反力を計測して不つりあいを演算する試験機をハード

タイプつりあい試験機とよぶ．現在，後者がつりあい試験機の主流となっているので，ここでは軸受反力から剛性ロータの修正量を求めよう．式(6.13)，(6.11)から

$$\left.\begin{aligned}\boldsymbol{U}_1&=\frac{1}{l\Omega^2}[(z_2-z_A)\boldsymbol{R}_A+(z_2-z_B)\boldsymbol{R}_B]=\frac{1}{l\Omega^2}[l_2\boldsymbol{R}_A-l_4\boldsymbol{R}_B]\\ \boldsymbol{U}_2&=\frac{1}{l\Omega^2}[(-z_1+z_A)\boldsymbol{R}_A+(-z_1+z_B)\boldsymbol{R}_B]=\frac{1}{l\Omega^2}[-l_1\boldsymbol{R}_A+l_3\boldsymbol{R}_B]\end{aligned}\right\} \tag{6.18}$$

ここで，$l_1=-z_A+z_1$(軸受Aから修正面1までの距離)，$l_2=-z_A+z_2$(軸受Aから修正面2までの距離)，$l_3=z_B-z_1$(軸受Bから修正面1までの距離)，$l_4=z_B-z_2$(軸受Bから修正面2までの距離)である．また，$\boldsymbol{R}_A, \boldsymbol{R}_B$は回転体とともに回転する座標から観測した力である．

つりあい試験機の軸受反力は，水平方向(x軸方向とする)の力を測定しているので，回転体に同期して回転している軸受反力を回転座標に変換しなければならない．回転体に固定した基準点(キーフェーザ，ξ軸方向とする)が水平方向を向いた時刻を$t=0$とおき，同期反力の極大値$\hat{F}_A, \hat{F}_B$(振幅)が$-\Delta t_i$ $(i=A, B)$時刻に観測されたとすると，力の位相(進み)は$\phi_i=\Omega\Delta t_i$ $(i=A, B)$となる．鉛直方向(y軸方向)の力は，水平方向から$\pi/2$遅れるので，両軸受の軸受反力を次のように記述できる．

$$\left.\begin{aligned}F_{Ax}&=\hat{F}_A\cos(\Omega t+\phi_A), \quad F_{Ay}=\hat{F}_A\sin(\Omega t+\phi_A)\\ F_{Bx}&=\hat{F}_B\cos(\Omega t+\phi_B), \quad F_{By}=\hat{F}_B\sin(\Omega t+\phi_B)\end{aligned}\right\} \tag{6.19}$$

座標変換により

$$\begin{bmatrix}R_{A\xi}\\ R_{A\eta}\end{bmatrix}=\begin{bmatrix}\cos\Omega t & \sin\Omega t\\ -\sin\Omega t & \cos\Omega t\end{bmatrix}\begin{bmatrix}\hat{F}_A\cos(\Omega t+\phi_A)\\ \hat{F}_A\sin(\Omega t+\phi_A)\end{bmatrix}=\begin{bmatrix}\hat{F}_A\cos\phi_A\\ \hat{F}_A\sin\phi_A\end{bmatrix} \tag{6.20}$$

$$\therefore \quad \boldsymbol{R}_A=\hat{F}_A(\boldsymbol{i}\cos\phi_A+\boldsymbol{j}\sin\phi_A) \tag{6.21}$$

同様に，

$$\boldsymbol{R}_B=\hat{F}_B(\boldsymbol{i}\cos\phi_B+\boldsymbol{j}\sin\phi_B) \tag{6.22}$$

この軸受反力を力センサーから求めることができれば，これを式(6.18)に代入して修正量$\boldsymbol{U}_1=U_{1\xi}\boldsymbol{i}+U_{1\eta}\boldsymbol{j}$，$\boldsymbol{U}_2=U_{2\xi}\boldsymbol{i}+U_{2\eta}\boldsymbol{j}$を求めることができる．また，この測定時点でのロータの残留動不つりあいは$-\boldsymbol{U}_1, -\boldsymbol{U}_2$となっていることもわかる．この結果，$z_1$の修正面上に$\xi$軸(キーフェーザ方向)からの位相角が$\tan^{-1}(U_{1\eta}/U_{1\xi})$の方向で大きさが$|\boldsymbol{U}_1|$の不つりあいをとりつけ，$z_2$の修正面上

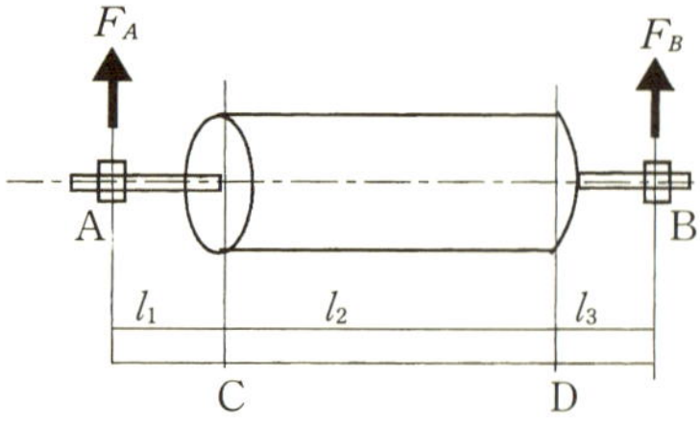

(a) ハードタイプつりあい試験機

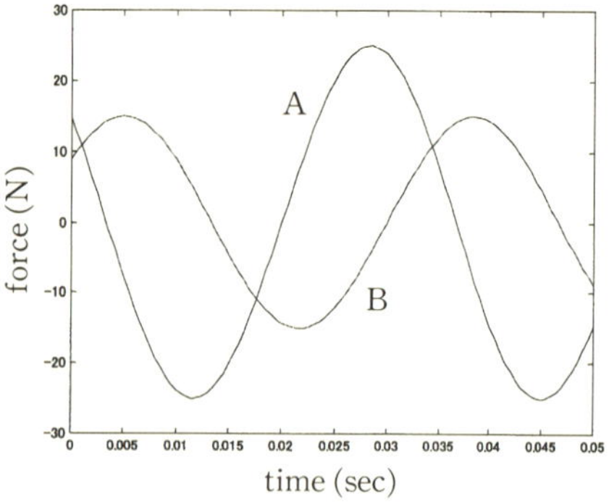

(b) 軸受反力

図 6.6 つりあい試験機と軸受反力

に ξ 軸からの位相角が $\tan^{-1}(U_{2\eta}/U_{2\xi})$ の方向で大きさが $|\boldsymbol{U}_2|$ の不つりあいをとりつければ，動的つりあいのとれた回転体となる．

〔例題 6.8〕 図 6.6(a) のように質量 300 kg の回転体をハードタイプのつりあい試験機に載せて，1800 rpm で回転させて試験をしたところ，図 6.6(b) の軸受反力を得た．時刻 $t=0$ でロータに固定した回転座標系の x 方向がつりあい試験機の軸受反力の測定方向と一致した．C, D 面で修正をする．修正方向と修正量はいくらか．$l_1=200$ mm，$l_2=1000$ mm，$l_3=400$ mm である．

〔解〕 図 6.6(b) より

$$\boldsymbol{F}_A(t)=25\cos(\omega t+\phi_A),\quad |\boldsymbol{F}_A|=25,\quad \angle F_A=50^\circ,\quad \phi_A=0.0884$$
$$\boldsymbol{F}_B(t)=15\cos(\omega t+\phi_B),\quad |\boldsymbol{F}_B|=15,\quad \angle F_A=300^\circ,\quad \phi_B=5.24 \tag{a}$$
$$\boldsymbol{R}_A=16.06\,\boldsymbol{i}+19.15\,\boldsymbol{j},\quad \boldsymbol{R}_B=7.5\,\boldsymbol{i}-13.00\,\boldsymbol{j}$$

付加修正量を $\boldsymbol{U}_C$, $\boldsymbol{U}_D$ とおくと，

$$-\Omega^2(\boldsymbol{U}_C+\boldsymbol{U}_D)=\boldsymbol{R}_A+\boldsymbol{R}_B=23.56\,\boldsymbol{i}+6.15\,\boldsymbol{j}$$
$$-\Omega^2\{l_1\boldsymbol{U}_C+(l_1+l_2)\boldsymbol{U}_D\}=(l_1+l_2+l_3)\boldsymbol{R}_B=12\,\boldsymbol{i}-20.8\,\boldsymbol{j} \tag{b}$$

よって，

$$\boldsymbol{U}_C=-(4.59\,\boldsymbol{i}+7.93\,\boldsymbol{j})\times10^{-4}\,\text{kgm},\quad |\boldsymbol{U}_C|=916\,\text{gmm},\quad \angle\boldsymbol{U}_C=240^\circ$$
$$\boldsymbol{U}_D=-(2.04\,\boldsymbol{i}-6.20\,\boldsymbol{j})\times10^{-4}\,\text{kgm},\quad |\boldsymbol{U}_C|=653\,\text{gmm},\quad \angle\boldsymbol{U}_C=108^\circ \tag{c}$$

6.3 弾性ロータのふれまわり

a. ジェフコットロータ

軸の変形を伴う回転体の最も単純なモデルは，質量のない一様断面軸の中央に

質量 m の円板を取り付け，軸両端を軸受で支えた回転体である．これをジェフコットロータ (Jeffcott rotor) という．この弾性ロータの運動を考えてみよう．

図 6.7 にジェフコットロータを図示している．図中の静止直交座標 (O-xyz) は，円板と軸受中心線の交点を O にとり，ここを原点にし，両軸受が動かないとして，軸受中心線を z 軸にとった座標系である．C, G はそれぞれ，軸がたわみふれまわり運動をしているときの円板の図心と円板の重心である．$\overline{\mathrm{CG}}$ (回転体の偏重心) を ε とする．ロータは x 軸から y 軸方向に回転しているものとし，x 軸と CG の角度が ϕ である．軸中央での回転軸のばね定数を k とする．軸心 C の座標を (x, y)，重心 G の座標を (x_G, y_G) とおくと，重心に関する運動方程式は，

$$m\ddot{x}_G = -kx, \quad m\ddot{y}_G = -ky \tag{6.23}$$

幾何学的関係から

$$x_G = x + \varepsilon\cos\phi, \quad y_G = y + \varepsilon\sin\phi \tag{6.24}$$

式 (6.23) に代入して m で割り，さらに $\omega_n = \sqrt{k/m}$ を代入すると，

$$\ddot{x} + \omega_n{}^2 x = \varepsilon\{\dot{\phi}^2\cos\phi + \ddot{\phi}\sin\phi\}, \quad \ddot{y} + \omega_n{}^2 x = \varepsilon\{\dot{\phi}^2\sin\phi - \ddot{\phi}\cos\phi\} \tag{6.25}$$

本章では定常回転状態を仮定して

$$\ddot{\phi} = 0, \quad \dot{\phi} = \Omega = \text{constant}, \quad \phi = \Omega t + \alpha \tag{6.26}$$

式 (6.25) に代入すると，

$$\ddot{x} + \omega_n{}^2 x = \varepsilon\Omega^2\cos(\Omega t + \alpha), \quad \ddot{y} + \omega_n{}^2 y = \varepsilon\Omega^2\sin(\Omega t + \alpha) \tag{6.27}$$

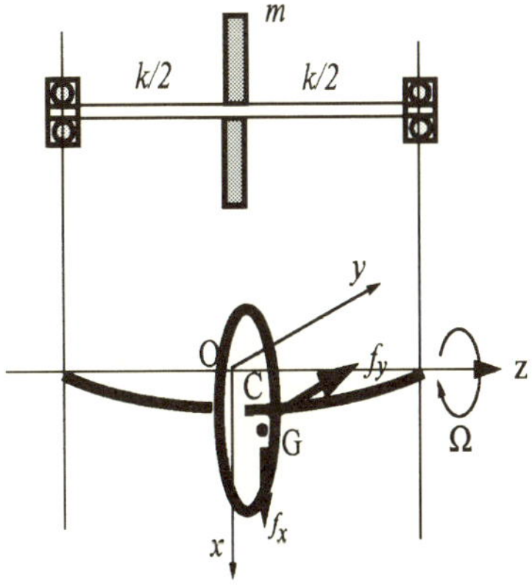

図 6.7　ジェフコットロータ

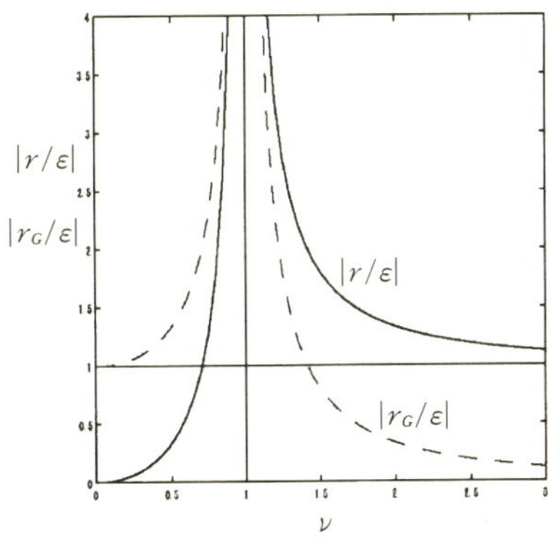

図 6.8　ジェフコットロータのふれまわり振幅

ここで，第2式に $i=\sqrt{-1}$ を掛けて第1式に加えると

$$\ddot{x}+i\ddot{y}+\omega_n{}^2(x+jy)=\varepsilon\Omega^2(\cos(\Omega t+\alpha)+i\sin(\Omega t+\alpha)) \tag{6.28}$$

複素変位 $r=x+iy$ を取り入れ，オイラーの公式を用いると上式は

$$\ddot{r}+\omega_n{}^2 r=\varepsilon\Omega^2 e^{i(\Omega t+\alpha)} \tag{6.29}$$

ここで，$e^{i(\Omega t+\alpha)}$ は実軸（x 軸）から虚軸（y 軸）方向（反時計方向）に角速度 Ω で回転する大きさ1の回転ベクトルを表している．式(6.29)の解は，右辺を0とおいた同次方程式 $\ddot{r}+\omega_n{}^2 r=0$ の一般解（自由振動解）と特解の和である．自由振動解を次のように求めることができる．

$$r=\hat{r}_1 e^{i\omega_n t}+\hat{r}_2 e^{-i\omega_n t} \tag{6.30}$$

ここに，$\hat{r}_1, \hat{r}_2$ は複素数の積分定数で初期条件から決めることができる．$\hat{r}_1 e^{i\omega_n t}$ は $|\hat{r}_1|$ の大きさの反時計方向に角速度 ω_n で回転する回転ベクトルであり，$\hat{r}_2 e^{-i\omega_n t}$ は $|\hat{r}_2|$ の時計方向に角速度 ω_n で回転する回転ベクトルである．

したがって，和のベクトル（ふれまわり自由振動）は積分定数（初期条件）から，

$|\hat{r}_1|>|\hat{r}_2|$ の場合，反時計方向のふれまわり振動

$|\hat{r}_1|=|\hat{r}_2|$ の場合，直線運動

$|\hat{r}_1|<|\hat{r}_2|$ の場合，時計方向のふれまわり振動

となる．

次に式(6.29)の特解を $r=\hat{r}e^{i(\Omega t+\alpha)}$ と仮定して，式(6.29)に代入し，角速度比 $\nu=\Omega/\omega_n$ とおくと，円板の軸心Cの不つりあい量 εm によるふれまわり振動は

$$r=\hat{r}e^{i(\Omega t+\alpha)}, \quad \hat{r}=\frac{\nu^2\varepsilon}{1-\nu^2} \tag{6.31}$$

$|\hat{r}/\varepsilon|$ と ν の関係を図6.8となり，$\nu=1$ つまり $\Omega=\omega_n$ で強制振れ回り振動の振幅が無限大となる．この角速度を危険速度 (critical speed) とよび，回転機械ではこの状態で回転することは危険であるので避けねばならない．$\nu\to\infty$ で $r=-\varepsilon e^{i(\Omega t+\alpha)}$ となり，偏重心 ε の大きさをもつ回転ベクトルとなる．

次に，円板の重心Gのふれまわり振動を求めてみよう．$r_G=x_G+iy_G$ とおくと，$r_G=r+\varepsilon e^{i(\Omega t+\alpha)}$ となるので，式(6.31)に代入すると

$$r_G=\hat{r}_G e^{i(\Omega t+\alpha)}, \quad \hat{r}_G=\frac{\varepsilon}{1-\nu^2} \tag{6.32}$$

となる．この $|\hat{r}_G/\varepsilon|$ と ν の関係も図6.8に示してある．$\nu\to\infty$ では $\hat{r}_G\to 0$ で

あるので，円板の重心が軸受中心線上にくる．これを回転体の自動調心作用といい，回転数が高くなると，振動が小さくなる．

〔例題 6.9〕 まっすぐな長さ 1.0 m，直径 20 mm の質量を無視できる一様円形断面の鋼製軸の中央に質量 10 kg の円板を取り付け，軸の両端をころがり軸受で強固に支持した回転体について，以下の問いに答えよ．ここで，円板は軸中心線から 10 μm ほど偏心している．

(a) 危険速度を求めよ．

(b) 1000 rpm における軸中央の振れ回り振幅と円板重心のふれまわり振幅を求めよ．

(c) 1000 rpm で回転しているときに両方のころがり軸受に作用する変動力を求めよ．

〔解〕 (a) 軸中央におけるばね定数 k は $k=48\,EI/l^3=7.76\times10^4$ N/m.

危険速度は，$\dfrac{60}{2\pi}\sqrt{\dfrac{7.76\times10^4}{10}}=841$ rpm

(b) $\varepsilon=10^{-5}$，$\nu^2=1.414$，式 (6.31)，(6.32) から $\hat{r}=3.41\times10^{-5}$ m$=34.1$ μm，$\hat{r}_G=24.2$ μm

(c) $f=k\hat{r}=2.64$ N

b. 異方性のある軸受で支持された回転体

次にジェフコットロータを支える軸受が比較的柔軟でしかもその剛性が異方性 $(k_x'/2, k_y'/2)$ を有している場合の不つりあいによるふれまわり振動について考えてみよう．図 6.9 において，軸と軸受の合成ばね定数 k_x, k_y を次のように求めておく．

$$k_x=\frac{k_x'k}{k_x'+k},\quad k_y=\frac{k_y'k}{k_y'+k} \tag{6.33}$$

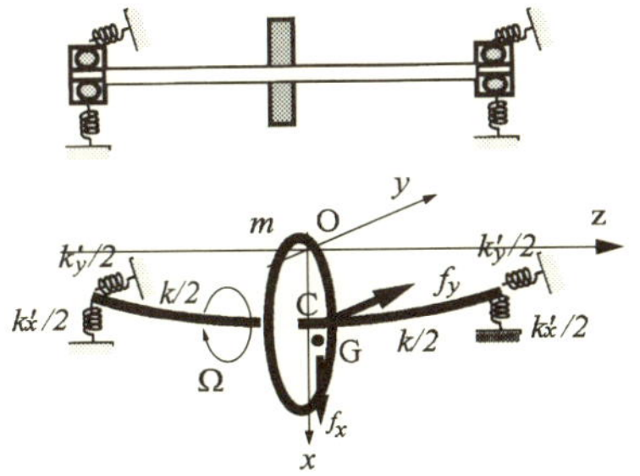

図 6.9 異方性軸受支持回転体

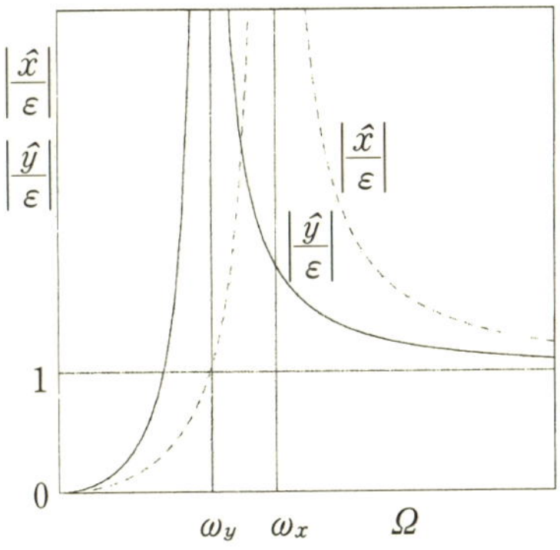

図 6.10 ふれまわり振幅

この場合の運動方程式は式(6.28)を求めた場合と同様の手続きで $\omega_x=\sqrt{k_x/m}$, $\omega_y=\sqrt{k_y/m}$ と固有角振動数を定義する．通常水平の剛性が鉛直の剛性より小さいので，$\omega_x>\omega_y$ である．この回転体の運動方程式は，

$$\ddot{x}+{\omega_x}^2x=\varepsilon\Omega^2\cos(\Omega t+\alpha),\quad \ddot{y}+{\omega_y}^2y=\varepsilon\Omega^2\sin(\Omega t+\alpha) \tag{6.34}$$

この式の特解として不つりあいによるふれまわり振動解を求めると，

$$x=\hat{x}\cos(\Omega t+\alpha),\quad y=\hat{y}\sin(\Omega t+\alpha) \tag{6.35}$$

ここで，

$$\hat{x}={\nu_x}^2\varepsilon/(1-{\nu_x}^2),\quad \hat{y}={\nu_y}^2\varepsilon/(1-{\nu_y}^2),\quad \nu_x=\Omega/\omega_x,\quad \nu_y=\Omega/\omega_y \tag{6.36}$$

である．この不つりあいふれまわり振動の振幅比 $|\hat{x}/\varepsilon|$, $|\hat{y}/\varepsilon|$ を図 6.10 に示した．この回転体は $\Omega=\omega_x$ と $\Omega=\omega_y$ で 2 つの危険速度をもつことになる．このふれまわり振動軌跡は $(x/\hat{x})^2+(y/\hat{y})^2=1$ を満たすので，円板図心のふれまわり軌跡（軸心軌跡）は楕円軌跡となる．前節と同様に複素変位 $r=x+iy$ を導入すると，

$$r=\frac{1}{2}(\hat{x}+\hat{y})e^{i(\Omega t+\alpha)}+\frac{1}{2}(\hat{x}-\hat{y})e^{-i(\Omega t+\alpha)} \tag{6.37}$$

と変形でき，右辺第 1 項は軸の回転方向とふれまわりの向きが同じ前向きふれまわりを，第 2 項は前向きふれまわりと逆の後ろ向きふれまわりを表し，回転軸の回転速度と同期している．両項を合成した円板軸心のふれまわりは

$|\hat{x}+\hat{y}|>|\hat{x}-\hat{y}|$ では，前向きの楕円ふれまわり

$|\hat{x}+\hat{y}|<|\hat{x}-\hat{y}|$ では，後向きの楕円ふれまわり

となる．図 6.10 において

$$\Omega<\omega_x \text{ or } \Omega>\omega_y \text{ で } |\hat{x}+\hat{y}|>|\hat{x}-\hat{y}| \tag{6.38}$$

となり，前向きの楕円ふれまわり，

$$\omega_x<\Omega<\omega_y \text{ で } |\hat{x}+\hat{y}|<|\hat{x}-\hat{y}| \tag{6.39}$$

となり，後向きの楕円ふれまわりとなる．この軸心のふれまわりの軌跡を軸心軌跡 (shaft orbit) とよぶ．

〔例題 6.10〕　例題 6.9 の回転軸両端を，鉛直方向のばね定数 $k_x=50$ kN/m，水平方向のばね定数 $k_y=30$ kN/m の剛性をもつ軸受で支持した．600 rpm における軸中央での軸心軌跡を求めよ．

〔解〕　合成ばね定数は $k_x=(100\times77.6)\times10^3/(100+77.6)=4.37\times10^4$ N/m, $k_y=3.38\times10^4$ N/m

固有角振動数は $\omega_x=66.1$ rad/s, $\omega_y=58.1$ rad/s．回転速度は $\Omega=62.8$ rad/s

振動数比は $\nu_x=\Omega/\omega_x=0.903$, $\nu_x=\Omega/\omega_y=1.168$

ふれまわり振幅は $\hat{x}=93.1\times10^{-6}$ m, $\hat{y}=69.5\times10^{-6}$ m となり，長軸 93.1 μm，短軸 69.5 μm の楕円軌跡を描く．

c.　非等方性回転軸

回転軸には羽根車や回転子を固定するためキー溝を加工したり，軸にクラックが生じて，回転軸の剛性が非等方性を有することがある．このような回転軸をもつ回転体の振動について考えてみよう．図 6.11 に示すように静止時の円板図心 C を中心に回転軸の角速度で回転する回転座標系 (C-$\xi\eta\zeta$) を導入し，ξ, η 方向を断面の主軸方向にとり，ξ, η 方向の軸剛性 (ばね定数) を k_ξ, k_η とし，便宜上 $k_\xi<k_\eta$ とおく．また，それぞれの方向の固有角振動数を $\omega_\xi=\sqrt{k_\xi/m}$, $\omega_\eta=\sqrt{k_\eta/m}$ とする．いま，平均固有振動数 ω_m と非等方性パラメータ μ を

$$\omega_m{}^2=\frac{k_\xi+k_\eta}{2m}=\frac{\omega_\xi{}^2+\omega_\eta{}^2}{2},\quad \mu=\frac{k_\eta-k_\xi}{k_\eta+k_\xi}=\frac{\omega_\eta{}^2-\omega_\xi{}^2}{2\omega_m{}^2} \tag{6.40}$$

とおくと，$\omega_\xi{}^2=(1-\mu)\omega_m{}^2$, $\omega_\eta{}^2=(1+\mu)\omega_m{}^2$ となる．円板図心の座標は静止座標系では $r=x+iy=\hat{r}\boldsymbol{e}^{i(\Omega t+\alpha)}$，回転座標系では $\rho=\xi+i\eta=\hat{r}\boldsymbol{e}^{i\alpha}$ と表すことができるので，$r=\rho\boldsymbol{e}^{i\Omega t}$．

2 章において導いた回転角速度が一定の回転座標上での運動方程式は，質点の相対加速度，コリオリ加速度，遠心加速度を考慮する必要がある．静止座標系では軸剛性が時々刻々変化するが，回転座標系では軸の変形による復元力は $F_\xi=$

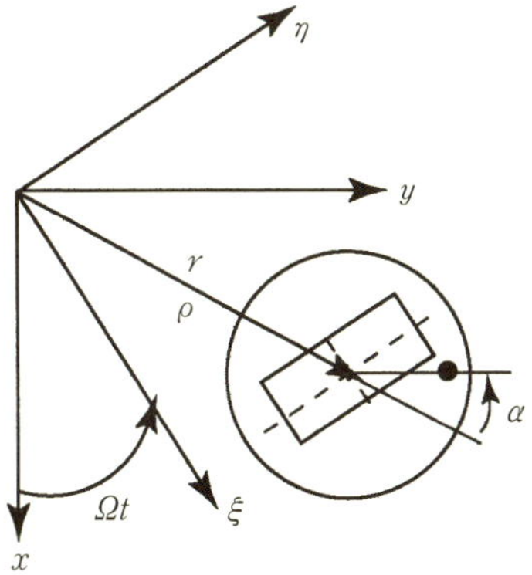

図 6.11　非等方性回転軸断面

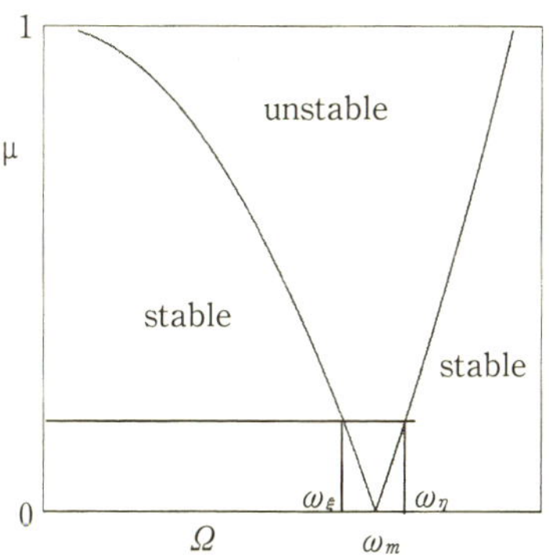

図 6.12　非等方性パラメータと回転軸の不安定性

$-k_\xi \xi$, $F_\eta = -k_\eta \eta$ と表すことができるので，回転座標上での質点の運動方程式は

$$\left.\begin{aligned} m\ddot{\xi} - 2m\Omega\dot{\eta} - m\Omega^2\xi &= -k_\xi\xi + \varepsilon m\Omega^2\cos\alpha \\ m\ddot{\eta} + 2m\Omega\dot{\xi} - m\Omega^2\eta &= -k_\eta\xi + \varepsilon m\Omega^2\sin\alpha \end{aligned}\right\} \tag{6.41}$$

m で割り，平均固有振動数 ω_m と非対称性パラメータ μ を用いて，さらにマトリックス表示すると

$$\begin{bmatrix} \ddot{\xi} \\ \ddot{\eta} \end{bmatrix} + 2\Omega \begin{bmatrix} 0 & -1 \\ 1 & 0 \end{bmatrix} \begin{bmatrix} \dot{\xi} \\ \dot{\eta} \end{bmatrix} + \begin{bmatrix} (1-\mu)\omega_m{}^2 - \Omega^2 & 0 \\ 0 & (1+\mu)\omega_m{}^2 - \Omega^2 \end{bmatrix} \begin{bmatrix} \xi \\ \eta \end{bmatrix}$$
$$= \varepsilon\Omega^2 \begin{bmatrix} \cos\alpha \\ \sin\alpha \end{bmatrix} \tag{6.42}$$

となり，左辺第 2 項の行列の非対角要素が 0 ではないので ξ と η は相互に連成する．

(1) 自由振動　まず，自由振動解について検討しよう．自由振動解を次のように仮定する．

$$\begin{bmatrix} \xi \\ \eta \end{bmatrix} = \begin{bmatrix} \hat{\xi} \\ \hat{\eta} \end{bmatrix} \boldsymbol{e}^{\lambda t} \tag{6.43}$$

式(6.42)の右辺を 0 とおき，上式を代入すると，非自明解をもつ条件として次の特性方程式を得る．

$$\lambda^4 + 2(\omega_m{}^2 + \Omega^2)\lambda^2 + (\omega_m{}^2 - \Omega^2)^2 - \mu^2\omega_m{}^4 = 0 \tag{6.44}$$

これを解くと 4 個の特性根を次のように求めることができる．

$$\left.\begin{aligned} \lambda_1 = -\lambda_3 &= \sqrt{-(\omega_m{}^2 + \Omega^2) + \sqrt{4\omega_m{}^2\Omega^2 + \mu^2\omega_m{}^4}} \\ \lambda_2 = -\lambda_4 &= \sqrt{-(\omega_m{}^2 + \Omega^2) - \sqrt{4\omega_m{}^2\Omega^2 + \mu^2\omega_m{}^4}} \end{aligned}\right\} \tag{6.45}$$

λ_2, λ_4 は虚数となり，振動解を与える．

λ_1, λ_3 は $\sqrt{4\omega_m{}^2\Omega^2 + \mu^2\omega_m{}^4} < \omega_m{}^2 + \Omega^2$ では虚数となる．しかし，$\sqrt{4\omega_m{}^2\Omega^2 + \mu^2\omega_m{}^4} > \omega_m{}^2 + \Omega^2$ の場合，λ_3 は負の実数となるが λ_1 は正の実数となるので，この解 $\hat{r}\boldsymbol{e}^{\lambda_1 t}$ は指数関数的に発散する．この特性根を静止座標系に変換すると特性解は $r = \hat{r}\boldsymbol{e}^{\lambda_1 t}\boldsymbol{e}^{i\Omega t}$ となり，この自由振動解は発振し，回転体は不安定な系となる．上記の不等式から，回転体が不安定な系となる回転数領域は

$$\omega_\xi = \omega_m\sqrt{1-\mu} < \Omega < \omega_\eta = \omega_m\sqrt{1+\mu} \tag{6.46}$$

で与えられる．ロータが安定な回転数領域を図 6.12 に示した．非等方性が強く

なると安定に回転できる範囲が狭められる．等方性回転軸($\mu=0$)の場合，この現象は発生しない．

(2) 不つりあい振動　次に，不つりあいによる強制振動を導こう．式(6.42)の右辺は定数であるので不つりあいによる強制振動解は元の運動方程式(6.42)の解として，次の定数解を得る．

$$\rho_e=\xi_e+i\eta_e=R_e e^{-i\varphi} \tag{6.47}$$

ここで

$$e_\xi=\varepsilon\cos\alpha,\quad e_\eta=\varepsilon\sin\alpha,\ \tan\psi=e_\eta({\omega_\xi}^2-\Omega^2)/e_\xi({\omega_\eta}^2-\Omega^2)$$

$$R_e=\frac{\Omega^2\sqrt{{e_\xi}^2({\omega_\eta}^2-\Omega^2)^2+{e_\eta}^2({\omega_\xi}^2-\Omega^2)^2}}{|({\omega_\xi}^2-\Omega^2)({\omega_\eta}^2-\Omega^2)^2|}$$

静止座標系に変換すると，強制振動解は

$$r=\rho_e e^{i\Omega t}=R_e e^{i(\Omega t-\varphi)} \tag{6.48}$$

となり，半径 R_e の円軌跡のふれまわり振動が生じる．しかし，式(6.46)の回転数範囲では，発振する自由振動解が重なるので結果的に振動が大きくなり，この範囲では使えない．

(3) 重力の影響　重力場に水平におかれた非等方性軸をもつ回転体は，不つりあいがなくても大きなふれまわり振動を発生することがある．この場合の運動方程式は式(6.42)の右辺の不つりあいの項を削除し，重力項を加えなければならない．その結果，回転座標系における運動方程式は

$$\left.\begin{aligned}&\ddot{\xi}-2\Omega\dot{\eta}+\{(1-\mu){\omega_m}^2-\Omega^2\}\xi=g\cos\Omega t\\&\ddot{\eta}+2\Omega\dot{\xi}+\{(1+\mu){\omega_m}^2-\Omega^2\}\eta=-g\sin\Omega t\end{aligned}\right\} \tag{6.49}$$

特解を $\xi_g=\hat{\xi}_g\cos\Omega t$, $\eta_g=\hat{\eta}_g\sin\Omega t$ と仮定して運動方程式に代入すると，

$$\hat{\xi}_g=\frac{g({\omega_\eta}^2-4\Omega^2)}{{\omega_\xi}^2{\omega_\eta}^2-4{\omega_m}^2\Omega^2},\quad \hat{\eta}_g=-\frac{g({\omega_\xi}^2-4\Omega^2)}{{\omega_\xi}^2{\omega_\eta}^2-4{\omega_m}^2\Omega^2} \tag{6.50}$$

よって，複素変位 ρ_g は

$$\begin{aligned}\rho_g&=\xi_g+i\eta_g=\frac{1}{2}(\hat{\xi}_g+\hat{\eta}_g)e^{i\Omega t}+\frac{1}{2}(\hat{\xi}_g-\hat{\eta}_g)e^{-i\Omega t}\\&=-\frac{g({\omega_\xi}^2-{\omega_\eta}^2)}{2({\omega_\xi}^2{\omega_\eta}^2-4{\omega_m}^2\Omega^2)}e^{i\Omega t}+\frac{g({\omega_n}^2-4\Omega^2)}{({\omega_\xi}^2{\omega_\eta}^2-4{\omega_m}^2\Omega^2)}e^{-i\Omega t}\end{aligned} \tag{6.51}$$

回転座標系から静止座標系に変換すると，静止座標系から観測した複素変位 r_g は

$$r_g=\rho_g e^{i\Omega t}=-\frac{g({\omega_\xi}^2-{\omega_\eta}^2)}{2({\omega_\xi}^2{\omega_\eta}^2-4{\omega_m}^2\Omega^2)}e^{2i\Omega t}+\frac{g({\omega_n}^2-4\Omega^2)}{({\omega_\xi}^2{\omega_\eta}^2-4{\omega_m}^2\Omega^2)} \tag{6.52}$$

となる．右辺第1項は軸回転数の2倍の振動数での前向きふれまわり振動を表し，第2項は重力方向(x 方向)の静的たわみを表している．共通の分母は $\omega_\xi{}^2\omega_\eta{}^2-4\omega_m{}^2\Omega^2=\omega_m{}^2\{(1-\mu^2)\omega_m{}^2-4\Omega^2\}$ と変形できる．したがって，$\Omega=\omega_m\sqrt{1-\mu^2}/2$ のとき分母が0となり，式(6.52)右辺第1項の振幅と第2項のたわみ量は無限大となる．この現象を2次的危険速度という．μ が小さいときには $\Omega\approx\omega_m/2$ となるので，主危険速度の約1/2の回転数で共振現象が現れる．このとき，その振動数は回転数の2倍となっている．この2次的危険速度は軸の非等方性と重力の影響で発生するので，どちらかの影響がなくなると発生しない．

〔例題6.11〕 例題6.9の回転軸が円形断面でなく，15 mm×21 mm の長方形断面とする．このときのこの回転体の振動挙動を述べよ．

〔解〕 長辺方向と短辺方向を ξ, η とすると，断面2次モーメントは $I_\xi=5.96\times10^{-9}$ m^4, $I_\eta=1.157\times10^{-8}$ m^4. 中央での軸のばね定数は $k_\xi=1.144\times10^5$ N/m, $k_\eta=5.84\times10^4$ N/m, 固有角振動数は $\omega_\xi=107.0$ rad/s, $\omega_\eta=76.4$ rad/s, $\omega_m=93.0$ rad/s.

(1) 12.16 Hz と 17.03 Hz の間で自励振動が発生する．

(2) $\omega_m\sqrt{1-\mu^2}/4\pi=7.0$ Hz で2次的危険速度となる．

d. 外部減衰と内部減衰

回転体に作用する減衰には外部減衰と内部減衰がある．回転体が油，水，空気などの周囲媒体の中で運動すると減衰が生じる．これを外部減衰という．他方，軸と翼車のはめ合い部分の相対すべり摩擦や軸材料自体の変形などのように構成要素の変形にともなう減衰があり，これを内部減衰とよぶ．

図6.13の外部減衰と内部減衰が作用する回転軸において，まず外部減衰が回転体の絶対速度に比例するとして，運動に考慮しよう．式(6.23)に外部減衰力

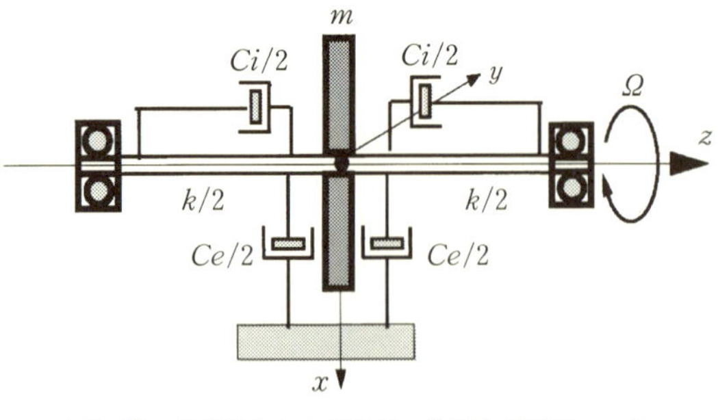

図6.13 外部減衰と内部減衰の作用する弾性ロータ

$f_{dx}=-c_e\dot{x}$, $f_{dy}=-c_e\dot{y}$ を加える．

$$\left.\begin{aligned} m\ddot{x}_G &= -c_e\dot{x}-kx \\ m\ddot{y}_G &= -c_e\dot{y}-ky \end{aligned}\right\} \tag{6.53}$$

$\zeta_e=c_e/2\sqrt{mk}$ とおき，式(6.24)～(6.29)の変形と同様の手続きで

$$\ddot{r}+2\zeta_e\omega_n\dot{r}+\omega_n{}^2 r=\varepsilon\Omega^2\boldsymbol{e}^{i(\Omega t+\alpha)} \tag{6.54}$$

内部減衰を考慮するため，$r=x+jy=\rho e^{i\Omega t}=(\xi+i\eta)e^{i\Omega t}$ を代入して，静止座標系 O-xy から回転座標系 O-$\xi\eta$ に変換すると，

$$\ddot{\rho}+(2i\Omega+c_e/m)\dot{\rho}+(\omega_n{}^2-\Omega^2+i\Omega c_e/m)\rho=e\Omega^2\boldsymbol{e}^{i\alpha} \tag{6.55}$$

ここで，内部減衰力が回転座標系の相対速度に比例するものとして，$f_{dj}=-c_i\dot{\rho}$ とおき，これを考慮するため $c_i\dot{\rho}/m$ を左辺に加えると

$$\ddot{\rho}+(2i\Omega+c_e/m+c_i/m)\dot{\rho}+(\omega_n{}^2-\Omega^2+i\Omega c_e/m)\rho=e\Omega^2\boldsymbol{e}^{i\alpha} \tag{6.56}$$

$\zeta_i=c_i/2\sqrt{mk}$ とおき，これを再び静止座標系に戻すと，

$$\ddot{r}+2(\zeta_e+\zeta_i)\omega_n\dot{r}+(\omega_n{}^2-2i\zeta_i\omega_n\Omega)r=e\Omega^2\boldsymbol{e}^{i(\Omega t+\alpha)} \tag{6.57}$$

この運動方程式の安定性について考えよう．右辺を0とおき，$r=\hat{r}e^{\lambda t}$ を代入して特性方程式を求めると，

$$\lambda^2+2(\zeta_e+\zeta_i)\omega_n\lambda+\omega_n{}^2-2i\zeta_i\omega_n\Omega=0 \tag{6.58}$$

$$\therefore\quad \lambda=-(\zeta_e+\zeta_i)\omega_n\pm\sqrt{(\zeta_e+\zeta_i)^2\omega_n{}^2-\omega_n{}^2+2i\zeta_i\omega_n\Omega}$$

通常，$\zeta_e, \zeta_i\ll 1$ であるので，

$$\left.\begin{matrix}\lambda_1\\ \lambda_2\end{matrix}\right\}\approx-\left(\zeta_e+\zeta_i\mp\frac{\Omega}{\omega_n}\zeta_i\right)\omega_n\pm i\omega_n \tag{6.59}$$

一般解は $r=\hat{r}_1\boldsymbol{e}^{\lambda_1 t}+\hat{r}_2\boldsymbol{e}^{\lambda_2 t}$ となり，$\Omega/\omega_n>1+\zeta_e/\zeta_i$ のとき右辺の $\hat{r}_1$ は固有振

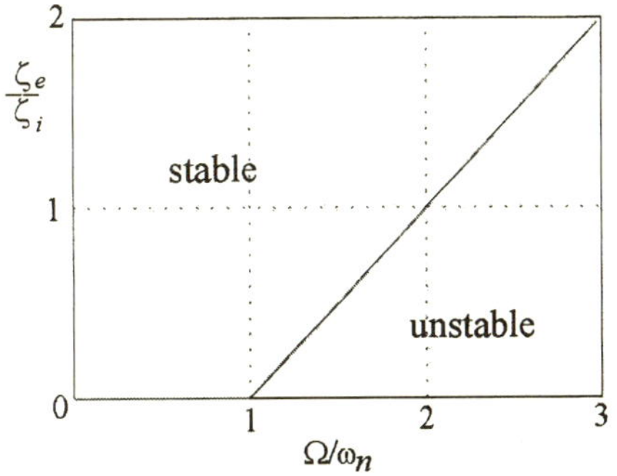

図 6.14 内部減衰と安定性

動数で振動しながら振幅が増大するので，回転体は不安定な系となる．

この関係を図示した図 6.14 から，内部減衰のある回転体では外部減衰を増やすことで安定な回転数範囲を広くできることがわかる．式 (6.59) から，内部減衰 ζ_i は外部減衰 ζ_e と同様な振動を抑制する効果と同時に，回転角速度 Ω との相乗作用で振動を発振させる作用をもっていることを理解できる．

〔例題 6.12〕 例題 6.9 の軸に肉厚の薄いスレーブを全長にわたりかぶせたところ，軸に内部減衰が現れた．その減衰力 F_i (N) は，軸中央と軸受での相対速度を ρ_r (m/s) とおくと $F_i=-300\,\rho_r$ の関係を有する．2000 rpm まで安全に運転するには，軸中央位置に換算した等価外部減衰係数はいくらでなければならないか．

〔解〕 固有角振動数は $\omega_n=88.1$ rad/s，回転速度は $\Omega=209$ rad/s．外部減衰に対する条件は，

$$\zeta_e>\zeta_i\left(\frac{\Omega}{\omega_n}-1\right)\quad\Rightarrow\quad c_e>c_i\left(\frac{\Omega}{\omega_n}-1\right)=300\left(\frac{209}{88.1}-1\right)=412\ \mathrm{Ns/m}$$

e. ジャイロ効果

ジェフコットロータでは，軸中央に取り付けた円板は傾かないとして軸受中心線に直交する方向のたわみだけを考えた．しかし，図 6.15 に示すような両軸受の内側に円板をもつ回転体では，一般に円板が変位すると同時に円板の傾きも生じる．このような回転体の振動について考えてみよう．

質量を無視した軸からのせん断力とそのモーメントが円板に作用すると考えれば，円板の運動方程式は式 (6.5) で与えられる．軸を一様円形断面梁と仮定する．円板の図心にせん断力 F_x, F_y と力のモーメント M_y, M_x が作用するとき，材料力学の知識から円板の図心での軸のたわみ x, y と傾き角 θ_y, θ_x を求めると，

$$\begin{bmatrix} x \\ \theta_y \end{bmatrix}=\frac{1}{3EIl}\begin{bmatrix} a^2b^2 & -ab(a-b) \\ -ab(a-b) & \dfrac{a^3+b^3}{l} \end{bmatrix}\begin{bmatrix} F_x \\ M_y \end{bmatrix} \tag{6.60 a}$$

$$\begin{bmatrix} y \\ \theta_x \end{bmatrix}=\frac{1}{3EIl}\begin{bmatrix} a^2b^2 & ab(a-b) \\ ab(a-b) & \dfrac{a^3+b^3}{l} \end{bmatrix}\begin{bmatrix} F_y \\ M_x \end{bmatrix}$$

よって，円板位置での軸の変位と円板へのせん断力とそのモーメントに関して以下の剛性行列が与えられる．

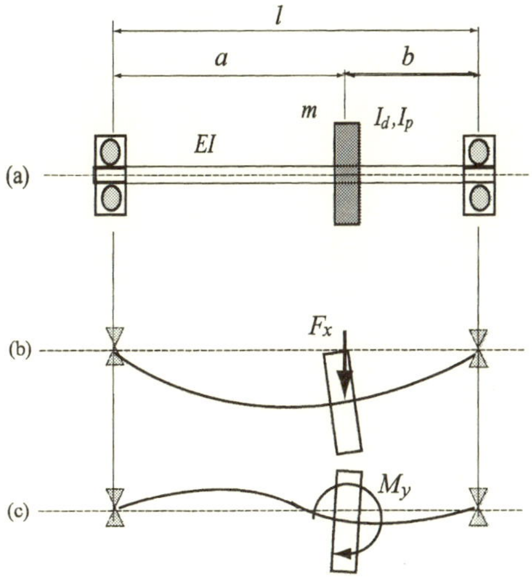

図 6.15 傾き運動をする円板のある回転性

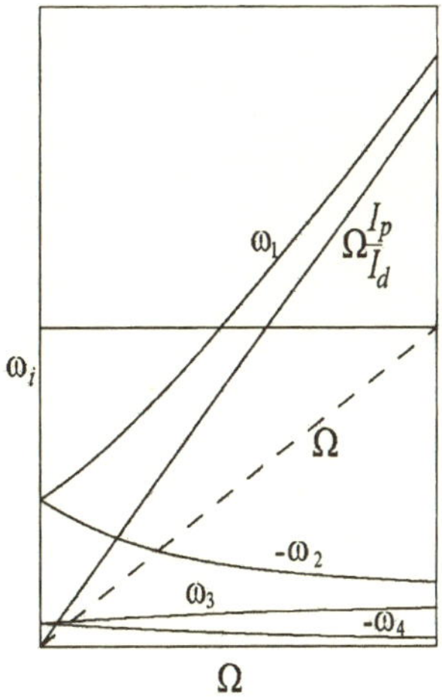

図 6.16 固有振動数線図

$$\begin{bmatrix} F_x \\ M_y \\ F_y \\ M_x \end{bmatrix} = - \begin{bmatrix} k_1 & -k_3 & 0 & 0 \\ -k_3 & k_2 & 0 & 0 \\ 0 & 0 & k_1 & k_3 \\ 0 & 0 & k_3 & k_2 \end{bmatrix} \begin{bmatrix} x \\ \theta_y \\ y \\ \theta_x \end{bmatrix} \tag{6.60 b}$$

$$k_1 = \frac{3EI(a^3+b^3)}{a^3b^3}, \quad k_2 = \frac{3EIl}{ab}, \quad k_3 = \frac{3EI(a-b)l}{a^2b^2}$$

式 (6.5) において，$e=0$，$\tau=0$ とおき，式 (6.60 b) を代入すると

$$\begin{bmatrix} m & 0 & 0 & 0 \\ 0 & I_d & 0 & 0 \\ 0 & 0 & m & 0 \\ 0 & 0 & 0 & I_d \end{bmatrix} \begin{bmatrix} \ddot{x} \\ \ddot{\theta}_y \\ \ddot{y} \\ \ddot{\theta}_x \end{bmatrix} + \begin{bmatrix} 0 & 0 & 0 & 0 \\ 0 & 0 & 0 & -\Omega I_p \\ 0 & 0 & 0 & 0 \\ 0 & \Omega I_p & 0 & 0 \end{bmatrix} \begin{bmatrix} \dot{x} \\ \dot{\theta}_y \\ \dot{y} \\ \dot{\theta}_x \end{bmatrix} + \begin{bmatrix} k_1 & -k_3 & 0 & 0 \\ -k_3 & k_2 & 0 & 0 \\ 0 & 0 & k_1 & k_3 \\ 0 & 0 & k_3 & k_2 \end{bmatrix} \begin{bmatrix} x \\ \theta_y \\ y \\ \theta_x \end{bmatrix} = 0 \tag{6.61}$$

ここで，この運動方程式の振動解を $[x \ \ \theta_y \ \ y \ \ \theta_x]^T = [\hat{x} \ \ \hat{\theta}_y \ \ \hat{y} \ \ \hat{\theta}_x]^T e^{i\omega_i t}$ と仮定すると，次の特性方程式を得る．

$$f(\omega_i) = mI_d\omega_i^4 - mI_p\Omega\omega_i^3 - (mk_2 + I_dk_1)\omega_i^2 + I_pk_1\Omega\omega_i + (k_1k_2 - k_3^2) = 0 \tag{6.62}$$

$f(0)>0$，$f(\sqrt{k_1/m})<0$，$f(-\sqrt{k_1/m})<0$ となっているので，この方程式を解

けば4つの実根 $\omega_1, \omega_2, \omega_3, \omega_4$ を求めることができる．軸回転数 Ω に対する固有角振動数 $\omega_1, \omega_2, \omega_3, \omega_4$ の変化の計算例を図6.16に図示してある．ω_1, ω_3 は正，つまり回転角速度 Ω と同じ方向に振れ回る前向きふれまわりモードの固有角振動数で，回転数とともに振動数が増大し，ω_1 は $\omega=\Omega I_p/I_d$ の直線に漸近する．他方 ω_2, ω_4 は負，つまり後向きふれまわりモードの固有振動数で，回転数の増加につれて固有振動数は減少する．このように，回転体の固有振動数は回転体の慣性モーメントと回転数に大きく依存している．この慣性モーメントによる固有振動数に対する効果をジャイロ効果とよんでいる．

このジャイロ効果により，回転体の固有振動数と不つりあい遠心力との共振現象である危険速度も大きな影響を受ける．円板の重心がロータに固定した座標の軸中心線から α 方向に ε だけ偏心し，慣性主軸が軸中心線から β 方向に τ だけ傾いているときのこのロータの強制振動について考えてみよう．$r=x+iy$, $\theta=\theta_x+i\theta_y$ と複素表示を採用すると，式(6.5), (6.60)から，このときの運動方程式は，

$$\begin{bmatrix} m & 0 \\ 0 & I_d \end{bmatrix}\begin{bmatrix} \ddot{r} \\ \ddot{\theta} \end{bmatrix}+\begin{bmatrix} 0 & 0 \\ 0 & -iI_p\Omega \end{bmatrix}\begin{bmatrix} \dot{r} \\ \dot{\theta} \end{bmatrix}+\begin{bmatrix} k_1 & ik_3 \\ -ik_3 & k_2 \end{bmatrix}\begin{bmatrix} r \\ \theta \end{bmatrix}=\begin{bmatrix} m\hat{\varepsilon}\Omega^2 \\ (I_d-I_p)\hat{\tau}\Omega^2 \end{bmatrix}e^{i\Omega t} \tag{6.63}$$

ここで，

$$\varepsilon_x=\varepsilon\cos\alpha,\quad \varepsilon_y=\varepsilon\sin\alpha,\quad \hat{\varepsilon}=\varepsilon_x+i\varepsilon_y,\quad \tau_x=\tau\cos\beta,\quad \tau_y=\tau\sin\beta,$$
$$\hat{\tau}=\tau_x+i\tau_y$$

である．

$\hat{\varepsilon}\neq 0$, $\hat{\tau}=0$ の場合の特解を $[r_e\ \ \theta_e]^T=[\hat{r}_e\ \ \hat{\theta}_e]^T e^{i\Omega t}$ と仮定して式(6.63)に代入して，強制振動の振幅を求めると，

$$\begin{bmatrix} \hat{r}_e \\ \hat{\theta}_e \end{bmatrix}=\frac{m\hat{\varepsilon}\Omega^2}{m(I_d-I_p)\Omega^4-\{mk_2+(I_d-I_p)k_1\}\Omega^2+k_1k_2-k_3{}^2}\begin{bmatrix} (I_p-I_d)\Omega^2+k_2 \\ ik_3 \end{bmatrix} \tag{6.64}$$

式(6.64)の分母=0のとき，強制振動解は無限大になり，このときの角速度が危険速度となる．ところで，$\Omega=\omega_i$ を特性方程式(6.62)に代入すると，式(6.64)の分母=0となる．したがって，$\omega_i(\Omega)$ を実線，$\omega_i=\Omega$ を点線で図示した図6.16において，$\omega_i(\Omega)$ と $\omega_i=\Omega$ の交点が危険速度となる．また，この $\omega_i=\Omega$ の直線を運搬線とよぶ．

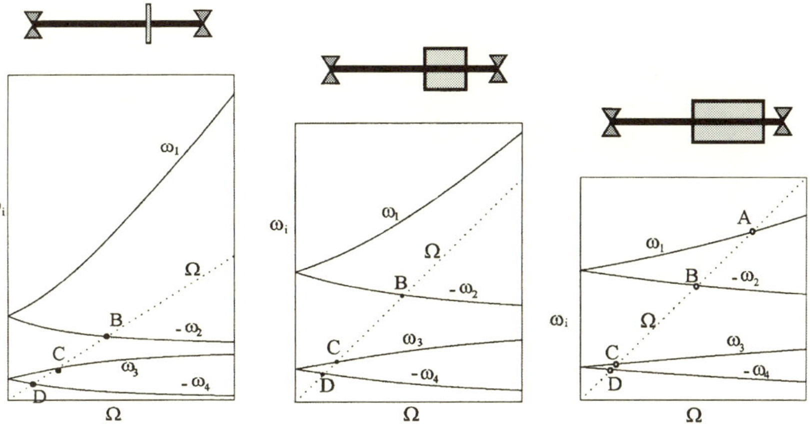

(a)　$I_p/I_d=2$　(b)　$I_p/I_d=1$　(c)　$I_p/I_d=0.5$

図 6.17　固有振動数線図

$\hat{\varepsilon}=0$, $\hat{\tau}\neq 0$ の場合も式(6.64)と同じ分母をもつので，危険速度は変わらない．

種々の I_p/I_d と固有角振動数の関係を図示した図 6.17 において，$I_p/I_d=2$ の場合，C 点が危険速度である．しかし，B, D では後向きのふれまわり固有振動数と運搬線とのみかけ上の交点である．この点では $\Omega=-\omega_i$ となり，式(6.64)の分母が 0 とならないので，危険速度にはならない．$I_p/I_d=1$ の場合も C 点だけが危険速度である．しかし，この場合 $\omega_1(\Omega)$ が運搬線に漸近して，回転角速度を変えても危険速度に近い状態が継続して大きい振動状態が継続することになる．このような回転体での高速回転運転は避けなければならない．$I_p/I_d=0.5$ の回転体では A, C が危険速度となる．

地震などの外乱がロータ系に基礎励振として入力すると，その外乱は前向き加振力と後向き加振力に分解でき，両方向のふれまわり運動を生じさせる．したがって，この場合は，不つりあい加振力とは異なり，後向きふれまわり固有振動をも励振することになる．

f.　オイルホイップ

蒸気タービンや遠心圧縮機などの大型回転機械の回転体は，使用軸受の寸法，許容面圧，ジャーナル周速などの見地から，すべり軸受で支持されている．このすべり軸受では，図 6.18 に示すように，潤滑油がジャーナルと軸受メタルの狭

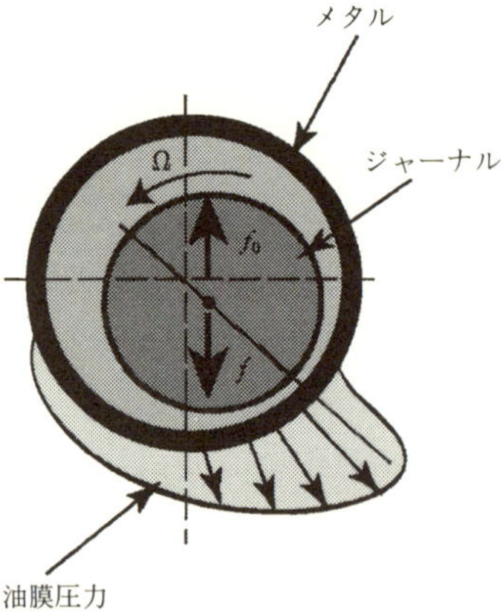

図 6.18　すべり軸受

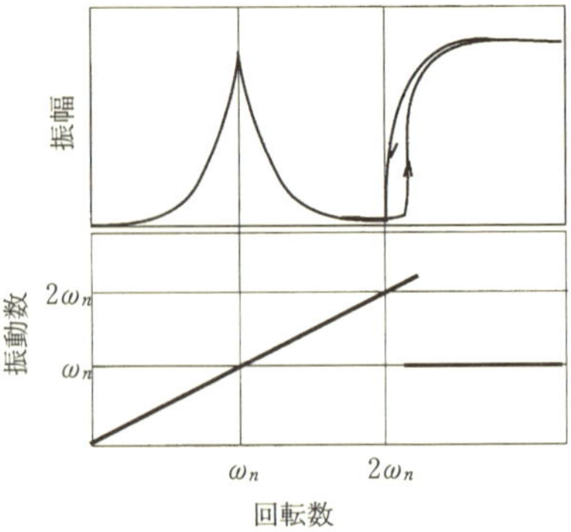

図 6.19　オイルホイップ

い隙間に充満しており，軸受メタル内でジャーナルが偏心することによりジャーナルとメタル表面の隙間が回転方向に狭くなり，くさび作用によりこの間の油膜圧力が上昇する．この作用で軸受はロータ荷重を支えている．しかし，このジャーナルの偏心方向と油膜圧力の合力 f_0 の方向はずれるため，軸回転方向の力がロータに作用して，不つりあい強制振動とは別の振動が危険速度の 2 倍以上の回転数で発生することがある．強制力がなくても発生するこのような振動を自励振動という．この自励振動は潤滑油に起因し，回転体が激しく振動することからオイルホイップ (oil whip) とよばれている．オイルホイップが発生するときの回転体の振動振幅の変化を図 6.19 に示している．回転体を昇速していくと，$\Omega=\omega_n$ 付近で不つりあい慣性力による共振現象が現れる．さらに昇速すると一旦振動が減少した後，$\Omega>2\omega_n$ において，突然大きな振動 (オイルホイップ) が現れる．この振動が一旦発生すると，危険速度の場合と異なり，その回転数よりさらに昇速しても振動が小さくなることはなく，大振動が継続する．さらに，回転数をオイルホイップが発生した回転数以下まで減速しても，振動が継続する．この履歴現象をオイルホイップの慣性効果という．すべり軸受内の油膜の関連した，オイルホイップに似ているオイルホワールとよばれる振動現象も発生することがある．オイルホワールは $2\omega_n$ 以下の回転数から発生し，その振動数はほぼ $\Omega/2$，その振幅はオイルホイップほど大きくはならない．この現象はジャーナルと軸受メタルの間に存在する油膜の平均流速角速度がほぼ $\Omega/2$ であることに起

図 6.20 傾斜パッド軸受

因している．

これらすべり軸受の油膜に起因した振動の発生を防止するには，すべり軸受の形状を変える必要がある．そのため，高速の回転機械の軸受として，ジャーナル偏心方向にのみ油膜反力の発生する図 6.20 に構造を示す傾斜パッド軸受が採用されている．環状シールや羽根車などの流体回転機械内の機械要素からの流体力も回転体にオイルホイップと同様の自励振動を発生させることがある．

演 習 問 題

6.1 図 6.1 に図示した配置をもち，10000 rpm で回転している剛性ロータは重心に関して上下対称であり，これを支持する上下の軸受は強固な軸受である．回転体の重心は回転体に固定した基準の方向に軸中心線上から 7 μm 偏心し，慣性主軸は，回転体に固定した基準位置から +45° の方向に軸中心線から 0.05° 傾いている．軸受に加わる変動力を求めよ．回転体の諸元は次のとおりである．回転体の質量：20 kg，軸中心線回りの慣性モーメント：0.20 kgm^2，重心を通る直径回りの慣性モーメント：0.30 kgm^2，重心から軸受までの距離：300 mm．

6.2 An eccentric flywheel of 50 kg in mass and 100 gmm in unbalance is driven by an electric motor of 20 kg in mass, which is installed on a mass-less beam. The static deflection of the beam is 1.0 mm because of the weight of the motor and the flywheel.

(1) Determine the resonant speed of the motor

(2) How much is the amplitude of steady state vibration of the motor when the

rotating speed of the motor is 1000 rpm

6.3　演習問題 6.1 の回転体から観測した，回転体から軸受への作用力の大きさはいくらか.

6.4　まっすぐな長さ 1.5 m，直径 30 mm の一様円形断面の質量を無視できる鋼製軸の中央に質量 15 kg の円板を取り付け，軸の両端をころがり軸受で強固に支持した回転体について，以下の問いに答えよ．ここで，円板は軸中心線から 5 μm ほど偏心している.

(1)　危険速度を求めよ.

(2)　800 rpm における軸中央のふれまわり振幅と円板重心のふれまわり振幅を求めよ.

(3)　800 rpm で回転しているときに両方のころがり軸受に作用する変動力を求めよ.

6.5　演習問題 6.4 の回転軸両端を，鉛直方向のばね定数 $k_x=100$ kN/m，水平方向のばね定数 $k_y=50$ kN/m の剛性をもつ軸受で支持した．650 rpm における軸中央での軸心軌跡 (shaft orbit) を求めよ

6.6　演習問題 6.4 の回転軸が円形断面でなく，20 mm×35 mm の長方形断面とする．このときのこの回転体の振動挙動を述べよ.

6.7　演習問題 6.4 の軸に肉厚の薄いスリーブを全長にわたりかぶせたところ，軸に内部減衰が現れた．その減衰力 F_i (N) は，軸中央と軸受での相対速度を v_r (m/s) とおくと $F_i=-500\,v_r$ の関係を有する．3000 rpm まで安全に運転するには，軸中央位置に換算した等価外部減衰係数はいくらでなければならないか.

Tea Time

Jeffcott model rotor

この教科書では，回転軸の中央に 1 枚の円板がついているロータを Jeffcott rotor とよんでいる．この名称は主に日本やアメリカで使われている．このロータモデルは，1919 年 H. H. Jeffcott が発表した論文に採用されたものであり，危険速度やバランスについての研究をはじめて発表したことにちなんでいる．しかし，ヨーロッパのロータの力学に関する研究者や技術者は，1 段蒸気タービンの発明者である Carl Laval (1845-1913) にちなんで Laval rotor とよんでいる．さらに，最近 (1983)，MIT 名誉教授 Stephan Crandall が「Föppl model rotor とよぶべきである.」と提案している．Crandall によると，1895 年に Föppl はこのモデルロータを用いて危険速度を通過できることをデモンストレーションしているとのことである．いずれにしろ，ロータの危険速度での振動問題は 100 年以上の歴史がある．その後の多くの研究により，現在では必ずしも“危険”な回転数ではなくなり，場合によっては危険速度上で運転できることを ISO 規格で保証している.

7. 往復機構の力学

往復運動を回転運動に，または逆に回転運動を往復運動に変換する機構の典型例として，ピストン，クランクおよび連接棒からなるピストン・クランク機構(piston crank mechanism)がある．この機構は往復運動から回転運動へ変換する往復動内燃機関，蒸気機関などや，回転運動から往復運動へ変換する往復ポンプ，圧縮機などに用いられる．これらの機械では，ピストン，クランク，連接棒などの質量を有する機械部品が繰り返し運動することによって生じる慣性力(inertia force)および慣性偶力(inertia couple)，さらにシリンダー内の動作流体の圧力が周期的に変動する．これが原因で，クランク軸にねじり振動や曲げ振動を誘発して運転中に機械自身が振動したり，隣接する構造物の振動源になったりする．

ここでは，このような振動を低減するために，単気筒機関のモデル化と慣性力や慣性偶力のつりあいについて考える．

〔例題 7.1〕 質量 $m=10$ kg の質点が振幅 $a=1$ mm，振動数 $f=30$ Hz で調和的に振動している．この質点に作用する慣性力の最大値を求めよ．

〔解〕 角振動数を ω とすると，$\omega=2\pi f$．質点の運動は，$x=a\sin(\omega t+\phi)$ だから，慣性力は，$-m\ddot{x}=ma\omega^2\sin(\omega t+\phi)$．ここに，$\phi$ は初期位相角である．よって，慣性力の最大値は，$ma\omega^2=10\times 0.001\times(2\pi\cdot 30)^2=355$ N で向きは加速度と逆向きである．

〔例題 7.2〕 重心回りの慣性モーメント $J=4$ kg·m^2 の剛体がその回りを角加速度 $\ddot{\theta}=1$ rad/s^2 で回転しているときの慣性偶力を求めよ．

〔解〕 慣性偶力$=-J\ddot{\theta}=-4\times 1$ kg·m^2·rad/s$^2=-4$ Nm．よって，慣性偶力の大きさは 4 Nm で回転運動の角加速度と逆向きである．

7.1 往復機関の機構と運動

図7.1に4気筒（シリンダー）からなる自動車用エンジン（往復動内燃機関）の機構の一例を示す．往復機械といわれる機械には，ピストン・クランク機構が利用されている．この機構はシリンダーと接触しながら往復運動するピストン，回転運動するクランクおよびこれらを結びつけている連接棒からなる．したがって，連接棒は両端で異なる複雑な運動を行う．図7.2にピストン・クランク機構を示す．ピストン部はピストンとピストンピンからなり，クランクはクランク軸，クランクアームおよびクランクピンからなる．ここで，機構を構成するリンクはすべて変形しない剛体とし，リンク間には隙間はないものと仮定する．リンクはピストン，連接棒，クランクアームおよび機構を支持するフレームの4リンクから構成されている．ピストンはスライダーに相当する．ピストンピン，クランクピンおよびクランク軸の軸受は回り対偶（turning pair），ピストンとシリンダーの間はすべり対偶（sliding pair）である．リンクを直線で，回り対偶を小さな○，スライダーを□およびこの機構を支持するフレーム（固定節）を斜線部で示すと，図7.2のピストン・クランク機構は図7.3で示すような機構の骨組みを表す運動学モデルで表すことができよう．

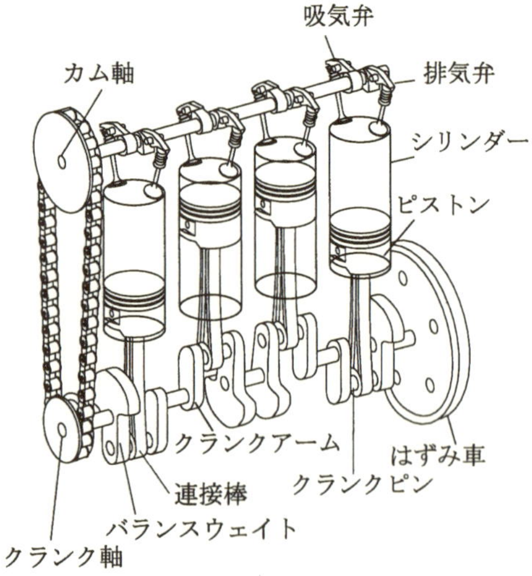

図7.1 自動車用往復動内燃機関

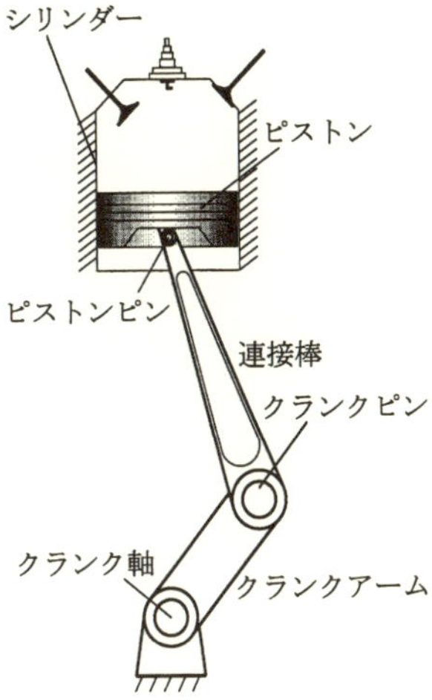

図7.2 ピストン・クランク機構

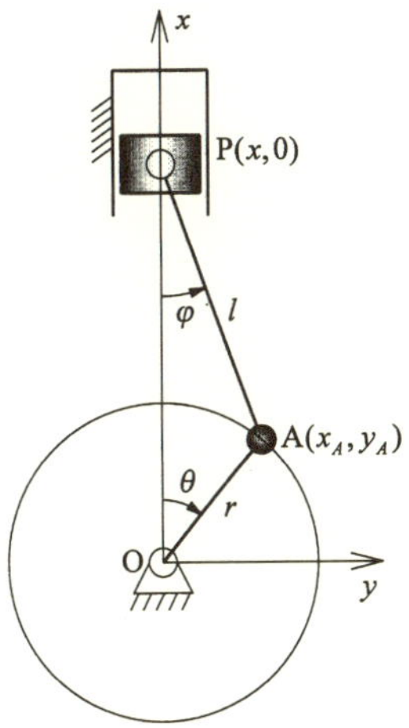

図7.3 ピストン・クランク機構の運動学モデル

図7.3において，クランク軸中心を原点O，シリンダー軸方向に x 軸，それと直角方向に y 軸，クランク軸方向に z 軸をとった座標系O-xyz を設定し，点Pをピストンピンの位置，点Aをクランクピンの位置，連接棒の長さを $l=\overline{\mathrm{PA}}$，クランク半径(クランクアームの長さ $\overline{\mathrm{OA}}$)を r，クランクの回転角を θ，連接棒の傾き角を φ として，ピストン・クランク機構の運動を考察する．図7.3の運動学モデルにおいて，点Pと点Aの運動を知ることがとくに重要である．

a. ピストンの運動

ピストンは x 軸にそった往復運動をする．ピストンの運動をピストンピン(点P)で代表させ，その位置を $x(=\overline{\mathrm{OP}})$ とすると，

$$x=r\cos\theta+l\cos\varphi \tag{7.1}$$

ここで，クランク比(crank ratio)を $\lambda=r/l$ とおくと，以下の関係がある．

$$r\sin\theta=l\sin\varphi \quad \Rightarrow \quad \sin\varphi=\lambda\sin\theta, \quad \varphi=\sin^{-1}(\lambda\sin\theta) \tag{7.2 a}$$

$$\cos\varphi=\sqrt{1-\sin^2\varphi}=\sqrt{1-\lambda^2\sin^2\theta} \tag{7.2 b}$$

上式の関係を式(7.1)に代入すると，次式のようにピストンの変位 x をクランクの回転角 θ の関数で表すことができる．

$$x=r\left[\cos\theta+\frac{1}{\lambda}\sqrt{1-\lambda^2\sin^2\theta}\right] \tag{7.3}$$

実際の往復機関ではクランク比は $1/5 \leq \lambda \leq 1/3$ 程度であるので，$\varepsilon=\lambda^2\sin^2\theta$ とおき，$|\varepsilon| \ll 1$ のとき，$\sqrt{1-\varepsilon}=1-\varepsilon/2-\varepsilon^2/8-\varepsilon^3/16-\cdots$ であることを利用して，$\sqrt{1-\lambda^2\sin^2\theta}$ を λ のべき級数に展開してピストン変位を表示する．三角関数の公式：

$$\sin^2\theta=(1-\cos 2\theta)/2, \quad \sin^4\theta=(3-4\cos 2\theta+\cos 4\theta)/8$$
$$\sin^6\theta=(10-15\cos 2\theta+6\cos 4\theta-\cos 6\theta)/32$$

を用いると，ピストンの変位 x は次式で表せる．

$$x=r\left[A_0+\cos\theta+\sum_{n=1}^{\infty}\frac{(-1)^{n-1}}{(2n)^2}A_{2n}\cos 2n\theta\right] \tag{7.4}$$

ここに，$A_0=\dfrac{1}{\lambda}-\dfrac{1}{4}\lambda-\dfrac{3}{64}\lambda^3-\dfrac{5}{256}\lambda^5-\cdots$，　$A_2=\lambda+\dfrac{1}{4}\lambda^3+\dfrac{15}{128}\lambda^5+\cdots$

$A_4=\dfrac{1}{4}\lambda^3+\dfrac{3}{16}\lambda^5+\cdots$，　$A_6=\dfrac{9}{128}\lambda^5+\cdots$

このように，ピストンの変位はクランクの回転角 θ に関するフーリエ級数で表される．

往復動内燃機関のピストン・クランク機構は，図 7.4 に示すように 1 サイクル当たり，以下の 4 つの行程を繰り返して大きなガス圧を駆動源としてクランク軸の回転（駆動）トルクを得ている．

(1)　吸気弁を開放して気筒内に燃料混合ガスを取り込む吸入行程

(2)　吸気弁を閉じて混合ガスを圧縮する圧縮行程

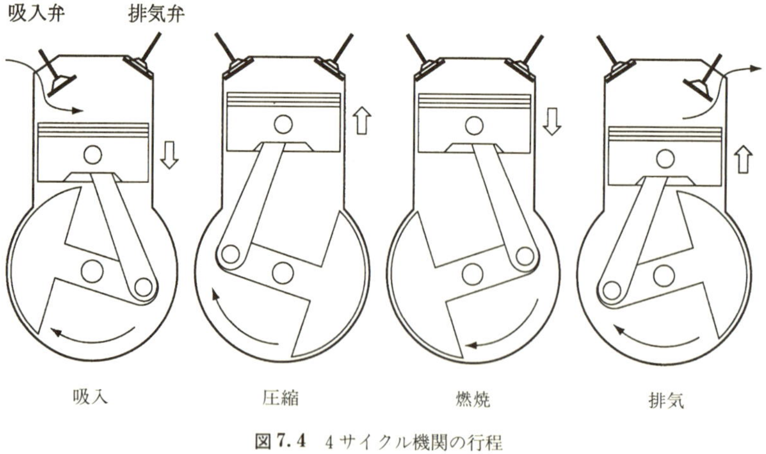

図 7.4　4 サイクル機関の行程

(3)　点火プラグによる着火で混合ガスを爆発燃焼させる燃焼行程，および

(4)　排気弁を開いて気筒内にある燃焼したガスを排気する排気行程

このような行程を繰り返す機関を4サイクル機関といい，クランク軸2回転が1サイクルに相当する．これらの行程を考えると，1サイクル当たりのクランク軸の回転角速度 $\dot{\theta}$ は一定ではなく，変動することになる．回転機械はこの回転速度の変動を非常に嫌うので，できるだけ1サイクル当たりのクランク軸の回転角速度を一定に保持する必要がある．この目的のために，多気筒機関にして回転トルクを平滑化したり，図7.1に示すようにクランク軸に大きな慣性モーメントを有するはずみ車 (fly wheel) を取り付けることによって回転角速度の平準化を実現する (7.4節参照)．以後，特に言及しない限り，このような対策によってクランク軸の回転角速度 $\dot{\theta}$ は一定とみなせると仮定する．すなわち，時間を t とすると，

$$\dot{\theta}=\omega=\text{一定},\quad \theta=\omega t \tag{7.5}$$

このとき，ピストンの加速度は，式 (7.4) を時間に関して2回微分して得られ，

$$\ddot{x}=-r\omega^2\left[\cos\theta+\sum_{n=1}^{\infty}(-1)^{n-1}A_{2n}\cos 2n\theta\right] \tag{7.6}$$

ピストンの変位，加速度は調和的な運動ではなく，クランクの回転と同期した1次 (調和) 成分である $\cos\theta$ 以外に，クランク1回転当たり偶数回変動する高次 (2次，4次，6次，…) 成分 ($\cos 2\theta, \cos 4\theta, \cos 6\theta, \cdots$) を含む．$1/5 \leq \lambda \leq 1/3$ を考慮すると，式 (7.6) からピストンの加速度成分は高次ほど小さいことがわかる．また，式 (7.2 a) の連接棒の傾き角 φ および角加速度 $\ddot{\varphi}$ も同様にクランクの回転角 θ の関数で表せる．

$$\left.\begin{aligned}\varphi&=\lambda\sum_{n=1}^{\infty}\frac{(-1)^{n-1}}{(2n-1)^2}C_{2n-1}\sin(2n-1)\theta\\ \ddot{\varphi}&=-\lambda\omega^2\sum_{n=1}^{\infty}(-1)^{n-1}C_{2n-1}\sin(2n-1)\theta\end{aligned}\right\} \tag{7.7}$$

ここに，$C_1=1+\dfrac{1}{8}\lambda^2+\dfrac{3}{64}\lambda^4+\cdots,\quad C_3=\dfrac{3}{8}\lambda^2+\dfrac{27}{128}\lambda^4+\cdots,\quad C_5=\dfrac{15}{128}\lambda^4+\cdots.$

連接棒の傾き角 φ は1次 (調和) 成分である $\sin\theta$ 以外に，奇数次の高次 (3次，5次，7次，…) 成分 ($\sin 3\theta, \sin 5\theta, \sin 7\theta, \cdots$) を含んでいる．

$1/5 \leq \lambda \leq 1/3$ 程度であるので，λ^3 以上の項を無視しても大きな誤差は生じない．このときのピストンの変位および加速度と連接棒の傾き角と角加速度は次式

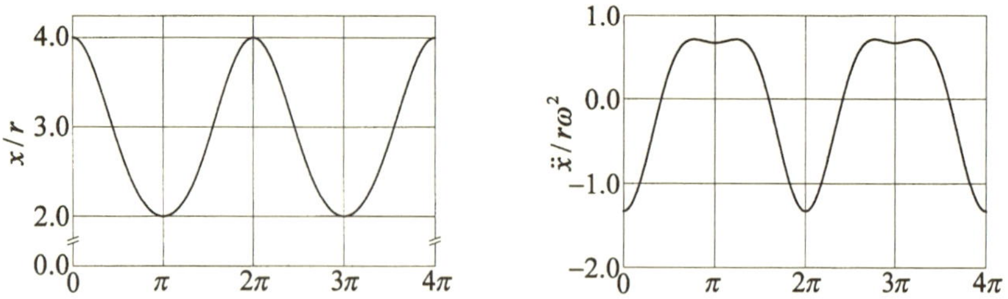

(a) 変位　　(b) 加速度

図 7.5　ピストンの変位と加速度

で近似される．

$$x=r\left(\frac{1}{\lambda}-\frac{\lambda}{4}+\cos\theta+\frac{\lambda}{4}\cos 2\theta\right),\quad \ddot{x}=-r\omega^2(\cos\theta+\lambda\cos 2\theta) \tag{7.8}$$

$$\varphi=\lambda\sin\theta,\quad \ddot{\varphi}=-\lambda\omega^2\sin\theta \tag{7.9}$$

〔Example 7. 3〕 Indicate the piston displacement x/r and the piston acceleration $\ddot{x}/r\omega^2$ as a function of rotating angle of crank θ for the case of crank ratio $\lambda=1/3$, neglecting the orders higher than the third one with respect to crank ratio.

〔Solution〕 式 (7.8) を用いて数値計算すると，図 7.5 のようになる．ピストン変位は調和運動からのずれは大きくない ($\sin\theta$ や $\cos\theta$ 曲線に近い) が，加速度はそれからのずれが大きく，クランクの回転角 θ に関する 2 次成分の影響が加速度の方により顕著に現れる．

b.　クランクピンの運動

クランクピンはクランク軸を中心とした半径 r の回転運動を行う．クランクピンの座標を (x_A, y_A) とおくと，クランク軸の回転角速度 ω が一定のとき，これらは簡単に次式で表せる．

$$x_A=r\cos\theta,\quad y_A=r\sin\theta,\quad \ddot{x}_A=-r\omega^2\cos\theta,\quad \ddot{y}_A=-r\omega^2\sin\theta \tag{7.10}$$

したがって，クランクピンはクランクの回転角 θ に関する調和振動を行い，その加速度 (求心加速度) の大きさは $r\omega^2$，向きは A → O である．

7.2　往復機関の力学的等価系

ピストン・クランク機構のすべてが剛体リンクから構成されているとすれば，

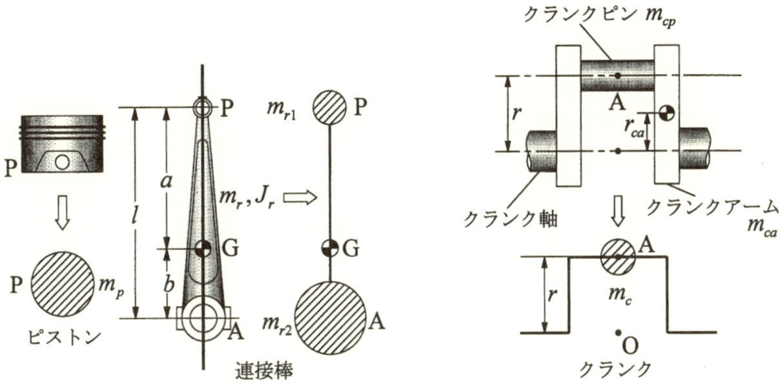

図 7.6 ピストン，連接棒，クランクのモデル化

図 7.3 の運動学モデルに対して運動するリンクの質量と慣性モーメント，および機構の外部から加わる力やトルクを考慮すれば力学的モデルができあがる．各リンクの質量はリンクの体積全体にわたって分布しているが，これを等価な集中系に置き換えて解析することが効率的である．以下に，図 7.6 を参照して，ピストン・クランク機構の力学的等価系を構築する．

a. ピストンの等価系

ピストン，ピストンピンを含みピストンと一緒に直線往復運動するリンクの質量を m_p とし，これがピストンピンの位置 P に集中しているとする．

b. 連接棒の等価系

連接棒の重心 G がピストンピンの点 P (小端部) から a の距離に，クランクピンの点 A (大端部) から b の距離にあるものとし ($l=a+b$)，連接棒の全質量 m_r を連接棒の両端の点 P と点 A に振り分ける．往復運動する点 P に振り分けられた質量を m_{r1}，回転運動する点 A に振り分けられた質量を m_{r2} とおく．この置き換えを力学的に等価なものとするためには，

(1) 質量不変の条件から，$m_r=m_{r1}+m_{r2}$

(2) 重心の位置が不変の条件から，$m_{r1}l=m_rb$

これらの条件から，実際の連接棒を質量のない長さ l の剛体棒の両端部に，次式で与えられる質量をもつ質点が取り付けられたモデルで置き換える．

$$点P：m_{r1}=\frac{b}{l}m_r,\quad 点A：m_{r2}=\frac{a}{l}m_r \tag{7.11}$$

しかし，実際の連接棒の重心G回りの慣性モーメントを$J_r=m_r\kappa^2$（κ：回転半径）とおくと，この置き換え後の連接棒の慣性モーメントは，$J_r'=m_{r1}a^2+m_{r2}b^2=m_rab$となるから，一般に$J_r\neq J_r'$である．$J_r-J_r'$は普通小さな負の値であるが，$J_r-J_r'$の分だけ修正をするために，$\varphi$の増加する向き（$-z$軸回り）の偶力，

$$\Phi_i=-J_r\ddot{\varphi}-(-J_r'\ddot{\varphi})=m_r(ab-\kappa^2)\ddot{\varphi} \tag{7.12}$$

を力学的モデルに加える必要がある．このΦ_iを修正偶力（correcting couple）とよぶ．式(7.7)を用いると，修正偶力は次のようにクランクの回転角$\theta(=\omega t)$で展開表示される．

$$\Phi_i=-m_r(ab-\kappa^2)\lambda\omega^2\sum_{n=1}^{\infty}(-1)^{n-1}C_{2n-1}\sin(2n-1)\theta \tag{7.13}$$

c. クランクの等価系

クランクはクランク軸の回りに回転運動を行う．図7.6に示すように，クランクピンの質量をm_{cp}，クランクアーム1本当たりの質量をm_{ca}，それらの重心をクランク軸中心からそれぞれrおよびr_{ca}の位置とする．7.1b項からクランク軸回りに一定角速度ωで回転しているときのクランクの慣性力はその大きさC_cが，

$$C_c=m_{cp}r\omega^2+2m_{ca}r_{ca}\omega^2=m_cr\omega^2 \quad ここに，m_c=m_{cp}+2m_{ca}\frac{r_{ca}}{r} \tag{7.14}$$

向きがクランク軸中心から遠ざかるO→Aの向きであり，遠心力の形をとる．したがって，クランクはクランクピンの位置rに式(7.14)から求められる質量m_cが集中した系でモデル化される．

以上から，図7.7に示すように点Pと点Aにそれぞれ質点をもつピストン・クランク機構の力学的等価系ができあがる．この等価系において位置と質量およびその位置の加速度，修正偶力は以下のようにまとめられる．

位置	質量	加速度	修正偶力
ピストンピン（点P）	$M_1=m_p+m_{r1}=m_p+bm_r/l$	式(7.6)	—
クランクピン（点A）	$M_2=m_c+m_{r2}=m_c+am_r/l$	式(7.10)	—
連接棒	—	—	式(7.13)

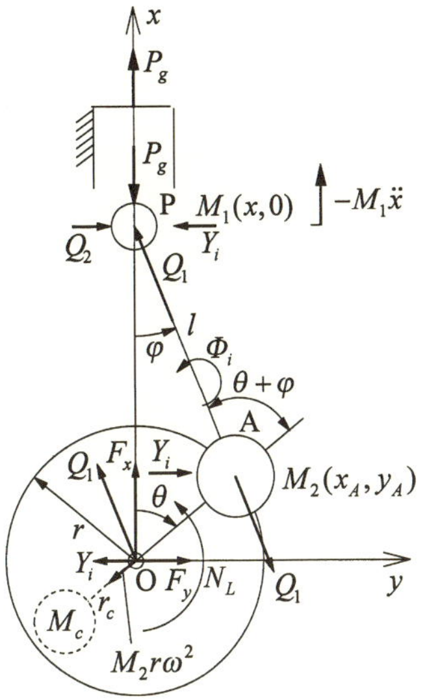

図 7.7　力学的等価系

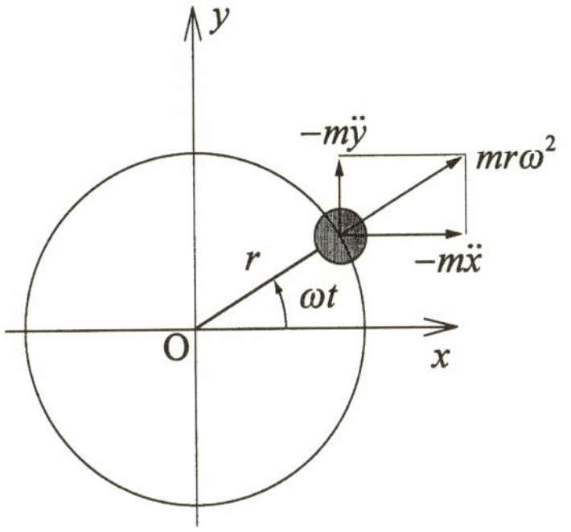

図 7.8　円運動する質点に作用する慣性力

ここに，修正偶力 Φ_i は反時計方向（$-z$ 軸回り）に作用する．以下に $\overline{\mathrm{OA}}, \overline{\mathrm{PA}}$ は質量のない剛体リンクとみなし，慣性力とその慣性力によるモーメント（慣性偶力）を計算することによって，この 2 質点力学系のつりあいを考える．ここに，往復運動する点 P の質量 M_1 を往復質量 (reciprocating mass)，回転運動する点 A の質量 M_2 を回転質量 (revolving mass) とよぶ．

〔例題 7.4〕　質量 m の質点が一定角速度 ω で半径 r の円運動をするときの慣性力を求めよ．

〔解〕　図 7.8 のように，中心を O とする座標系 O-xy をとる．質点の座標は，$x=r\cos\omega t$，$y=r\sin\omega t$ だから，慣性力は，x 方向に $-m\ddot{x}=mr\omega^2\cos\omega t$，$y$ 方向に $-m\ddot{y}=mr\omega^2\sin\omega t$ となる．したがって，慣性力の大きさは $m\sqrt{\ddot{x}^2+\ddot{y}^2}=mr\omega^2$，向きは中心 O から半径方向に遠ざかる向きである．このように，一定の角速度で円運動する物体に作用する慣性力は遠心力の形をとる．

7.3　機関の支持部に作用する力とトルク

運転中の往復機関に作用する外力，トルク，慣性力，慣性偶力が機関を支持するフレーム（支持部）であるシリンダカバー，クロスヘッド案内面，クランク軸の軸受に伝達される．機関の支持部に伝達されるそれらの力や力のモーメント（の大きさや向き）が時間とともに変動すると，機関の振動，騒音，繰り返し疲労などの重大な支障をきたす場合が多い．質量をもつ機関の要素が繰り返し運動するのにともなって作用する慣性力や慣性偶力と，それとは元来独立な外力や駆動トルク，負荷トルクの変動分とが機関内部で完全に打ち消しあって，機関の支持部に及ぼす力のベクトル和およびその力のモーメントとトルクのベクトル和が時間に関して一定であれば，機関はつりあっているという．円滑な稼働のためには機関はつりあっていなければならない．図 7.7 を参照して，機関の支持部に作用する力や力のモーメントを考察してみよう．ここでは，機関には減衰は作用しないとする．

a. ガス圧による力

まず，シリンダ内のガス圧による力 P_g が機関の要素であるピストンを押し下げる向きに作用する．その力と対となって，大きさが等しく逆向きの力 P_g がフレームであるシリンダカバーに作用する．一方，シリンダ側壁に働くガス圧はつりあう．

b. 修正偶力に等価な力

次に，修正偶力 Φ_i を等価な一対の力に置き換える．たとえば，修正偶力 Φ_i を図 7.7 に示すような点 P と点 A に作用する y 方向の一対の力 Y_i で置き換えたときを考えよう．そのとき，

$$\Phi_i = Y_i l \cos\varphi \quad \Rightarrow \quad Y_i = \frac{\Phi_i}{l\cos\varphi} \tag{7.15}$$

c. シリンダから機関に作用する力

図 7.7 の 2 質点力学系において x 方向に往復運動する往復質量 M_1 の運動方程式を求める．質量 M_1 に作用する力はガス圧による力 P_g，連接棒からの押し付け力（機関の内力）Q_1，シリンダからピストンに作用する垂直抗力（拘束力）Q_2，修正偶力に等価な力 Y_i および慣性力 $-M_1\ddot{x}$ であるから，ダランベールの原理（d'Alembert's principle）から，x 軸および y 軸方向の運動方程式は，それぞれ次式で表せる．

$$\left.\begin{array}{l} -P_g+Q_1\cos\varphi+(-M_1\ddot{x})=0 \\ Q_2-Q_1\sin\varphi-Y_i=0 \end{array}\right\} \tag{7.16}$$

ここに，往復質量は y 方向には運動しないように拘束されているので，y 軸方向は力のつりあい式となる．$Q=Q_1\cos\varphi$ とおくと，Q は往復質量に作用する x 軸方向の力だから，式(7.16)から次式を得る．

$$\left.\begin{array}{l} Q=M_1\ddot{x}+P_g \\ Q_2=Q\tan\varphi+Y_i=(M_1\ddot{x}+P_g)\tan\varphi+Y_i \end{array}\right\} \tag{7.17}$$

したがって，ピストンピンの位置Pにおけるフレーム(シリンダ)から機関に作用する反力は，y 軸方向の $Q_2=(M_1\ddot{x}+P_g)\tan\varphi+Y_i$ のみである．

作用・反作用の法則(law of action and reaction)から，点Pの往復質量に作用する力 Q_1 と大きさが等しく逆向きの力が連接棒の小端部に作用する．連接棒の両端部を除いた部分は質量のない剛体であるので，この連接棒の小端部に作用する力 Q_1 が連接棒を経て点Aの回転質量に作用する．

d. 回転質量とクランクの運動方程式

次に，機関とフレームのもう1つの接点であるクランク軸の軸受に作用する力を求めるために，回転運動をする回転質量 M_2 と質量のない剛体棒 $\overline{\mathrm{OA}}$ からなる剛体(剛体クランクとよぶ)の運動方程式を点Aに関して書き表そう．図7.7に示すように，フレーム側からクランク軸の軸受に作用する x および y 軸方向の拘束力をそれぞれ F_x および F_y，クランク軸にかかる負荷トルクを N_L とおく．点Aに質量が集中しているので，点Aでの剛体クランクの慣性モーメントが0であることに注意すれば，点Aに関する剛体クランクの回転と x 軸および y 軸方向の並進に関する運動方程式はそれぞれ次式となる．

$$\left.\begin{array}{l} 0=F_x r\sin\theta-F_y r\cos\theta-N_L \\ M_2\ddot{x}_A=-Q_1\cos\varphi+F_x \\ M_2\ddot{y}_A=Q_1\sin\varphi+Y_i+F_y \end{array}\right\} \tag{7.18}$$

e. クランクの回転角速度が変動する場合

今，一時的にクランクの回転角速度 $\dot{\theta}$ が一定ではないと仮定すると，点Aの変位は，$x_A=r\cos\theta$, $y_A=r\sin\theta$ だから，加速度は次式で表せる．

$$\ddot{x}_A=r(-\ddot{\theta}\sin\theta-\dot{\theta}^2\cos\theta),\quad \ddot{y}_A=r(\ddot{\theta}\cos\theta-\dot{\theta}^2\sin\theta)$$

上式を式(7.18)の第2,3式に代入し拘束力 F_x, F_y を求め，それらをさらに，式(7.18)の第1式に代入すると，次式を得る．

$$M_2 r^2 \ddot{\theta} = -N_L + Q_1 r \sin(\theta+\varphi) + Y_i r \cos\theta \tag{7.19}$$

この式は，点O回りの剛体クランクの回転運動に関する運動方程式にほかならない．式(7.19)と式(7.16)から内力 Q_1 を消去すると，次式を得る．

$$M_2 r^2 \ddot{\theta} = N_D - N_L \tag{7.20}$$

ここに，

$$N_D = P_g r \frac{\sin(\theta+\varphi)}{\cos\varphi} + M_1 \ddot{x} r \frac{\sin(\theta+\varphi)}{\cos\varphi} + \Phi_i \frac{r}{l} \frac{\cos\theta}{\cos\varphi} \tag{7.21}$$

N_D はクランクを回転させようとする回転トルクである．回転トルクは式(7.21)右辺に示すように気筒内の動作流体のガス圧によるガストルク，往復質量の慣性力による慣性トルクおよび修正偶力によるトルクからなる．

図7.9の上の図は4サイクル機関の回転トルク N_D と負荷トルク N_L の変動をクランクの回転角 θ の関数としてその概略を図示したものである．単気筒の場合，N_D は1サイクル当たり大きく変動するし，クランク軸のねじり振動に対する振動源ともなる．

このようなクランクの回転角速度の変動を生じるピストン・クランク機構の運動を解析するための運動方程式を求めてみよう．式(7.20)に式(7.1)，(7.2)の関係，$x = r\cos\theta + l\cos\varphi$, $\sin\varphi = \lambda\sin\theta$ を代入すると，式(7.20)をクランク

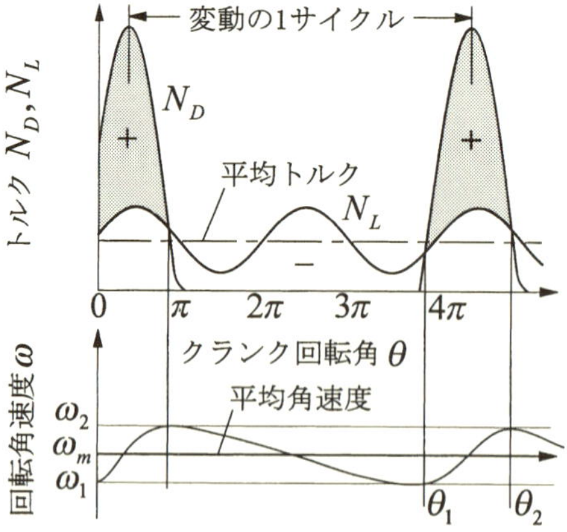

図7.9　周期的なトルク変動による回転速度変動

の回転角 θ だけの運動方程式に変換することができる．クランク比 λ の 2 次以上の微小量を無視すると，式 (7.20) は，次のようなクランクの回転角に関する非線形常微分方程式で表される．

$$\left[M_2+M_1\left\{\frac{1}{2}(1-\cos 2\theta)+\frac{\lambda}{2}(\cos\theta-\cos 3\theta)\right\}\right]r^2\ddot{\theta}$$
$$+M_1r^2\left\{\frac{1}{2}\sin 2\theta-\frac{\lambda}{4}(\sin\theta-\sin 3\theta)\right\}\dot{\theta}^2$$
$$=P_g r\left[\sin\theta+\frac{\lambda}{2}\sin 2\theta\right]-N_L \tag{7.22}$$

ガス圧 P_g，負荷トルク N_L が与えられれば，上式を数値的に積分することによって，クランクの回転角 θ の変動が時間の関数として求められることになる．このようにクランクの回転角速度は大きく変動することが予想される．次節で述べるように，クランクの回転角速度をできるだけ一定に保つ目的でクランク軸に大きな慣性モーメントをもつはずみ車が取り付けられる．

f. 軸受に作用する力

さて再度，はずみ車などを用いてクランクの回転角速度が $\dot{\theta}=\omega=$一定となるように調整されていると仮定する．そのとき，$\ddot{\theta}=0$ だから，式 (7.20) から $N_D=N_L$ となり，式 (7.18) の第 2, 3 式と式 (7.10) から，

$$\left.\begin{aligned}F_x&=Q_1\cos\varphi-M_2r\omega^2\cos\theta\\F_y&=-Q_1\sin\varphi-Y_i-M_2r\omega^2\sin\theta\end{aligned}\right\} \tag{7.23}$$

が得られる．式 (7.23) から，図 7.7 に示すように，点 O には点 A に作用する力 Q_1，修正偶力に等価な力 Y_i および遠心力 $M_2r\omega^2$ とそれぞれ大きさが等しく逆向きの力が拘束力としてフレーム側から機関に作用することがわかる．

g. フレームに作用するトルク

点 O に作用する力 Q_1 は x 軸方向の力 $Q=Q_1\cos\varphi=M_1\ddot{x}+P_g$ と $-y$ 軸方向の力 $Q_1\sin\varphi=Q\tan\varphi$ に分割することができる．前者の力のうち，機関からクランク軸の軸受を介してフレーム側へ作用するガス圧による力 P_g はピストンに作用するガス圧による力と大きさが等しく逆向きであり，同軸上に作用するので，x 軸方向の不つりあい力とはならない．結果として，x 軸方向には往復質量の慣性力 $-M_1\ddot{x}$ のみが不つりあい力として機関からクランク軸の軸受を介して

フレーム側へ作用する．また，点Oには $-y$ 軸の向きに力 $Q_1\sin\varphi+Y_i=Q\tan\varphi+Y_i$ が作用する．この力は点Pでシリンダからピストンに作用した y 軸方向の拘束力 Q_2 に等しい［式(7.16)参照］．したがって，点Oと点Pに作用する一対の逆向きの力 $Q_2=Q_1\sin\varphi+Y_i$ は y 軸方向にはつりあっているが，z 軸回りに偶力 $N_F=Q_2x$ を生じる．式(7.2 a)と式(7.17)の関係を用いると，この偶力は次式のように表される．

$$\begin{aligned} N_F&=Q_2x=[(P_g+M_1\ddot{x})\tan\varphi+Y_i](r\cos\theta+l\cos\varphi)\\ &=P_gr\frac{\sin(\theta+\varphi)}{\cos\varphi}+M_1\ddot{x}r\frac{\sin(\theta+\varphi)}{\cos\varphi}+\Phi_i\frac{r}{l}\frac{\cos\theta}{\cos\varphi}+\Phi_i \qquad (7.24)\\ &=N_D+\Phi_i \end{aligned}$$

このように，偶力 $N_F=Q_2x$ は回転トルクおよび修正偶力とつりあう．すなわち，クランク軸の回転トルクと修正偶力の反作用がフレームに作用するトルク N_F である．この偶力はフレームに作用して機関全体の振動源，特にねじり振動に関与する．この偶力 N_F の存在は内燃機関の欠点の1つである．これに対しては，フレームの強度を増加して対処する．

h.　ま　と　め

以上をまとめると，繰り返し運動している機関からフレーム側に作用する力は図7.10に示すものとなる．すなわち，点Oのクランク軸には x 軸方向に往復質量の慣性力 $-M_1\ddot{x}$，O→Aの向きに遠心力 $M_2r\omega^2$ が，一方，点Pと点Oには大きさが等しく逆向きの力 Q_2 がフレーム側に作用する．遠心力 $M_2r\omega^2$ のつりあいは後述するようにバランスウエイト(balance weight)によって簡単に実行されるが，往復質量の慣性力はクランクの回転角に対する高次成分を多く含むので，これらをすべてつりあわせることは困難である．また，偶力 $N_F=Q_2x=N_D+\Phi_i$ のうち，回転トルク N_D は多気筒機関にしてできるだけ平滑化して対応する．それゆえ，偶力 N_F のつりあいはその成分である修正偶力 Φ_i のつりあいを考えることにする．

〔例題7.5〕　図7.11に示すように，物理振り子が水平面内を一定角速度 ω で支点Oの回りを回転している．振り子の質量を m，重心G回りの慣性モーメントを J，$\overline{\mathrm{OG}}=h$ とする．支点に作用する拘束力を求めよ．

〔解〕　静止座標系O-xy を設定し，重心の座標を (x_G, y_G) とする．支点Oに作用す

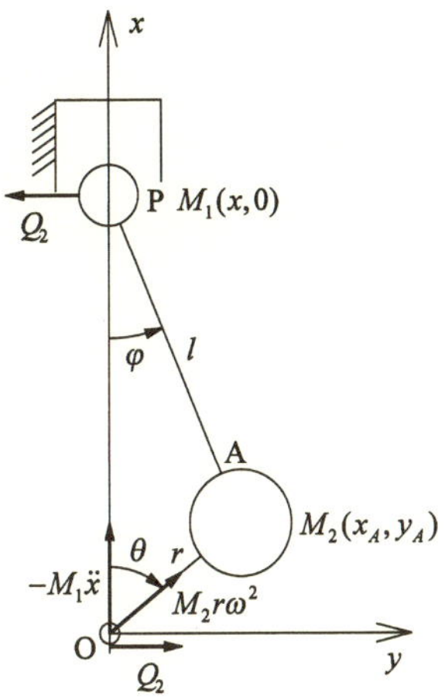

図 7.10　フレームに作用する力 ($\dot{\theta}=\omega$)

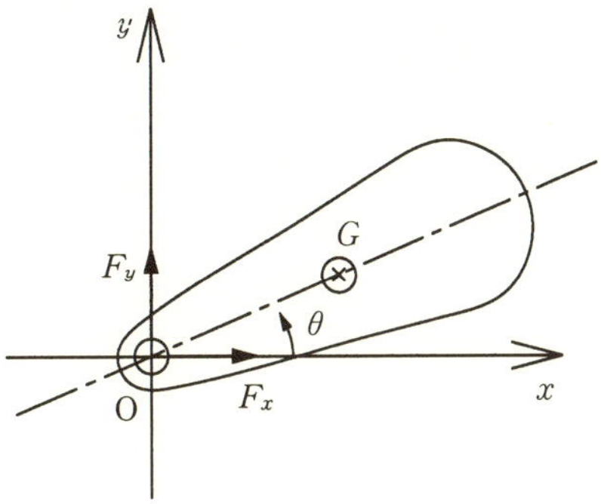

図 7.11　物理振り子の支点に作用する拘束力

る x および y 方向の拘束力をそれぞれ F_x および F_y とおく．重心の回転運動は一定角速度 $\dot{\theta}=\omega=$一定と規定されているので，重心の回転運動，x および y 方向の並進運動の運動方程式は，それぞれ次のようになる．

$$J\ddot{\theta}=0=-F_yh\cos\theta+F_xh\sin\theta,\quad m\ddot{x}_G=F_x,\quad m\ddot{y}_G=F_y$$

$x_G=h\sin\theta$, $y_G=h\cos\theta$ を時間に関して微分して上式に代入すると，

$$F_x=-mh\omega^2\sin\theta,\quad F_y=-mh\omega^2\cos\theta\quad \text{よって，}\sqrt{F_x{}^2+F_y{}^2}=mh\omega^2=\text{一定}.$$

7.4　はずみ車の役割

回転トルク N_D および負荷トルク N_L の変動による機関1サイクル当たりの回転数の変動を少なくする方法を考えよう．

今，単気筒機関のクランク軸に慣性モーメント J_f をもつ円板を取り付けると，クランク軸系の回転運動の運動方程式は次式となる．

$$(J_c+J_f)\frac{d^2\theta}{dt^2}=N_D-N_L \tag{7.25}$$

ここに，J_c はクランク軸系の慣性モーメント．$\omega=d\theta/dt$ とおいて，式(7.25)を次式のように変形する．

$$\frac{d\omega}{dt}=\frac{N_D-N_L}{J_c+J_f} \tag{7.26}$$

回転トルク N_D，負荷トルク N_L がクランクの回転角 θ の関数であるので，ク

ランクの回転角速度 $\dot{\theta}=\omega$ はクランクの回転とともに変動する．今，N_D, N_L を機関1サイクルの周期をもつ周期関数としよう．式(7.26)の右辺の値が正($N_D>N_L$)であれば，クランク軸の回転は加速($d\omega/dt>0$)され，負($N_D<N_L$)であれば，減速($d\omega/dt<0$)される．この1サイクル間の角速度の変動率 $d\omega/dt$ をできるだけ小さくしたい．そのためには，式(7.26)から，取り付ける円板の慣性モーメント J_f をできるだけ大きくすればよいことがわかる．このようにクランク軸の角速度の変動を抑える目的でクランク軸系に取り付けられる，大きな慣性モーメントをもった機械要素をはずみ車という(図7.1参照)．回転機械では，回転速度の変動を少なくする目的ではずみ車はしばしば使用されている．

次に，はずみ車の大きさと角速度の変動率の関係を調べる．往復動内燃機関において，図7.9に示すように時刻 t_1, t_2 での角速度をそれぞれ最小値 ω_1，最大値 ω_2 およびそのときの回転角をそれぞれ θ_1, θ_2 として，式(7.25)を回転角 θ に関して θ_1 から θ_2 まで積分する．

$$\varDelta W=\int_{\theta_1}^{\theta_2}(N_D-N_L)d\theta=\int_{\theta_1}^{\theta_2}(J_c+J_f)\frac{d\omega}{dt}d\theta \tag{7.27}$$
$$=(J_c+J_f)\int_{t_1}^{t_2}\frac{d\omega}{dt}\frac{d\theta}{dt}dt=(J_c+J_f)\int_{\omega_1}^{\omega_2}\omega d\omega=\frac{J_c+J_f}{2}({\omega_2}^2-{\omega_1}^2)$$

式(7.27)から，θ_1 から θ_2(ω_1 から ω_2)までの間にトルク N_D-N_L がなした仕事 $\varDelta W$ は，その間に生じたクランク軸とはずみ車の運動エネルギーの増加量に等しい．このように，大きな慣性モーメントをもつはずみ車はトルク N_D-N_L がなした仕事 $\varDelta W$ の変動を運動エネルギーの形で吸収して角速度の変動を抑えるのである．逆に，角速度が最大値 ω_2 から最小値 ω_1 まで減少する範囲では，クランク軸とはずみ車は運動エネルギーを放出する．

角速度の平均値 ω_m と角速度の変動の尺度である速度変動率 δ を次式で定義する．

$$\omega_m=\frac{\omega_1+\omega_2}{2},\quad \delta=\frac{\omega_2-\omega_1}{\omega_m} \tag{7.28}$$

そのとき，式(7.27)からクランク軸の慣性モーメントと速度変動率との関係は，

$$J_c+J_f=\frac{\varDelta W}{\delta{\omega_m}^2} \tag{7.29}$$

となる．回転機械はその用途に応じて速度変動率 δ が規定されている．たとえば，ポンプ・送風機は1/25，工作機械は1/100，自動車用エンジンは1/250など

である．上式から，機関の $\varDelta W$ がわかれば，取り付けるべきはずみ車の慣性モーメント J_f が計算される．

今，エネルギー変動率 η を，次式で定義する．

$$\eta=\frac{\varDelta W}{W}=\varDelta W\bigg/\oint N_D d\theta \tag{7.30}$$

ここに，W は変動する1サイクル間に駆動トルク N_D によって供給された仕事量であり，平均動力とサイクルに相当する時間との積に等しい．エネルギー変動率 η を用いると，式(7.29)は次のように表せる．

$$J_c+J_f=\frac{\eta W}{\delta\omega_m{}^2} \tag{7.31}$$

7.5　単気筒機関のつりあい

図7.10に示すように，単気筒のとき，クランク軸には x 軸方向に往復質量の慣性力 $-M_1\ddot{x}$ と O→A の向きに遠心力 $C=M_2r\omega^2$ が作用し，さらに機関からフレームには z 軸回りの修正偶力 $-\varPhi_i$ が作用する．これらの慣性力や慣性偶力の変動をできるだけ小さくすることが機関のつりあいの問題である．単気筒機関でどの程度のつりあいが可能なのか，また，単気筒機関は機関として十分に使用できるつりあいの状態にあるのかを見ていこう．

a.　機関に作用する慣性力および慣性偶力

機関に作用する x, y, z 軸方向の慣性力をそれぞれ X, Y, Z とし，式(7.6)を用いると，

$$\begin{aligned}X&=-M_1\ddot{x}+M_2r\omega^2\cos\theta\\&=r\omega^2[(M_1+M_2)\cos\theta+M_1(A_2\cos 2\theta-A_4\cos 4\theta+A_6\cos 6\theta-\cdots)]\\Y&=M_2r\omega^2\sin\theta,\quad Z=0\end{aligned} \tag{7.32 a}$$

ピストンの加速度 $\ddot{x}$ に式(7.8)の近似式を用いると，

$$X=r\omega^2[(M_1+M_2)\cos\theta+M_1\lambda\cos 2\theta],\quad Y=M_2r\omega^2\sin\theta,\quad Z=0 \tag{7.32 b}$$

ここで，$\cos\theta$, $\sin\theta$ に比例する慣性力をクランク軸の回転に同期した1次の慣性力，$\cos n\theta$ に比例する慣性力を n 次の慣性力とよぶ．

フレームに作用する修正偶力のつりあいを考える．そのとき，機関に作用する

x, y, z 軸回りの慣性偶力をそれぞれ N_x, N_y, N_z とすると，

$$\left.\begin{aligned} &N_x=N_y=0 \\ &N_z=-\Phi_i=m_r(\kappa^2-ab)\ddot{\varphi} \\ &\quad=m_r(ab-\kappa^2)\lambda\omega^2(C_1\sin\theta-C_3\sin 3\theta+C_5\sin 5\theta-\cdots) \end{aligned}\right\} \tag{7.33 a}$$

ピストンの傾き角の角加速度 $\ddot{\varphi}$ に式(7.9)の近似式を用いると，

$$N_x=N_y=0, \quad N_z=m_r(ab-\kappa^2)\lambda\omega^2\sin\theta \tag{7.33 b}$$

このように，慣性力および慣性偶力はクランクの回転角速度 ω の2乗に比例する．まず，慣性力に関しては，y 方向にはクランクの回転角 θ に関する1次の慣性力(クランクの回転に同期した成分)のみが作用するが，x 方向には1次のみならず，偶数次の高調波成分の慣性力が生じる．慣性偶力に関しては，z 軸回りの1次成分を含む奇数次の高調波成分の慣性偶力が生じている．慣性力，慣性偶力は低次のものほど大きい．この慣性力 X, Y および慣性偶力 N_z が機関の主軸受およびフレームに作用し，機関本体の振動源となる．

b. つりあわせ

式(7.32)の慣性力のうち，回転質量 M_2 に生じる慣性力 $M_2r\omega^2$ は，図7.7に点線で示すように，クランク線上で回転質量とは反対側の半径 r_C の位置に，次の条件を満足するような質量 M_C のバランスウエイトを取り付けることによって，完全につりあわせることができる．

$$M_Cr_C=M_2r \tag{7.34}$$

ところが，このバランスウエイトで往復質量 M_1 に生じる x 方向の慣性力 $-M_1\ddot{x}$ をもつりあわせることはできない．残った慣性力 $-M_1\ddot{x}$ を取り除くため，さらに往復質量の一部 αM_1 をクランクとは反対側の位置 r_C に取り付けると，慣性力は次式となる．

$$\begin{aligned} &X=M_1(r-\alpha r_C)\omega^2\cos\theta+M_1r\omega^2(A_2\cos 2\theta-A_4\cos 4\theta+A_6\cos 6\theta-\cdots) \\ &Y=-\alpha M_1r_C\omega^2\sin\theta \end{aligned} \tag{7.35}$$

今，最も大きな1次の慣性力に注目する．x 軸および y 軸方向の1次の慣性力の振幅をそれぞれ X_1 および Y_1 とおくと，1次の振幅は，

$$F_1=\sqrt{X_1{}^2+Y_1{}^2}=M_1r\omega^2\sqrt{(1-\alpha r_C/r)^2+(\alpha r_C/r)^2}$$

となり，X_1 と Y_1 の関係は次式となる．

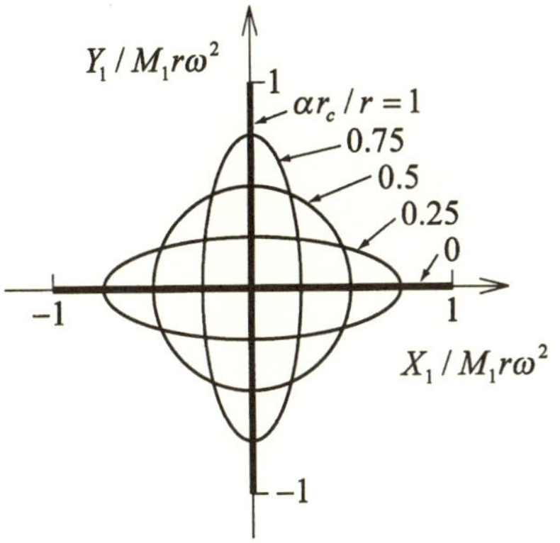

図 7.12 単気筒機関の 1 次の慣性力

$$\left\{\frac{X_1}{(1-\alpha r_C/r)M_1r\omega^2}\right\}^2+\left\{\frac{Y_1}{(\alpha r_C/r)M_1r\omega^2}\right\}^2=1 \tag{7.36}$$

図 7.12 はこれらの関係を示したものである．1 次の慣性力の大きさが最小となるのは，$\alpha r_C/r=1/2$ のときであることがわかる．結局，2 次の慣性力の影響を無視すると，クランクと反対側の位置 r_C に質量 $M_2+M_1r(2r_C)$ のバランスウエイトを取り付ければ，1 次の慣性力が最も小さくなる．実際の機関へのバランスウエイトの適用例を図 7.1 に見ることができる．

以上まとめると，単気筒機関では，大きな 1 次の慣性力さえ完全につりあわせることはできない．そのため，単気筒機関は高速回転する機関に適用することはできないので，低速回転する小型バイク，農業用機械のエンジンに使用されている．

演 習 問 題

7.1 Calculate the correcting couple when the connecting rod is assumed as a uniform bar with mass m_r and length l.

7.2 75 kW，2 サイクルディーゼル機関がある．定格速度は 600 rpm，エネルギー変動率は $\eta=0.8$ である．速度変動率 δ を 0.01 に抑えるためのクランク軸を含めたはずみ車の慣性モーメントはいくらにすればよいか．

7.3 往復質量 15 kg，回転質量 10 kg，クランク半径 150 mm の単気筒で 2 次以上の慣性力の影響を無視したとき，慣性力の大きさを最小とするバランスウエイトの大きさを求めよ．ただし，取り付け位置をクランク半径上とする．

Tea Time

技術者のセンス

実際の現象を解明するために今まで学んだ機械力学の基礎を適用しようとすると，もう一段階の訓練と経験が必要となる．それは実際の現象を観察する目を養い現象の解明ができること，およびその結果を受けて実際の系をどのようにモデル化して解析するかである．これが工学技術者が最も必要とするセンスであろう．前者には現象を測定するための知識が必要となり，後者ではすべての本質的な要素を含み，しかも簡単なモデリングが行えるかが鍵となる．

現象を十分に理解しないまま，すぐに解析を行おうとするとたいていの場合，非常に複雑なモデル化をしてしまい．その後の解析もできないという結果に陥ることが多い．いかに現象を単純化して見ることができるかが技術者には問われているのである．一方，産業界では，モデリングができあがると，市販の汎用ソフトを適用してコンピュータによる数値計算を行い，その結果と現象との比較を考察し，対策に結びつけていく．このように，コンピュータによる解析は機械力学分野では必須ではあるが，解析コードの開発などは技術者の手から離れた手段となっている．しかし，ソフトの適用に際しては，その適用範囲をしっかりと見通して使いこなすことが肝要である．

参考文献

1章

1) 日本機械学会編：機械工学 SI マニュアル，1，日本機械学会 (1979).
2) 三輪修三，坂田勝：機械力学，1，コロナ社 (1984).
3) 後藤憲一：力学，1-15，学術図書出版 (1996).
4) 末岡淳男，綾部隆：機械力学，1-28，森北出版 (2000).

2章

1) 日本機械学会便：A3 編 力学・機械力学，17-23，丸善 (1986).
2) 末岡淳男，綾部隆：機械力学，29-42，森北出版 (2000).
3) 川口光年：力学，朝倉書店 (1981).
4) 藤原邦男：物理学序論としての力学，東京大学出版会 (1984).
5) R. C. Hibbeler：Engineering Mechanics Statics and Dynamics, Prentice-Hall (1997).

3章

1) 山内恭彦：一般力学，岩波書店 (1941).
2) 守屋富次郎，鷲津久一郎：力学概論，培風館 (1969).
3) 後藤憲一：力学，学術図書出版社 (1975).
4) 松田哲：力学，丸善 (1993).
5) 林巌監修：よくわかる工業力学，培風館 (1996).
6) 有本卓：新版ロボットの力学と制御，朝倉書店 (2002).
7) J. J. クレイグ著/三浦宏文，下山勲訳：ロボティクス－機構・力学・制御－，共立出版 (1991).

4章

1) 三輪修三，坂田勝：機械力学，58-72，コロナ社 (1984).
5) 入江敏博，山田元：工業力学，223-237，理工学社 (1987).
3) 井上順吉：機械力学，61-103，理工学社 (1995).
4) 末岡淳男，綾部隆：機械力学，98-114，森北出版 (2000).

5章

1) 日本機械学会便：A3 編 力学機械力学，39-44，丸善 (1986).
2) 谷口修：振動工学，63-65，コロナ社 (1957).
4) 末岡淳男，綾部隆：機械力学，143-149，森北出版 (2000).
7) 末岡淳男，金光陽一，近藤孝広：機械振動学，朝倉書店 (2000).

6章

1) ISO-1925 Mechanical vibration - Balancing - Vocabulary -
2) ISO-2963 Mechanical vibration - Balancing - Description and evaluation
3) ISO-1940-1 Mechancal vibration - Balancing quality requirements of rotors in a rigid state Part 1 : Determination of permissible residual unbalance
4) ISO-1940-2 Mechancal vibration - Balancing quality requirements of rotors in a rigid state Part 2 : Balance error
5) 末岡淳男，綾部隆：機械力学，151-178，森北出版 (2000).
6) 三輪修三，下村玄：回転機械のつりあわせ，5-29，コロナ社 (1976).
7) ガッシュ，ピュッツナー：回転体の力学，94-130，森北出版 (1978).

7章

1) 清水信行，他：機械力学，108，共立出版 (1998).
2) 田村章義：機械力学，132，森北出版 (1976).
3) 日本機械学会便：A3 編 力学・機械力学，142，丸善 (1994).
4) 三輪修三・坂田勝：機械力学，109，154，コロナ社 (1984).

演習問題解答

第1章

1.1 (1) $|\boldsymbol{a}|=\sqrt{1^2+2^2+4^2}=4.58$

(2) $\boldsymbol{a}-2\boldsymbol{b}=(1-2\times2)\boldsymbol{i}+(2-2\times(-3))\boldsymbol{j}+(4-2\times0)\boldsymbol{k}=-3\boldsymbol{i}+8\boldsymbol{j}+4\boldsymbol{k}$

$|\boldsymbol{a}-2\boldsymbol{b}|=|-3\boldsymbol{i}+8\boldsymbol{j}+4\boldsymbol{k}|=\sqrt{3^2+8^2+4^2}=9.434$

(3) $\boldsymbol{a}\cdot(\boldsymbol{a}-2\boldsymbol{b})=1\times(-3)+2\times8+4\times4=29$

(4) $$\boldsymbol{a}\times(\boldsymbol{a}-2\boldsymbol{b})=\begin{vmatrix}\boldsymbol{i} & \boldsymbol{j} & \boldsymbol{k}\\ 1 & 2 & 4\\ -3 & 8 & 4\end{vmatrix}=(8-32)\boldsymbol{i}+(-12-4)\boldsymbol{j}+(8+6)\boldsymbol{k}$$
$$=-24\boldsymbol{i}-16\boldsymbol{j}+14\boldsymbol{k}$$

1.2 三角形の3辺のベクトルはそれぞれ $\overrightarrow{\mathrm{AB}}=\boldsymbol{b}-\boldsymbol{a}$, $\overrightarrow{\mathrm{BC}}=\boldsymbol{c}-\boldsymbol{b}$, $\overrightarrow{\mathrm{CA}}=\boldsymbol{a}-\boldsymbol{c}$ となる．三角形の面積はこのうちの2辺の外積の半分であるから，たとえば，

$$S=|\overrightarrow{\mathrm{AB}}\times\overrightarrow{\mathrm{AC}}|/2=|(\boldsymbol{b}-\boldsymbol{a})\times(\boldsymbol{c}-\boldsymbol{a})|/2$$
$$=|(\boldsymbol{b}\times\boldsymbol{c})-(\boldsymbol{b}\times\boldsymbol{a})-(\boldsymbol{a}\times\boldsymbol{c})+(\boldsymbol{a}\times\boldsymbol{a})|/2=|(\boldsymbol{a}\times\boldsymbol{b})+(\boldsymbol{b}\times\boldsymbol{c})+(\boldsymbol{c}\times\boldsymbol{a})|/2$$
$$S=\frac{1}{2}\left\|\begin{vmatrix}\boldsymbol{i} & \boldsymbol{j} & \boldsymbol{k}\\ 1 & 0 & 2\\ 0 & 2 & 3\end{vmatrix}+\begin{vmatrix}\boldsymbol{i} & \boldsymbol{j} & \boldsymbol{k}\\ 0 & 2 & 3\\ 1 & 1 & 1\end{vmatrix}+\begin{vmatrix}\boldsymbol{i} & \boldsymbol{j} & \boldsymbol{k}\\ 1 & 1 & 1\\ 1 & 0 & 2\end{vmatrix}\right\|$$
$$=|-4\boldsymbol{i}-3\boldsymbol{j}+2\boldsymbol{k}-\boldsymbol{i}+3\boldsymbol{j}-2\boldsymbol{k}+2\boldsymbol{i}-\boldsymbol{j}-\boldsymbol{k}|/2=|-3\boldsymbol{i}-\boldsymbol{j}-\boldsymbol{k}|/2$$
$$=\sqrt{3^2+1^2+1^2}/2=\sqrt{11}/2=1.658$$

1.3 $$\cos\theta=\frac{\boldsymbol{a}\cdot\boldsymbol{b}}{|\boldsymbol{a}||\boldsymbol{b}|}=\frac{2\times3-3\times2+1\times3}{\sqrt{2^2+3^2+1^2}\sqrt{3^2+(-2)^2+3^2}}=\frac{3}{2\sqrt{7}\sqrt{11}}$$

よって，$\theta=\cos^{-1}\left(\dfrac{3}{2\sqrt{7}\sqrt{11}}\right)=80.16^\circ$

$\boldsymbol{a}$ と $\boldsymbol{b}$ に垂直なベクトル $\boldsymbol{c}$ は外積により求められる．

$$\boldsymbol{c}=\boldsymbol{a}\times\boldsymbol{b}=\begin{vmatrix}\boldsymbol{i} & \boldsymbol{j} & \boldsymbol{k}\\ 2 & 3 & 1\\ 3 & -2 & 3\end{vmatrix}=11\,\boldsymbol{i}-3\,\boldsymbol{j}-13\,\boldsymbol{k}=\begin{bmatrix}11\\ -3\\ -13\end{bmatrix}$$

これを単位ベクトルに規格化すると，

$$e_c=\frac{c}{|c|}=\frac{c}{\sqrt{11^2+3^2+13^2}}=\frac{1}{\sqrt{299}}c$$

よって，大きさ 2 のベクトルにするためには，$\pm 2e_c$ とすればよいから，

$$\pm\frac{2}{\sqrt{299}}\begin{bmatrix}11\\-3\\-13\end{bmatrix}$$

1.4 (1) $v=\dot{x}=3t^2-24=84$ から $t=6\text{s}$，(2) $v=3t^2-24=3$ から $t=3\text{ s}$，$a=\dot{v}=12t=36\text{ m/s}^2$，(3) $x(3)-x(1)=-20+42=22\text{ m}$.

1.5 平面極座標系の成分で表された速度，加速度は式 (1.42)，(1.43) で表せる．今，点が ξ 軸上の座標 ξ にあるとすれば，$\eta=0$ および題意から $\dot{\omega}=0$ だから，

$$\boldsymbol{v}=\dot{\boldsymbol{r}}=\dot{\xi}\boldsymbol{i}+\omega\xi\boldsymbol{j},\quad \boldsymbol{a}=\dot{\boldsymbol{v}}=(\ddot{\xi}-\omega^2\xi)\boldsymbol{i}+2\omega\dot{\xi}\boldsymbol{j}$$

第 2 章

2.1 式 (2.8 a)，(2.8 b)

2.2 $9.8\tan 15^\circ=2.62\text{ m/s}^2$

2.3 加速度は 1 m/s^2．体重計の振れ幅は 6.1 kgf

2.4 式 (2.5 b) から反力は $\boldsymbol{F}=100(5\boldsymbol{i}_r-20\boldsymbol{i}_\theta)$，$|\boldsymbol{F}|=2.06\text{ kN}$

2.5 $x=0$，$y=8$

2.6 自動車の最大加速度は $0.3\times 9.8=2.94$，最大速度は 14.7 m/s

2.7 294 W

2.8 式 (2.5 b) から反力は $\boldsymbol{F}=-100(-1.5\,i_r+0.5\,i_\theta)$，$|\boldsymbol{F}|=158\text{ N}$

2.9 鉛直方向での錘の速度 $\nu=\sqrt{2(1-1/\sqrt{2})gj}$，遠心力 $2(1-1/\sqrt{2})mg$，張力は $2(1-1/\sqrt{2})mg+mg$．g は重力加速度

2.10 推進力は $20\text{ kg/s}\times 2\text{ m/s}=40\text{ N}$，動力は $40\text{ N}\times 2\text{ m/s}=80\text{ W}$

2.11 3.75 m/s

第 3 章

3.1 質量 m の半径方向の運動方程式は，(a) $m(\ddot{r}-r\dot{\theta}^2)=-T$，円周方向の運動方程式は (b) $m(r\ddot{\theta}+2\dot{r}\dot{\theta})=0$，質量 M の鉛直上向きの運動方程式は (c) $M\ddot{r}=T-Mg$．式 (b) の両辺に r を乗じて時間について積分し，初期条件を考慮すると (d) $mr^2\dot{\theta}=mr_0{}^2\omega_0$ (角運動量保存則)．式 (a)，(c)，(d) から $\dot{\theta}$ および T を消去すると (e) $(M+m)\ddot{r}-mr_0{}^4\omega_0{}^2/r^3+Mg=0$．この両辺に $\dot{r}$ を乗じて時間について積分し，初期条件を考慮すると (f) $(M+m)\dot{r}^2/2+mr_0{}^4\omega_0{}^2/2r^2+Mgr=mr_0{}^2\omega_0{}^2/2+Mgr_0$ (力学的エネルギー保存則)．r が最大値となるのは $\dot{r}=0$ のときなので，式 (f) から (g) $r_{\max}=(mr_0{}^2\omega_0{}^2/4Mg)(1+\sqrt{1+8Mg/mr_0\omega_0{}^2})=2r_0$．一

方，式(e)から(h) $\ddot{r}=(mr_0{}^4\omega_0{}^2/r^3-Mg)/(M+m)$．式(h)を式(c)に代入すると，$T=\{Mm/(M+m)\}(g+r_0{}^4\omega_0{}^2/r^3)$．したがって，$T$ が最小となるのは明らかに r が最大のときであるので $T_{\min}=\{Mm/(M+m)\}(g+r_0\omega_0{}^2/8)=10\ mg/9$．

3.2 重心Gを通る慣性主軸 G-$\tilde{\xi}\tilde{\eta}\tilde{\zeta}$ に関する慣性テンソルは $\tilde{\boldsymbol{I}}_r=(ma^2/6)\mathrm{diag}[1, 1, 1]$．G-$\tilde{\xi}\tilde{\eta}\tilde{\zeta}$ 座標系から O-$\bar{\xi}\bar{\eta}\bar{\zeta}$ 座標系への回転変換行列 $\boldsymbol{T}_r$ は，式(3.36)で $\phi=\pi/4$, $C_\theta=1\sqrt{3}$, $S_\theta=-\sqrt{2/3}$, $\psi=0$ とおいて得られる．また，$\overrightarrow{\mathrm{OG}}=\sqrt{3}a/2\boldsymbol{k}^1$ なので $\boldsymbol{G}_r=(3\ ma^2/4)\mathrm{diag}[1, 1, 0]$．よって，式(3.74)から O-$\bar{\xi}\bar{\eta}\bar{\zeta}$ 座標系に関する慣性テンソルは $\bar{\boldsymbol{I}}_r=(ma^2/12)\mathrm{diag}[11, 11, 2]$．

3.3 棒の角速度ベクトルは $\boldsymbol{\omega}_r=(-\omega S_\theta, -\omega C_\theta, \dot{\theta})^T$，O-$\bar{\xi}\bar{\eta}\bar{\zeta}$ 座標系に関する棒の慣性テンソルは $\boldsymbol{I}_r=(ml^2/3)\mathrm{diag}[1, 0, 1]^T$，角運動量ベクトルは $\boldsymbol{L}_r=\boldsymbol{I}_r\boldsymbol{\omega}_r=(ml^2/3)\mathrm{diag}[-\omega S_\theta, 0, \dot{\theta}]^T$．したがって，この回転運動を持続させるために原点Oに作用する外部トルクを $\hat{\boldsymbol{N}}_r=(N_{\bar{\xi}}, N_{\bar{\eta}}, 0)^T$ とすれば，棒の原点O回りの回転に関する運動方程式は(a) $\dot{\boldsymbol{L}}_r+\boldsymbol{\omega}_r\times\boldsymbol{L}_r=\hat{\boldsymbol{N}}_r+\boldsymbol{r}_{Gr}\times m\boldsymbol{g}$．ここに，$\boldsymbol{r}_{Gr}=(0, l/2, 0)^T$, $\boldsymbol{g}=g(S_\theta, C_\theta, 0)^T$．式(a)の $\bar{\xi}$ 軸成分および $\bar{\eta}$ 軸成分から $N_{\bar{\xi}}=(-ml^2/3)\dot{\theta}C_\theta$ および $N_{\bar{\eta}}=0$，$\bar{\zeta}$ 軸成分から(b) $(ml^2/3)(\ddot{\theta}-\omega^2C_\theta S_\theta)=-(mgl/2)S_\theta$．したがって，平衡状態は $\ddot{\theta}=0$ から $\theta_0=0$ または $\theta_0=\cos^{-1}(3\ g/2l\omega^2)$．式(b)を $\theta=0$ の近傍で線形化すると $\ddot{\theta}+(3\ g/2l-\omega^2)\theta=0$．よって，$\omega^2<3\ g/2l$ のとき $\theta=0$ の近傍を角振動数 $\sqrt{3\ g/2l-\omega^2}$ で振動するので，安定な平衡点は $\theta_0=0$．一方，$\omega^2>3g/2l$ のとき $\theta_0=0$ は不安定化する．そこで，$\theta=\cos^{-1}(3g/2l\omega^2)+\eta$ として式(b)を $\theta=\cos^{-1}(3g/2l\omega^2)$ の近傍で線形化すると $\ddot{\eta}+(\omega^2-9g^2/4l^2\omega^2)\eta=0$．よって，$\omega^2>3g/2l$ のとき $\theta=\cos^{-1}(3g/2l\omega^2)$ の近傍を角振動数 $\sqrt{\omega^2-9g^2/4l^2\omega^2}$ で振動するので，安定な平衡点は $\theta_0=\cos^{-1}(3g/2l\omega^2)$．

3.4 (1) $\boldsymbol{\Omega}=(0, 0, \Omega)^T$．円板がすべらない条件から $\boldsymbol{\omega}_1=(0, -\Omega l/r, \Omega)^T$．

(2) $\boldsymbol{r}_1=(0, l, 0)$, $\boldsymbol{v}_1=\boldsymbol{\Omega}_1\times\boldsymbol{r}_1=(-\Omega l, 0, 0)$ ($\because\ \dot{\boldsymbol{r}}_1=\boldsymbol{0}$), $\boldsymbol{\alpha}_1=\boldsymbol{\Omega}_1\times\boldsymbol{v}_1=(0, -\Omega^2l, 0)^T$ ($\because\ \dot{\boldsymbol{v}}_1=\boldsymbol{0}$)．

(3) O-$x_1y_1z_1$ 座標系を円板の重心Gに平行移動した座標系に関する慣性テンソルは $\boldsymbol{I}_1=(mr^2/4)\mathrm{diag}[1, 2, 1]$．よって，$\boldsymbol{L}_1=\boldsymbol{I}_1\boldsymbol{\omega}_1=(mr^2/4)(0, -2\Omega l/r, \Omega)^T$．

(4) 並進運動の方程式：$m\boldsymbol{\alpha}_1=\boldsymbol{F}_1+\boldsymbol{R}_1-mg\boldsymbol{k}^1$．回転運動の方程式：$\boldsymbol{\Omega}_1\times\boldsymbol{L}_1=-\boldsymbol{r}_1\times\boldsymbol{F}_1-r\boldsymbol{k}^1\times\boldsymbol{R}_1$ ($\because\ \dot{\boldsymbol{L}}_1=\boldsymbol{0}$)．

(5) $\boldsymbol{F}_1=(0, -ml\Omega^2-R_{y1}, -mr\Omega^2/2+rR_{y1}/l)^T$, $\boldsymbol{R}_1=(0, R_{y1}, mg+mr\Omega^2/2-rR_{y1}/l)^T$．ただし，$R_{y1}$ は円板と床との接触状態から定められ，なめらかな場合には $R_{y1}=0$．

3.5 各座標系間の回転変換行列は，

$$\boldsymbol{T}_0{}^1=(\boldsymbol{T}_1{}^0)^T=\begin{bmatrix} C_{\theta^1} & -S_{\theta^1} & 0 \\ S_{\theta^1} & C_{\theta^1} & 0 \\ 0 & 0 & 1 \end{bmatrix},\quad \boldsymbol{T}_1{}^2=(\boldsymbol{T}_2{}^1)^T=\begin{bmatrix} 0 & 0 & 1 \\ C_{\theta^2} & -S_{\theta^2} & 0 \\ S_{\theta^2} & C_{\theta^2} & 0 \end{bmatrix}$$

$\boldsymbol{\omega}_0^0=\boldsymbol{0}$, $\dot{\boldsymbol{\theta}}_1^1=(0, 0, \dot{\theta}^1)^T$, $\dot{\boldsymbol{\theta}}_2^2=(0, 0, \dot{\theta}^2)^T$, $\dot{\boldsymbol{\omega}}_0^0=\boldsymbol{0}$, $\ddot{\boldsymbol{\theta}}_1^1=(0, 0, \ddot{\theta}^1)^T$, $\ddot{\boldsymbol{\theta}}_2^2=(0, 0, \ddot{\theta}^2)^T$ であることを考慮すると，Σ_0 に対する剛体 i の角速度ベクトル $\boldsymbol{\omega}_i^i$ および角加速度ベクトル $\dot{\boldsymbol{\omega}}_i^i$ は，

$$\left.\begin{aligned} &\boldsymbol{\omega}_1^1=\dot{\boldsymbol{\theta}}_1^1=(0, 0, \dot{\theta}^1)^T, \quad \boldsymbol{\omega}_2^2=\boldsymbol{T}_2{}^1\boldsymbol{\omega}_1^1+\dot{\boldsymbol{\theta}}_2^2=(\dot{\theta}^1S_{\theta^2}, \dot{\theta}^1C_{\theta^2}, \dot{\theta}^2)^T \\ &\dot{\boldsymbol{\omega}}_1^1=\ddot{\boldsymbol{\theta}}_1^1=(0, 0, \ddot{\theta}^1)^T, \quad \dot{\boldsymbol{\omega}}_2^2=\boldsymbol{T}_2{}^1\dot{\boldsymbol{\omega}}_1^1+\ddot{\boldsymbol{\theta}}_2^2+\boldsymbol{T}_2{}^1\boldsymbol{\omega}_1^1\times\dot{\boldsymbol{\theta}}_2^2 \\ &\qquad\qquad\qquad\qquad\qquad\quad =(\ddot{\theta}^1S_{\theta_2}+\dot{\theta}^1\dot{\theta}^2C_{\theta^2}, \ddot{\theta}^1C_{\theta^2}-\dot{\theta}^1\dot{\theta}^2S_{\theta^2}, \ddot{\theta}^2)^T \end{aligned}\right\}$$

$\boldsymbol{r}_{O_0}^0=\boldsymbol{0}$, $\boldsymbol{v}_{O1}^1=\boldsymbol{0}$, $\boldsymbol{\alpha}_{O1}^1=\boldsymbol{0}$, $\tilde{\boldsymbol{r}}_{G1}^1=(0, 0, s^1)^T$, $\tilde{\boldsymbol{r}}_{O1}^2=(0, 0, l^1)^T$, $\tilde{\boldsymbol{r}}_{G2}^2=(s^2, 0, 0)^T$, $\tilde{\boldsymbol{r}}_{O2}^3=(l^2, 0, 0)$ であるから，重心 G_i および原点 O_i の Σ_0 に対する速度ベクトルおよび加速度ベクトルは，

$$\left.\begin{aligned} &\boldsymbol{v}_{G1}^1=\boldsymbol{\omega}_1^1\times\tilde{\boldsymbol{r}}_{G1}^1=\boldsymbol{0}, \quad \boldsymbol{v}_{O1}^2=\boldsymbol{\omega}_1^1\times\tilde{\boldsymbol{r}}_{O1}^2=\boldsymbol{0} \\ &\boldsymbol{v}_{G2}^2=\boldsymbol{T}_2{}^1\boldsymbol{v}_{O1}^2+\boldsymbol{\omega}_2^2\times\tilde{\boldsymbol{r}}_{G2}^2=(0, s^2\dot{\theta}^2, -s^2\dot{\theta}^1C_{\theta^2})^T \\ &\boldsymbol{v}_{O2}^3=\boldsymbol{T}_2{}^1\boldsymbol{v}_{O1}^2+\boldsymbol{\omega}_2^2\times\tilde{\boldsymbol{r}}_{O2}^3=(0, l^2\dot{\theta}^2, -l^2\dot{\theta}^1C_{\theta^2})^T \end{aligned}\right\}$$

$$\left.\begin{aligned} &\boldsymbol{\alpha}_{G1}^1=\dot{\boldsymbol{\omega}}_1^1\times\tilde{\boldsymbol{r}}_{G1}^1+\boldsymbol{\omega}_1^1\times(\boldsymbol{\omega}_1^1\times\tilde{\boldsymbol{r}}_{G1}^1)=\boldsymbol{0}, \quad \boldsymbol{\alpha}_{O1}^2=\dot{\boldsymbol{\omega}}_1^1\times\tilde{\boldsymbol{r}}_{O1}^2+\boldsymbol{\omega}_1^1\times(\boldsymbol{\omega}_1^1\times\tilde{\boldsymbol{r}}_{O1}^2)=\boldsymbol{0} \\ &\boldsymbol{\alpha}_{G2}^2=\boldsymbol{T}_2{}^1\boldsymbol{\alpha}_{O1}^2+\dot{\boldsymbol{\omega}}_2^2\times\tilde{\boldsymbol{r}}_{G2}^2+\boldsymbol{\omega}_2^2\times(\boldsymbol{\omega}_2^2\times\tilde{\boldsymbol{r}}_{G2}^2) \\ &\quad =[-s^2\{(\dot{\theta}^1C_{\theta^2})^2+(\dot{\theta}^2)^2\}, s^2\{(\dot{\theta}^1)^2C_{\theta^2}S_{\theta^2}+\ddot{\theta}^2\}, -s^2\{\ddot{\theta}^1C_{\theta^2}-2\dot{\theta}^1\dot{\theta}^2S_{\theta^2}\}]^T \\ &\boldsymbol{\alpha}_{O2}^2=\boldsymbol{T}_2{}^1\boldsymbol{\alpha}_{O1}^2+\dot{\boldsymbol{\omega}}_2^2\times\tilde{\boldsymbol{r}}_{O2}^2+\boldsymbol{\omega}_2^2\times(\boldsymbol{\omega}_2^2\times\tilde{\boldsymbol{r}}_{O2}^2) \\ &\quad =[-l^2\{(\dot{\theta}^1C_{\theta^2})^2+(\dot{\theta}^2)^2\}, l^2\{(\dot{\theta}^1)^2C_{\theta^2}S_{\theta^2}+\ddot{\theta}^2\}, -l^2\{\ddot{\theta}^1C_{\theta^2}-2\dot{\theta}^1\dot{\theta}^2S_{\theta^2}\}]^T \end{aligned}\right\}$$

剛体 i の並進に関する運動方程式を Σ_i で成分表示すると，

$$m^2\boldsymbol{\alpha}_{G2}^2=\boldsymbol{F}_2{}^2-m^2\boldsymbol{T}_2{}^1\boldsymbol{T}_1{}^0\boldsymbol{g}_0 \quad\Rightarrow\quad \boldsymbol{F}_2{}^2=m^2\begin{bmatrix} -s^2\{(\dot{\theta}^1C_{\theta^2})^2+(\dot{\theta}^2)^2\}+gS_{\theta^2} \\ s^2\{(\dot{\theta}^1)^2C_{\theta^2}S_{\theta^2}+\ddot{\theta}^2\}+gC_{\theta^2} \\ -s^2(\ddot{\theta}^1C_{\theta^2}-2\dot{\theta}^1\dot{\theta}^2S_{\theta^2}) \end{bmatrix}$$

$$m^1\boldsymbol{\alpha}_{G1}^1=\boldsymbol{F}_1{}^1-\boldsymbol{T}_1{}^2\boldsymbol{F}_2{}^2-m^1\boldsymbol{T}_1{}^0\boldsymbol{g}_0$$

$$\Rightarrow\quad \boldsymbol{F}_1{}^1=(m^1+m^2)g\begin{bmatrix} 0 \\ 0 \\ 1 \end{bmatrix}-m^2s^2\begin{bmatrix} \ddot{\theta}^1C_{\theta^2}-2\dot{\theta}^1\dot{\theta}^2S_{\theta^2} \\ \{(\dot{\theta}^1)^2+(\dot{\theta}^2)^2\}C_{\theta^2}+\ddot{\theta}^2S_{\theta^2} \\ (\dot{\theta}^2)^2S_{\theta^2}-\ddot{\theta}^2C_{\theta^2} \end{bmatrix}$$

剛体 i の重心 G_i 回りの回転に関する運動方程式を Σ_i で成分表示すると，

$$\boldsymbol{I}_{G2}^2\dot{\boldsymbol{\omega}}_2^2+\boldsymbol{\omega}_2^2\times(\boldsymbol{I}_{G2}^2\boldsymbol{\omega}_2^2)=\boldsymbol{N}_2{}^2-\tilde{\boldsymbol{r}}_{G2}^2\times\boldsymbol{F}_2{}^2$$

$$\Rightarrow\quad \boldsymbol{N}_2{}^2=\begin{bmatrix} I_x^2(\ddot{\theta}^1S_{\theta^2}+\dot{\theta}^1\dot{\theta}^2C_{\theta^2})-(I_y^2-I_z^2)\dot{\theta}^1\dot{\theta}^2C_{\theta^2} \\ I_y^2(\ddot{\theta}^1C_{\theta^2}-\dot{\theta}^1\dot{\theta}^2S_{\theta^2})-(I_z^2-I_x^2)\dot{\theta}^1\dot{\theta}^2S_{\theta^2}+m^2(s^2)^2(\ddot{\theta}^1C_{\theta^2}-2\dot{\theta}^1\dot{\theta}^2S_{\theta^2}) \\ \{I_z^2+m^2(s^2)^2\}\ddot{\theta}^2-(I_x^2-I_y^2)(\dot{\theta}^1)^2C_{\theta^2}S_{\theta^2}+m^2(s^2)^2(\dot{\theta}^1)^2C_{\theta^2}S_{\theta^2}+m^2gs^2C_{\theta^2} \end{bmatrix}$$

$$\boldsymbol{I}_{G1}^1\dot{\boldsymbol{\omega}}_1^1+\boldsymbol{\omega}_1^1\times(\boldsymbol{I}_{G1}^1\boldsymbol{\omega}_1^1)=\boldsymbol{N}_1{}^1-\boldsymbol{T}_1{}^2\boldsymbol{N}_2^2-\tilde{\boldsymbol{r}}_{G1}^1\times\boldsymbol{F}_1{}^1-(\tilde{\boldsymbol{r}}_{O1}^2-\tilde{\boldsymbol{r}}_{G1}^1)\times(\boldsymbol{T}_1{}^2\boldsymbol{F}_2{}^2)$$

$$\Rightarrow \quad \boldsymbol{N}_1{}^1 = \begin{bmatrix} \{I_z^2+m^2(s^2)^2\}\ddot{\theta}^2-(I_x^2-I_y^2)(\dot{\theta}^1)^2C_{\theta 2}S_{\theta 2}+m^2(s^2)^2(\dot{\theta}^1)^2C_{\theta 2}S_{\theta 2} \\ \quad +m^2l^1s^2\{(\dot{\theta}^1)^2C_{\theta 2}+(\dot{\theta}^2)^2C_{\theta 2}+\ddot{\theta}^2S_{\theta 2}\}+m^2gs^2C_{\theta 2} \\ I_x^2[\ddot{\theta}^1C_{\theta 2}S_{\theta 2}+\dot{\theta}^1\dot{\theta}^2\{(C_{\theta 2})^2-(S_{\theta 2})^2\}]-I_y^2[\ddot{\theta}^1C_{\theta 2}S_{\theta 2}+\dot{\theta}^1\dot{\theta}^2\{(C_{\theta 2})^2-(S_{\theta 2})^2\}] \\ \quad +I_z^2\dot{\theta}^1\dot{\theta}^2-m^2(s^2)^2\{\ddot{\theta}^1C_{\theta 2}S_{\theta 2}-2\dot{\theta}^1\dot{\theta}^2(S_{\theta 2})^2\}-m^2l^1s^2(\ddot{\theta}^1C_{\theta 2}-2\dot{\theta}^1\dot{\theta}^2S_{\theta 2}) \\ I_z^1\ddot{\theta}^1+I_x^2\{\ddot{\theta}^1(S_{\theta_2})^2+2\dot{\theta}^1\dot{\theta}^2C_{\theta 2}S_{\theta 2}\}+I_y^2\{\ddot{\theta}^1(C_{\theta 2})^2-2\dot{\theta}^1\dot{\theta}^2C_{\theta 2}S_{\theta 2}\} \\ \quad +m^2(s^2)^2\{\ddot{\theta}^1(C_{\theta 2})^2-2\dot{\theta}^1\dot{\theta}^2C_{\theta 2}S_{\theta 2}\} \end{bmatrix}$$

この $\boldsymbol{N}_i^i$ の z_i 軸成分が駆動トルク τ^i に等しいので,

$$\left.\begin{aligned} &I_z^1\ddot{\theta}^1+I_x^2\{\ddot{\theta}^1(S_{\theta 2})^2+2\dot{\theta}^1\dot{\theta}^2C_{\theta 2}S_{\theta 2}\}+I_y^2\{\ddot{\theta}^1(C_{\theta 2})^2-2\dot{\theta}^1\dot{\theta}^2C_{\theta 2}S_{\theta 2}\} \\ &\qquad +m^2(s^2)^2\{\ddot{\theta}^1(C_{\theta 2})^2-2\dot{\theta}^1\dot{\theta}^2C_{\theta 2}S_{\theta 2}\}=\tau^1 \\ &\{I_z^2+m^2(s^2)^2\}\ddot{\theta}^2-(I_x^2-I_y^2)(\dot{\theta}^1)^2C_{\theta 2}S_{\theta 2}+m^2(s^2)^2(\dot{\theta}^1)^2C_{\theta 2}S_{\theta 2}+m^2gs^2C_{\theta 2}=\tau^2 \end{aligned}\right\}$$

第4章

4.1 質点 i の位置を $y_i\,(i=1,2)$ とする. 外力は重力と張力である. $y_1, y_2 \ll L$ と仮定すると, 仮想仕事は,

$$\begin{aligned} \delta W &= m_1g\delta y_1+m_2g\delta y_2-T\frac{y_1}{L}\delta y_1-T\frac{y_1-y_2}{L}\delta y_1+T\frac{y_1-y_2}{L}\delta y_2-T\frac{y_2}{L}\delta y_2 \\ &=\left(m_1g-T\frac{y_1}{L}-T\frac{y_2-y_1}{L}\right)\delta y_1+\left(m_2g+T\frac{y_1-y_2}{L}-T\frac{y_2}{L}\right)\delta y_2=0 \end{aligned}$$

仮想変位 δy_1, δy_2 は独立であるから, 上式が成り立つためには δy_1 および δy_2 の係数が 0 であればよい.

$$\begin{aligned} &m_1g-T\frac{y_1}{L}-T\frac{y_2-y_1}{L}=0 \\ &m_1g+T\frac{y_1-y_2}{L}-T\frac{y_2}{L}=0 \end{aligned} \quad\Rightarrow\quad \begin{cases} 2y_1-y_2=\dfrac{m_1gL}{T} \\ -y_1+2y_2=\dfrac{m_2gL}{T} \end{cases} \quad\Rightarrow\quad y_1=\frac{2m_1gL}{3T},\quad y_2=\frac{2m_2gL}{3T}$$

4.2 糸がたるまないから拘束力の張力は仕事をしない. 振り子は θ 方向に動くことができるだけである. 外力は重力と θ 方向の慣性力だから, 仮想仕事の原理から,

$$\delta W=[-mgl\sin\theta+(-ml^2)\ddot{\theta}]\delta\theta=0 \quad\Rightarrow\quad ml^2\ddot{\theta}+mgl\sin\theta=0$$

4.3 コロの変位を x, 回転角を θ とする. コロの回転軸回りの慣性モーメントは, $J=ma^2/2$, すべらない条件から, $a\dot{\theta}=\dot{x}$ だから,

運動エネルギー $T=\dfrac{1}{2}m\dot{x}^2+\dfrac{1}{2}J\dot{\theta}^2=\dfrac{3}{4}m\dot{x}^2$,

ポテンシャルエネルギー $U=\dfrac{1}{2}kx^2$.

運動方程式は, $\dfrac{3}{2}m\ddot{x}+kx=0$

4.4 $x=r\sin\theta\cos\omega t$, $\quad y=r\sin\theta\sin\omega t$, $\quad z=-r\cos\theta$

$\dot{x}=r(\dot{\theta}\cos\theta\cos\omega t-\omega\sin\theta\sin\omega t)$, $\quad \dot{y}=r(\dot{\theta}\cos\theta\sin\omega t+\omega\sin\theta\cos\omega t)$,

$\dot{z}=r\dot{\theta}\sin\theta$

$$T=\frac{m}{2}(\dot{x}^2+\dot{y}^2+\dot{z}^2)=\frac{mr^2}{2}(\dot{\theta}^2+\omega^2\sin^2\theta),\quad U=mgz=-mgr\cos\theta$$

$$\frac{\partial T}{\partial\dot{\theta}}=mr^2\dot{\theta},\quad \frac{d}{dt}\left(\frac{\partial T}{\partial\dot{\theta}}\right)=mr^2\ddot{\theta},\quad \frac{\partial T}{\partial\theta}=mr^2\omega^2\sin\theta\cos\theta,\quad \frac{\partial U}{\partial\theta}=mgr\sin\theta$$

$$\frac{d}{dt}\left(\frac{\partial T}{\partial\dot{\theta}}\right)-\frac{\partial T}{\partial\theta}+\frac{\partial U}{\partial\theta}=mr^2\ddot{\theta}+mr(g-r\omega^2\cos\theta)\sin\theta=0$$

線形化すると，$mr^2\ddot{\theta}+mr(g-r\omega^2)\theta=0$

4.5 (1) 円板の慣性モーメントは，$J=mR^2$．円板の回転速度は，$\omega=\dot{x}/R$ (時計方向を正) となる．また，振り子の質点の座標 (x_1, y_1) および速度を静的平衡状態の円板の中心を原点として求めると，

$$x_1=x+2R\sin\theta,\quad y_1=-2R\cos\theta,\quad \dot{x}_1=\dot{x}+2R\dot{\theta}\cos\theta,\quad \dot{y}_1=2R\dot{\theta}\sin\theta$$

$$T=\frac{1}{2}(2m)\dot{x}^2+\frac{1}{2}J\omega^2+\frac{1}{2}m(\dot{x}_1{}^2+\dot{y}_1{}^2)=2m\dot{x}^2+2mR^2\dot{\theta}^2+2mR\dot{x}\dot{\theta}\cos\theta$$

$$U=\frac{1}{2}kx^2+mgy_1=\frac{1}{2}kx^2-2mgR\cos\theta$$

(2) $L=T-U$ とおくと，

$$\frac{\partial L}{\partial x}=-kx,\quad \frac{\partial L}{\partial\dot{x}}=4m\dot{x}+2mR\dot{\theta}\cos\theta,$$

$$\frac{\partial L}{\partial\theta}=-2mR\dot{x}\dot{\theta}\sin\theta-2mgR\sin\theta,\quad \frac{\partial L}{\partial\dot{\theta}}=4mR^2\dot{\theta}+2mR\dot{x}\cos\theta$$

したがって，運動方程式は，
$$\begin{cases}4m\ddot{x}+2mR\ddot{\theta}\cos\theta+kx-2mR\dot{\theta}^2\sin\theta=0\\2mR\ddot{x}\cos\theta+4mR^2\ddot{\theta}+2mgR\sin\theta=0\end{cases}$$

線形化すると，
$$\begin{cases}4m\ddot{x}+2mR\ddot{\theta}+kx=0\\2mR\ddot{x}+4mR^2\ddot{\theta}+2mgR\theta=0\end{cases}$$

第5章

5.1 平板の質量を m，2個のローラの中央から平板の重心までの距離を x とおく．左右のローラに作用する平板からの重力 F_1, F_2 は，$(a+x)F_1=(a-x)F_2$, $mg=F_1+F_2$ から，

$$F_1=(a-x)mg/2a,\ F_2=(a+x)mg/2a$$

と求めることができ，ローラからの摩擦力が作用する平板の運動方程式は

$$m\ddot{x}=\mu(F_1-F_2)=-\frac{\mu mg}{a}x \quad \therefore \quad m\ddot{x}+\frac{\mu mg}{a}x=0$$

と1自由度振動系となる．

したがって，その固有角振動数は $\omega_n=\sqrt{\mu g/a}$，周期は $T=2\pi/\omega_n=2\pi\sqrt{a/\mu g}$ である．

5.2 振り子の傾き角を θ とおくと，運動方程式は $ma^2\ddot{\theta}+(2kb^2-mg)\theta=0$.

振動する条件は $k>\dfrac{mg}{2b^2}$. そのときの固有振動数は $f_n=\dfrac{1}{2\pi}\sqrt{\dfrac{2kb^2-mg}{ma^2}}$

5.3 傾斜振り子のつりあい角 α からの回転角を θ とおくと，運動エネルギーとポテンシャルエネルギーが，

$T=ma^2\dot{\theta}^2/2,\quad U=kb^2\theta^2/2+mgb[\cos(\alpha+\theta)-\cos\alpha]$ となる.

ラグランジュ方程式は，

$$ma^2\ddot{\theta}+kb^2\theta-mgb(\cos\alpha\sin\theta+\sin\alpha\cos\theta)=0$$

$$\therefore\quad ma^2\ddot{\theta}+(kb^2-mgb\cos\alpha)\theta=mgb\sin\alpha\quad\Rightarrow\quad f_n=\frac{1}{2\pi}\sqrt{\frac{kb^2-mgb\cos\alpha}{ma^2}}$$

5.4 円筒の中心と円柱の中心を結ぶ直線と垂線の角度を θ，円柱の回転角を ϕ とおくと，静止系から見た円柱の回転角は $\phi-\theta$. また，回転角には $R\theta=r\phi$ の関係があるので $\phi-\theta=(R/r-1)$. 運動エネルギーとポテンシャルエネルギーからラグランジュ方程式を求めると

$$m[1+(k/r)^2](R-r)^2\ddot{\theta}+(R-r)mg\sin\theta=0$$

よって，$\omega_n=\sqrt{g/(R-r)(1+k^2/r^2)}$

5.5 Using θ for the angular displacement of the pendulum, the equation of motion is given as $\ddot{\theta}+(c/m)\dot{\theta}+(g/l)\theta=(u_0/l)\Omega^2\sin\Omega t$. From Eq. (5.27), we get the amplitude as

$$\theta_0=u_0\Omega^2/\sqrt{(g-l\Omega^2)^2+c^2\Omega^2l^2/m^2}$$

5.6 Using x for the displacement of the pulley, then the mass displacement and the angular displacement are given as $2x$, $\theta=x/r$. The kinetic energy and the potential energy of the system are led as follows:

$$T=\frac{1}{2}m(2\dot{x})^2+\frac{1}{2}m_p\dot{x}^2+\frac{1}{2}I_p\left(\frac{\dot{x}}{r}\right)^2=\frac{1}{2}\left(4m+m_p+\frac{I_p}{r^2}\right)\dot{x}^2$$

$$U=\frac{1}{2}kx^2-2mgx-m_pgx$$

We can get the equation of motion $(4m+m_p+I_p/r^2)\ddot{x}+kx=(2m+m_p)g$ and the natural frequency $f_n=\sqrt{k/(4m+m_p+I_p/r^2)}/2\pi$.

5.7 $L\dfrac{di}{dt}+Ri+\displaystyle\int idt=0,\quad x=\int idt\quad\Rightarrow\quad L\ddot{x}+R\dot{x}+Cx=0\quad\Rightarrow\quad\omega_n=\sqrt{\dfrac{C}{L}},$

$\zeta=\dfrac{R}{2\sqrt{LC}},\quad\omega_d=\omega_n\sqrt{1-\zeta^2}$

5.8 式 (5.27) に $\omega_n=100$ rad/s, $\zeta=0.05$, $\nu=0.95$, $x_{st}=3\times10^{-4}$ m, $\phi=-0.772$ を代入して $x(t)=3\times10^{-4}\times7.35\sin(95t-0.772)$,

5.9 運動エネルギー T，ポテンシャルエネルギー U，一般化力 Q は

$T=m(u_0\Omega\cos\Omega t+l\dot{\theta})^2/2,\quad U=-mgl\cos\theta$

$Q=-clu_0\Omega\cos\theta\cos\Omega t+(cl^2\cos^2\theta)\dot{\theta}\approx-clu_0\Omega\cos\Omega t+cl^2\dot{\theta}$

(1) 運動方程式は $ml^2\ddot{\theta}+cl^2\dot{\theta}+mgl\theta=mlu_0\Omega^2\sin\Omega t+clu_0\Omega\cos\Omega t$

(2) $\theta_0=\dfrac{u_0\Omega\sqrt{\Omega^2+(c/m)^2}}{\sqrt{(g-l\Omega^2)^2+c^2\Omega^2l^2/m^2}}$

5.10 $\omega_n=100$, $\zeta=0.05$ となる．

(1) $\nu=1.0$ を式 (5.34) に代入して，$T(1.0)=10.0$．床への伝達力は 300 N

(2) $\nu=1.5$ を式 (5.34) に代入して，$T(1.5)=0.803$．床への伝達力は 24.1 N

5.11 周期 $T=0.0666$ s，固有角振動数 $\omega_n=2\pi\times15=94.2$ rad/s，$x_1/x_2=1.874$ ⇒ 対数減衰率 $\delta=0.628$，減衰比 $\zeta=0.1$，減衰固有角振動数 $\omega_d=93.7$ rad/s

(1) ばね定数 $k=2.66\times10^5$ N/m

(2) $c_c=2\sqrt{mk}=5650$ Ns/m，減衰係数 $c=c_c\times\zeta=565$ Ns/m

(3) 振動数比 $\nu=1.2006$，応答倍率 $M=1/\sqrt{(1-v^2)^2+(2\zeta v)^2}=1.99$

静たわみ $x_{st}=10/2.66\times10^5=3.75\times10^{-5}$ m

振幅 $3.75\times10^{-5}\times1.99$ m $=74.6$ μm

第6章

6.1 回転軸の回転方向上方にある軸受を A，下方の軸受を B とする．強固な軸受で支持した剛性ロータは振動しないので，式 (6.5) において，$x=0$, $y=0$, $\theta_y=0$, $\theta_x=0$ となる．したがって，重心の偏心による軸から軸受 A, B に加わる力 $f_{Ax}, f_{Ay}, f_{Bx}, f_{By}$ は，

$f_{Ax}+f_{Bx}=em\Omega^2\cos(\Omega t+\alpha)=153.5\cos(1047t)$

$f_{Ay}+f_{By}=em\Omega^2\sin(\Omega t+\alpha)=153.5\sin(1047t)$

$0.3(f_{Ay}-f_{By})=(I_d-I_p)\tau\Omega^2\sin(\Omega t+\beta)=95.7\sin(628t+0.785)$

$0.3(f_{Ax}-f_{Bx})=(I_d-I_p)\tau\Omega^2\cos(\Omega t+\beta)=95.7\cos(628t+0.785)$

したがって，

$f_{Ax}=153.5\cos(1047t)+319\cos(1047t+0.785)=441\cos(1047t+0.538)$N

$f_{Bx}=153.5\cos(1047t)-319\cos(1047t+0.785)=-237\cos(1047t-1.25)$N

$f_{Ay}=153.5\sin(1047t)+319\sin(1047t+0.785)=441\sin(1047t+0.538)$N

$f_{By}=153.5\sin(1047t)-319\sin(1047t+0.785)=-237\sin(1047t-1.25)$N

6.2 (1) $f_n=\dfrac{1}{2\pi}\sqrt{\dfrac{9.80}{0.001}}=15.7$ Hz

(2) $\hat{r}=\left|\dfrac{\nu^2}{1-\nu^2}\dfrac{m\varepsilon}{M}\right|=\left|\dfrac{(16.66/15.70)^2}{1-(16.66/15.70)^2}\dfrac{100\times10^{-6}}{50+20}\right|=13.43\times10^{-6}$ m

6.3 $\boldsymbol{\varepsilon}=7\times10^{-6}\,\boldsymbol{i}^1$，$\boldsymbol{\tau}=8.73\times10^{-4}(\boldsymbol{i}^1+\boldsymbol{j}^1)$，$\Omega=1047$ rad/s，式 (6.11) から

$\boldsymbol{R}_A=379\,\boldsymbol{i}^1+226\,\boldsymbol{j}^1 \quad \therefore \quad |\boldsymbol{R}_A|=441$ N，$\boldsymbol{R}_B=-74.7\,\boldsymbol{i}^1+224\,\boldsymbol{j}^1 \quad \therefore \quad |\boldsymbol{R}_B|=236$N

6.4 (1) $k=116.4$ kN/m，危険速度は 841 rpm，(2) 47.6μm，52.6μm，(3) 5.54 N

6.5 合成ばね定数は，$k_x=(200\times116)\times10^3/(200+116)=7.34\times10^4$ N/m，
$k_y=5.37\times10^4$ N/m
固有角振動数は $\omega_x=70.0$ rad/s，$\omega_y=59.8$ rad/s．回転速度は $\Omega=68.1$ rad/s
振動数比は $\nu_x=\Omega/\omega_x=0.972$，$\nu_g=\Omega/\omega_y=1.138$
振れ回り振幅は，$\hat{x}=85.5\times10^{-6}$ m，$\hat{y}=21.9\times10^{-6}$ m となり，長軸 85.5 μm，
短軸 21.9 μm の楕円軌跡を描く．

6.6 断面 2 次モーメント　$I_\xi=2.333\times10^{-8}$ m^4，$I_\eta=7.145\times10^{-8}$ m^4
軸中央でのばね定数　$k_\xi=20.9\times10^4$ N/m，$k_\eta=6.83\times10^4$ N/m
非等方性パラメータ　$\mu=0.508$，固有振動数 $f_\xi=18.8$ Hz，$f_\eta=10.7$ Hz
(1) 10.7 Hz と 18.8 Hz の間で自励振動発生
(2) $\omega_m=92.6$ rad/s，$\dfrac{\omega_m\sqrt{1-\mu^2}}{2}=39.9$ rad/s，6.35 Hz で 2 次的危険速度

6.7 固有角振動数は $\omega_n=88.1$ rad/s，回転速度は $\Omega=314$ rad/s．外部減衰に対する条件は，

$$\zeta_e>\zeta_i\left(\frac{\Omega}{\omega_n}-1\right)\quad\Rightarrow\quad c_e>c_i\left(\frac{\Omega}{\omega_n}-1\right)=500\left(\frac{314}{88.1}-1\right)=1284\ \mathrm{Ns/m}$$

第 7 章

7.1 $J_r=m_rl^2/12$，$J_r'=2\cdot(m_r/2)\cdot(1/2)^2=m_rl^2/4$．よって，$J_r<J_r'$．
$a=b=1/2$ だから，式 (7.12) から，修正偶力は反時計方向に $\Phi_i=m_r(ab-\kappa^2)\ddot{\varphi}$
$=m_r\left(\dfrac{l^2}{4}-\dfrac{l^2}{12}\right)\ddot{\varphi}=\dfrac{m_r}{6}l^2\ddot{\varphi}$．

7.2 2 サイクル機関はクランク軸 1 回転が変動周期となる．この周期は $60/600=0.1$ s だから，

$$W=75\ \mathrm{kW}\times0.1\ \mathrm{s}=7.5\times10^3\ \mathrm{Nm}$$

$$J_c+J_f=\frac{0.8\times7.5\times10^3}{0.01\times(2\pi\times600/60)^2}=152\ \mathrm{kg\cdot m^2}$$

7.3 2 次以上の慣性力の影響を無視できるとすれば，クランクと反対側のクランク半径位置に $10+15/2=17.5$ kg のバランスウエイトを取り付ける．

付　　録

付録 1　ギリシャ文字

A α	アルファ	I ι	イオタ	P ρ	ロー
B β	ベータ	K κ	カッパ	Σ σ	シグマ
Γ γ	ガンマ	Λ λ	ラムダ	T τ	タウ
Δ δ	デルタ	M μ	ミュー	Y υ	ユプシロン
E ε	エプシロン	N ν	ニュー	Φ ϕ	ファイ
Z ζ	ゼータ	Ξ ξ	クサイ	X χ	カイ
H η	イータ	O o	オミクラン	Ψ ψ	プサイ
Θ θ	シータ	Π π	パイ	Ω ω	オメガ

付録 2　工業材料の機械的性質

	密度 (kg/m^3)	縦弾性係数 (GPa)	横弾性係数 (GPa)
極軟鋼 (C 0.08～0.12)	7860	206	79.4
軟鋼 (C 0.12～0.20)	7860	207	82.5
硬鋼 (C 0.4～0.5)	7840	205	82.0
鋳鋼	7840	206	77.0
ねずみ鋳鉄	7170	73.5-127	28.4-39.2
球状黒鉛鋳鉄	7100	151	78.4
Cr ステンレス鋼	7670	205	
Cr-Ni ステンレス鋼	7910	197	
Ni-Cr-Mo 鋼	7860	206	80.4
インコネル	8510	212	
アルミニウム	2700	71	26
ジュラルミン	2790	68.6	26.4
鉛	11300	16.6	7.65
コンクリート	2000	19	

出典：東京大学工学部必携編集委員会：「基礎工学必携」，東京大学出版会
中原一郎：「材料力学」，養賢堂

付録 3　種々の物体の慣性モーメント

表中，ρ：単位長さ，または単位面積，または単位体積当たりの密度　m：質量

物体	慣性モーメント
(1)　直線棒 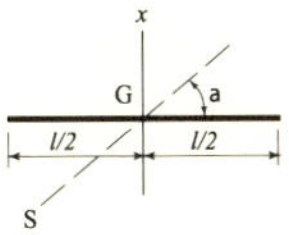	$I_x=\dfrac{\rho l^3}{12}=m\dfrac{l^2}{12}$ $I_S=m\dfrac{(l\sin\alpha)^2}{12}$
(2)　長方形板 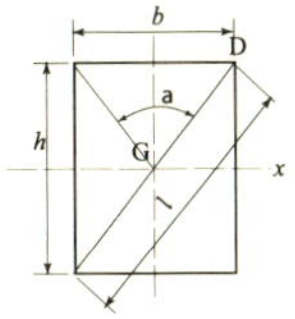	$I_x=\rho\dfrac{bh^3}{12}=m\dfrac{h^2}{12}$ $I_D=\rho\dfrac{l^4\sin^3\alpha}{48}$ $=m\dfrac{l^2\sin^2\alpha}{24}$
(3)　円板 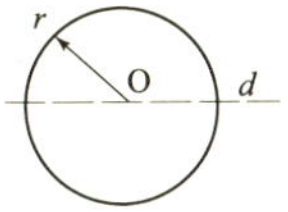	$I_d=\rho\dfrac{\pi r^4}{4}m\dfrac{r^2}{4}$ $I_\rho=\rho\dfrac{\pi r^4}{2}=m\dfrac{r^2}{2}$
(4)　球体 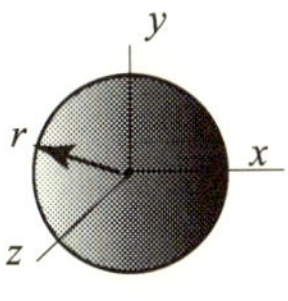	$I=\rho\dfrac{8\pi r^5}{15}=m\dfrac{2r^2}{5}$
(5)　半球体 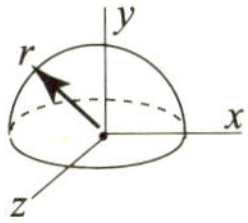	$I_x=I_y=I_z=\rho\dfrac{4\pi r^5}{15}$ $=m\dfrac{2r^2}{5}$
(6)　直六面体 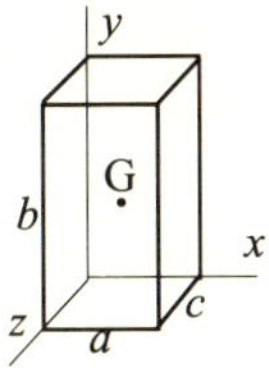	$I_{xG}=\rho\dfrac{abc}{12}(b^2+c^2)$ $=m\dfrac{b^2+c^2}{12}$
(7)　直円柱 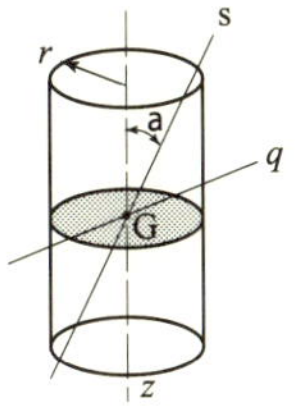	$I_z=\rho\dfrac{\pi r^4 h}{2}=m\dfrac{r^2}{2}$ $I_q=\rho\dfrac{\pi r^2 h}{12}(3r^2+h^2)$ $=m\dfrac{3r^2+h^2}{12}$ $I_S=\rho\dfrac{\pi r^2 h}{12}\begin{pmatrix}3r^2(1+\cos^2\alpha)\\+h^2\sin^2\alpha\end{pmatrix}$ $=m\dfrac{3r^2(1+\cos^2\alpha)+h^2\sin^2\alpha}{12}$
(8)　円形輪状体 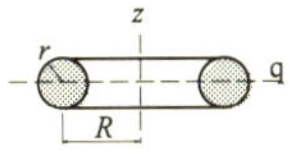	$I_z=\rho\dfrac{\pi^2 Rr^2}{2}(4R^2+3r^2)$ $=m\dfrac{4R^2+3r^2}{4}$ $I_q=\rho\dfrac{\pi^2 Rr^2}{4}(4R^2+5r^2)$ $=m\dfrac{4R^2+5r^2}{8}$

付録 4 直線ばね定数（機械工学便覧 A3 より）

表中，P：外力　k：直線ばね定数　EJ：曲げ剛性　S：張力

(1) コイルばね

$$k=\frac{Gd^4}{8nD^3}$$

n：巻き数

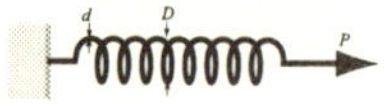

(2) 並列ばね

$$k=k_1+k_2$$

(3) 直列ばね

$$k=\frac{k_1k_2}{k_1+k_2}$$

(4) てこばね

$$k=k_1\left(\frac{r}{l}\right)^2$$

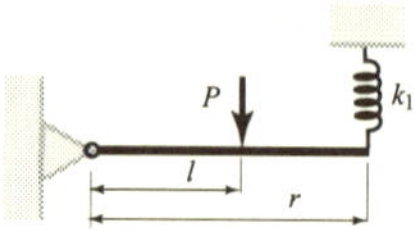

(5) 片持ばね

$$k=\frac{3EJ}{l^3}$$

(a)　$J=bh^3/12$

(b)　$J=\pi d^4/64$

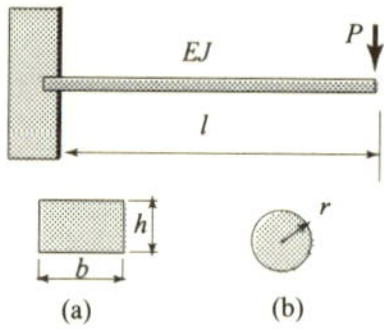

(6) 両端支持ばね

$$k=\frac{3EJl}{l_1^2l_2^2}$$

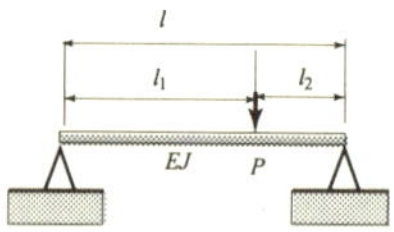

(7) 両端固定ばね

$$k=\frac{3EJl^3}{l_1^3l_2^3}$$

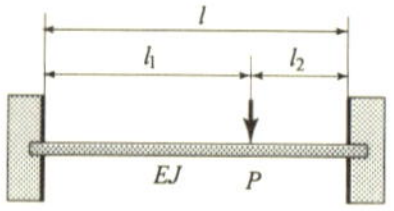

(8) 弦

$$k=\frac{Sl}{l_1l_2}$$

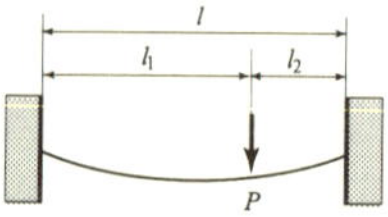

付録 5 ねじりばね定数の表（機械工学便覧 A3 より）

表中，T：外力　k'：ねじりばね定数　GJ_p：ねじり剛性

(1) コイルねじりばね

$$k=\frac{Ed^4}{64nD}$$

n：巻き数

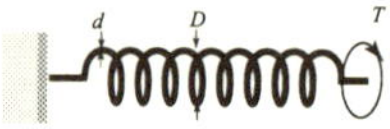

(2) らせんばね

$$k=\frac{EJ}{l}$$

l：ばね全長

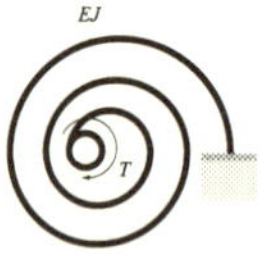

(3) ねじり棒

$$k=\frac{GJ_p}{l}$$

(a)　$J_p=0.141\ a^4$

(b)　$J_p=\pi r^4/2$

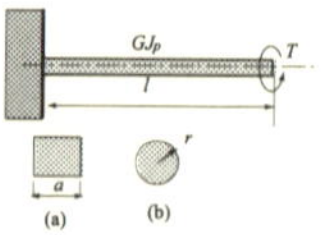

(4) 段付ねじり棒

$$k=\frac{k_1k_2}{k_1k_2}$$

$k_1=GJ_{p1}/l_1$

$k_2=GJ_{p2}/l_2$

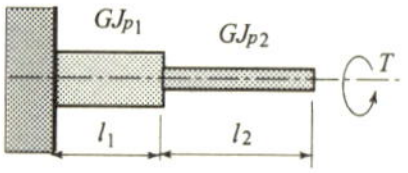

(5) 両端固定ねじり棒

$$k=\frac{GJ_pl}{l_1l_2}$$

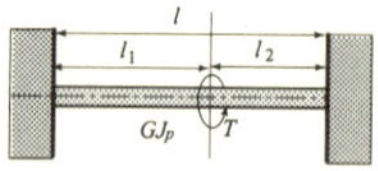

(6) てこばね

$$k=k_1l^2$$

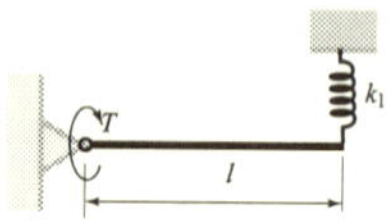

付録6　1自由度振動系の固有角振動数（機械工学便覧 A3 より）

(1) ばね-質点

$\omega_n=\sqrt{k/m}$

ばねの質量 m' を考慮すると

$\omega_n=\sqrt{k/(m+m'/3)}$

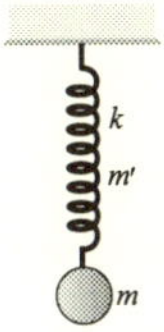

(2)　ねじり棒-円板

$\omega_n=\sqrt{k/I}$

軸の慣性モーメントを考慮すると，

$\omega_n=\sqrt{k/(I+I_s/3)}$

(3)　円板-ねじり棒－円板

$$\omega_n=\sqrt{\frac{k(I_1+I_2)}{I_1I_2}}$$

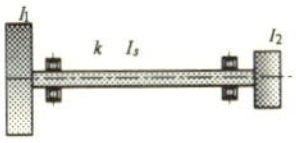

(4)　歯車軸系

$\omega_n=\sqrt{k'/I}$

$1/k'=1/k_1+1/n^2k_2$

$1/I=1/I_1+1/n^2I_2$

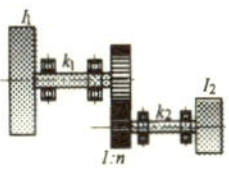

(5)　てこばね-質点

$$\omega_n=\sqrt{\frac{k_1r^2}{ml^2}}$$

棒の質量を考慮すると，

$$\omega_n=\sqrt{\frac{k_1r^2}{ml^2+m'r^2/3}}$$

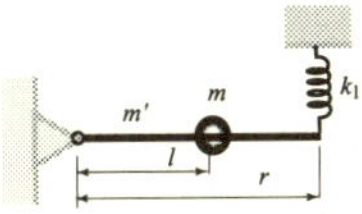

(6)　単振り子

$\omega_n=\sqrt{g/l}$

(7)　複振り子

$$\omega_n=\sqrt{\frac{gl}{i^2+l^2}}$$

$i=\sqrt{I/m}$

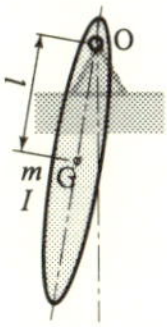

(8)　倒立振子

$$\omega_n=\sqrt{\frac{kr^2-mgl}{ml^2}}$$

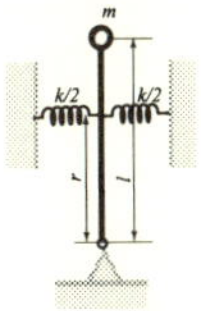

(9)　円筒内のコロ

$$\omega_n=\sqrt{\frac{g}{(R-r)(1-i^2/r^2)}}$$

$i=\sqrt{I/m}$

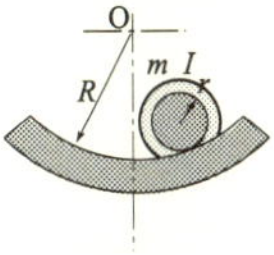

(10)　吊り糸-剛体

$$\omega_n=\sqrt{\frac{mgab}{Ih}}$$

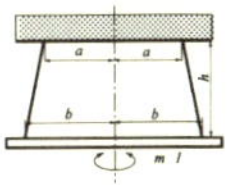

(11)　比重計

$$\omega_n=\sqrt{\frac{\pi r^2\rho}{m}}$$

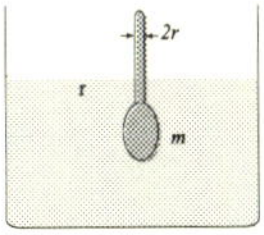

(12)　U字管

$$\omega_n=\sqrt{\frac{2g}{l}}$$

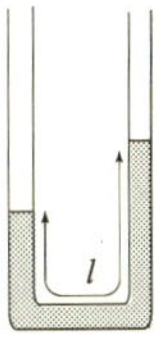

索引

タ　行

ナ　行

ハ　行

マ　行

ヤ　行

ラ　行

著者略歴

金光陽一（かねみつ・よういち）　[2, 5, 6 章, 付録]

1943 年　香川県に生まれる
1966 年　東京工業大学理工学部機械工学科卒業
現　在　九州大学大学院工学研究院知能機械システム部門
　　　　教授・工学博士

末岡淳男（すえおか・あつお）　[1, 4, 7 章]

1946 年　山口県に生まれる
1973 年　九州大学大学院工学研究科博士課程修了
現　在　九州大学大学院工学研究院知能機械システム部門
　　　　教授・工学博士

近藤孝広（こんどう・たかひろ）　[3 章]

1955 年　愛媛県に生まれる
1980 年　九州大学大学院工学研究科修士課程修了
現　在　九州大学大学院工学研究院知能機械システム部門
　　　　教授・工学博士

基礎機械工学シリーズ 10

機械力学—機械系のダイナミクス—　定価はカバーに表示

2003 年 10 月 30 日　初版第 1 刷

著　者　金　光　陽　一
　　　　末　岡　淳　男
　　　　近　藤　孝　広
発行者　朝　倉　邦　造
発行所　株式会社　朝　倉　書　店
東京都新宿区新小川町 6-29
郵便番号　162-8707
電　話　03 (3260) 0141
FAX　03 (3260) 0180
http://www.asakura.co.jp

〈検印省略〉

新日本印刷・渡辺製本

ISBN 4-254-23710-3 C3353

Printed in Japan